JN235683

メルトダウン
meltdown
連鎖の真相

NHKスペシャル『メルトダウン』取材班

講談社

東電社員の証言
津波が来た時刻に1、2号の電源盤のランプが点滅し、いっせいに消えていくのを目前で見た。非常用発電機が止まりバタバタとランプが消えていく状況だったが、何が起きたのか分からなかった。中央制御室の照明は、2号機側はまっくら、1号機側は非常用灯（薄暗いわずかな照明）に切り替わった。警報がすべて消えて一瞬シーンとなった。2号機側が先だったような気がする。目の前で起こっていることが、ほんとうに現実なのかと思った　　　東京電力報告書より
注.写真と証言は直接の関連はありません。一部表現を変更しています（以下同）

当直副長席で仮設照明を照らして対応にあたる運転員。1号機の爆発後に1、2号機中央制御室にとどまった運転員の一人が死を覚悟して同僚を撮影した

写真：東京電力

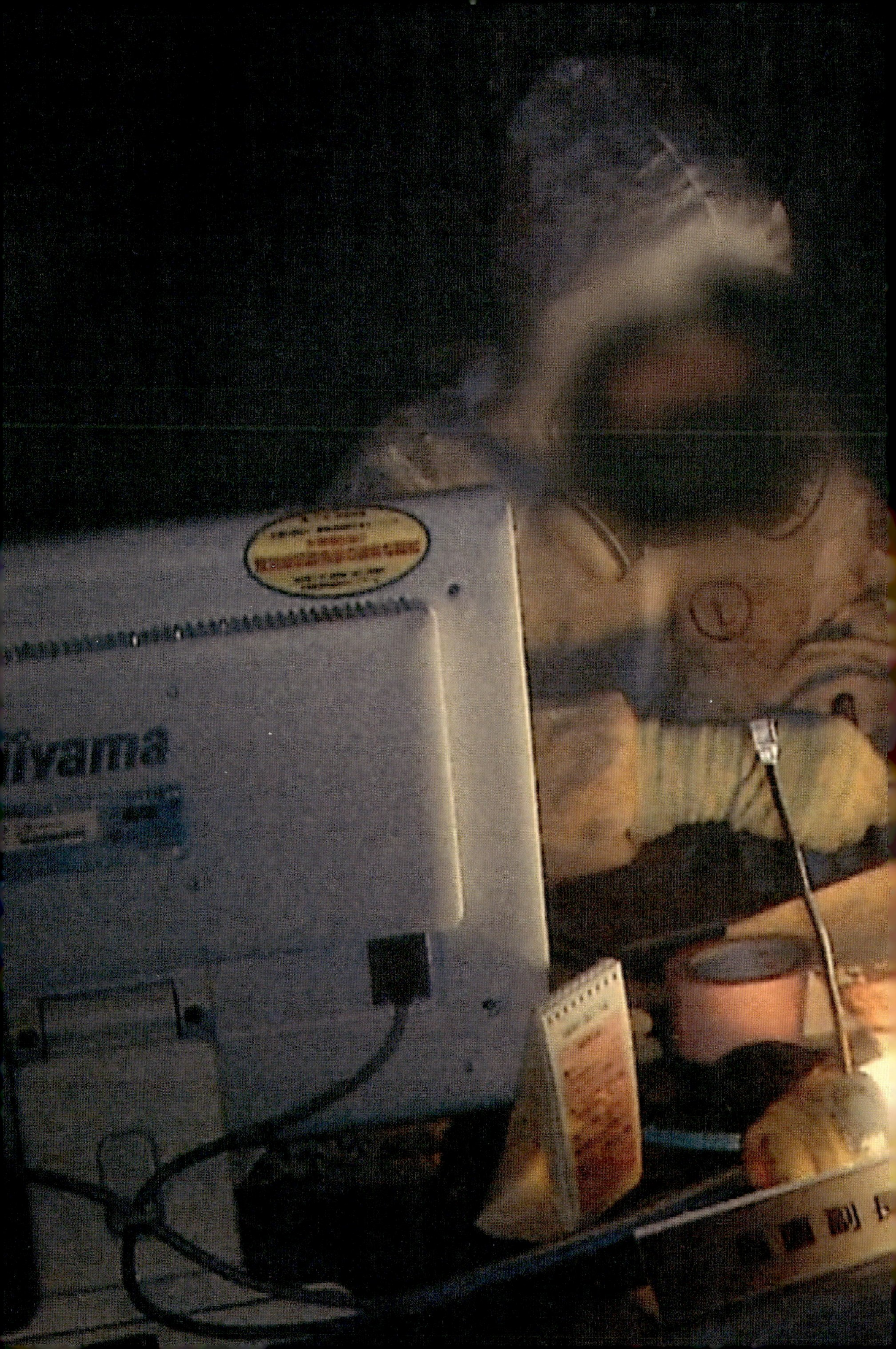
iiyama

写真：東京電力

東電社員の証言
風圧はなかったが、風船をバンとやったみたいな音だった。一瞬で真っ白になって、しばらくしてガラガラと音がしたのでコンクリートが降ってきたと思った。アーケードが津波で倒れていたがそこに隠れようとした。でも空が見えていてダメだった。すぐそばにあった配管が、上からは丸見えだったが、その陰にぺたっと体をつけて隠れた。死ぬかと思った。2、3号機の瓦礫がすごかった。車は動かせない状態だったので、瓦礫の上をみんなで歩いた
東京電力報告書より

噴煙を上げる3号機原子炉建屋
写真：東京電力

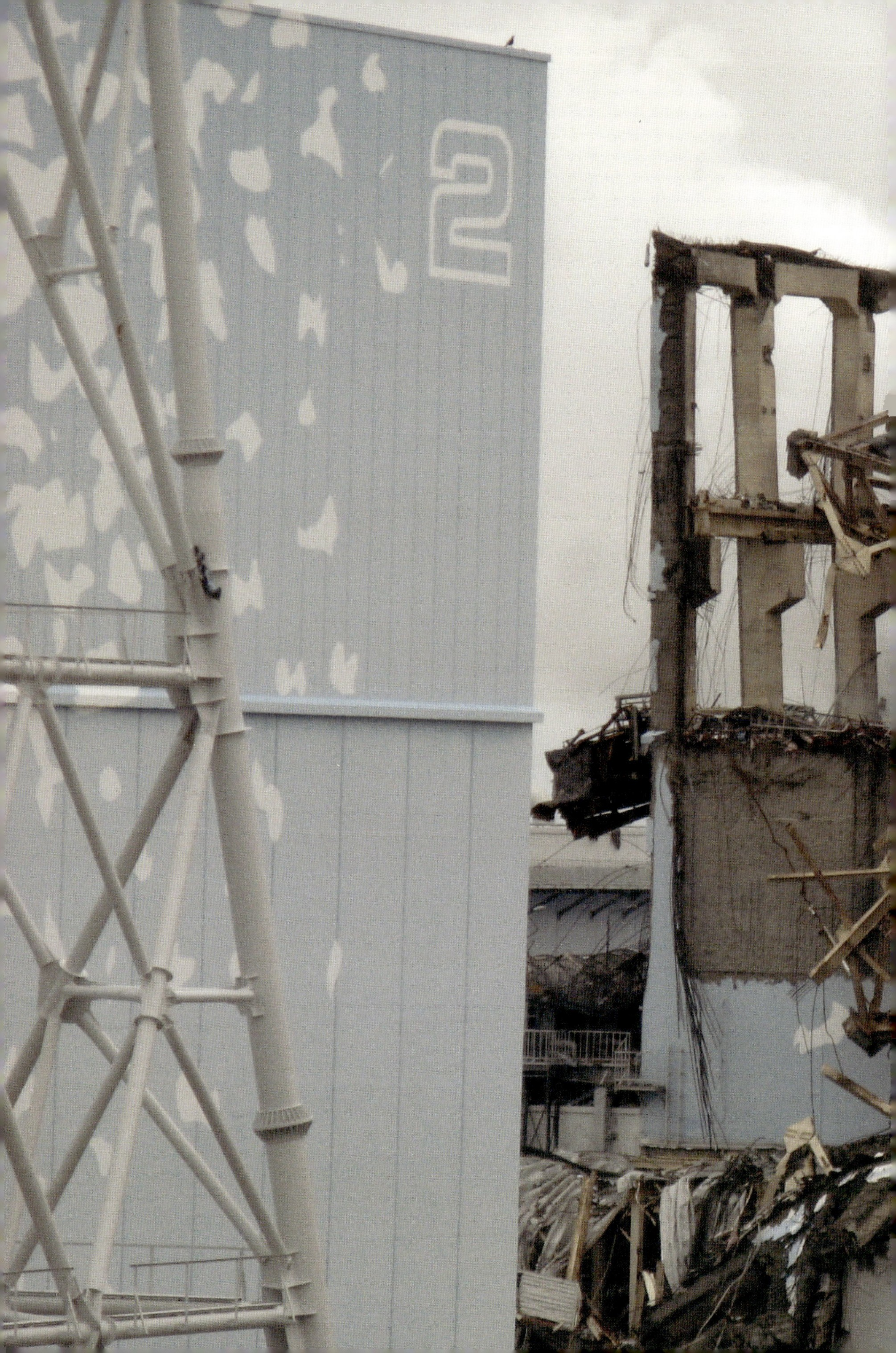
2

津波と原子炉建屋の水素爆発で大破した車両
写真：東京電力

東電社員の証言
真っ先に浮かんだのは「空爆で破壊された跡」という印象だった。全面マスクを通して見たためかもしれないが妙に現実感がなく、TVニュースや映画で見ているような感覚だった。数日前までは普通に生の空気を吸って自由に歩き回っていた同じ発電所構内とはなかなか受け入れられなかった
東京電力報告書より

免震重要棟の緊急時対策本部
写真：東京電力

免震重要棟にいた協力企業幹部の証言
「大勢の人が、会社、年齢、男女をこえて、全力を出している。仲間がいる」
免震重要棟の懸命の努力を記録として残しておきたかった。自分もその中の一人だということを確認し、残しておきたかった。そのときだった。廊下に見慣れた長身の男がゆらりと出てきた。土屋は顔をあげた。吉田だった。吉田が土屋たちに向かって、口を開いた。
「みなさん。ありがとうございました」。淡々とした口調だった。沈んでもいないし、高揚もしていない。いつもの吉田らしい冷静な話しぶりだった。吉田は、廊下にいた数十人の協力企業の社員に向けて話し始めた。
「みなさん、いろいろ対策は練りましたが、状況はいい方向にむきません。みなさんが、自らの判断で、ここを出て行くことを止めません。準備ができましたら、入り口のドアは開けさせます」
3月14日午後7時30分、吉田が免震重要棟にいる協力企業の社員に、退避を促した瞬間だった

本書第6章「加速する連鎖」より

CG：NHKスペシャル『メルトダウンⅢ 原子炉"冷却"の死角』

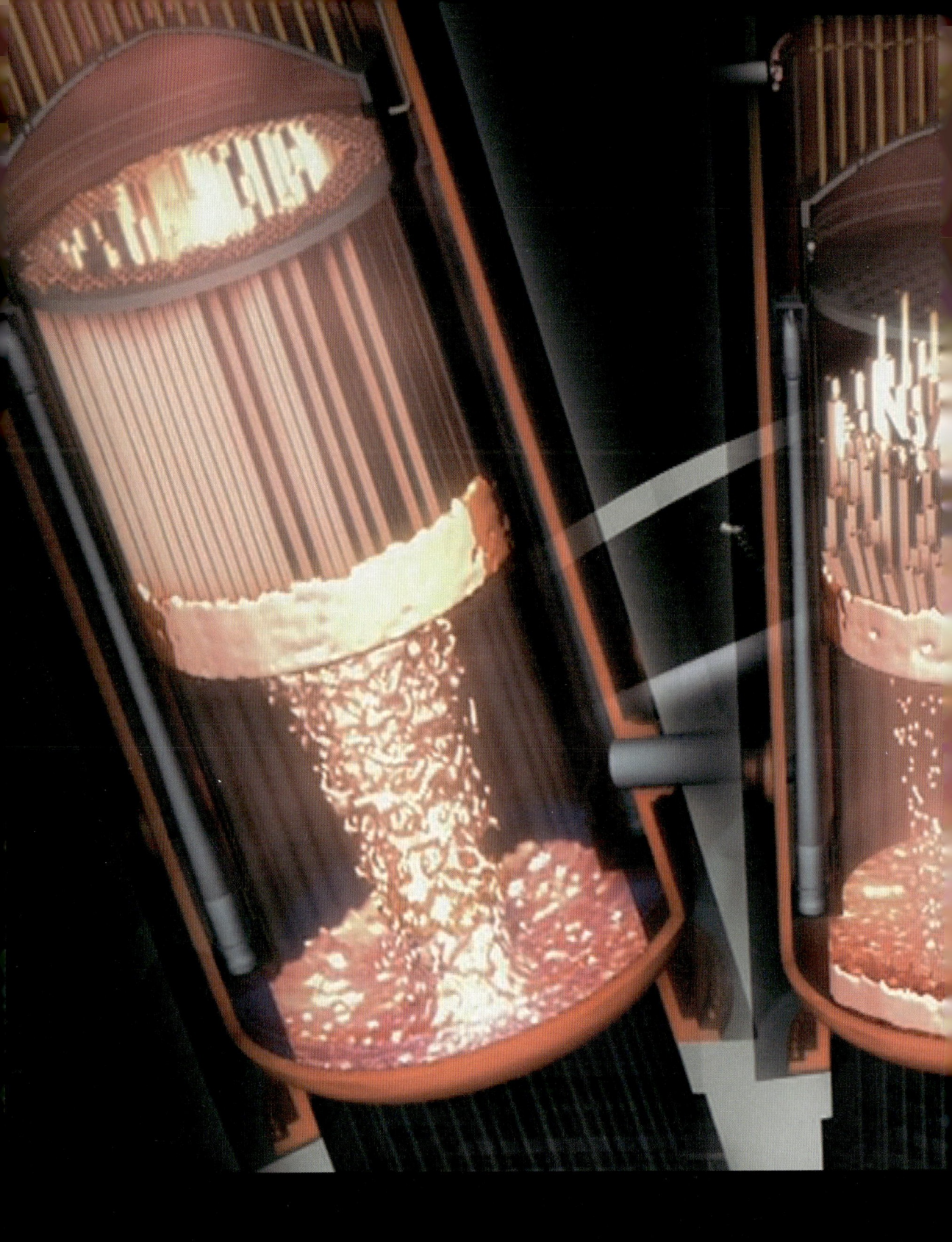

SR弁を開けて、原子炉を減圧して、消防車のポンプによって水を入れようとしていたが、SR弁は、なかなか開かなかった。さらに、格納容器の圧力を抜くために、外部に気体を放出するベントもできなかった。最前線で対応にあたっていた一人は、「心臓がでんぐり返ったような、すさまじい恐怖を感じた」と打ち明けている。そして「このままいったら、格納容器の圧力が劇的にあがって一気に破損し、あたり一面が、放射能に汚染されてしまい、自分たちも生きて帰れないと思った」と語っている。

青森
秋田
盛岡
山形
仙台
福島
福島第一原発
宇都宮
水戸
千葉

写真：東京電力

170 km
250 km

福島第一原発の最悪シナリオがもし起きていれば……

近藤駿介内閣府原子力委員長が作成した「福島第一原子力発電所の不測事態シナリオの素描」で明らかになった、最悪シナリオ発生時における移住を迫られる地域。近藤委員長は、最悪時には、福島第一原発から半径170キロ圏内が、土壌中の放射性セシウムが1平方メートルあたり148万ベクレル以上というチェルノブイリ事故の強制移住基準に達すると試算した。同試算では、東京都、埼玉県のほぼ全域や千葉市や横浜市まで含めた、原発から半径250キロの範囲が、住民が移住を希望する場合には認めるべき汚染地域になると推定した
CG：DAN杉本、カシミール3Dを用いて作製。高さは2倍に強調している

はじめに

あまりにも無残な姿だった。3号機の原子炉建屋上部が水素爆発でメチャクチャに壊れ、鉄骨がむき出しになり、あらぬ方向にひしゃげている。これが、"鉄壁"の安全対策を誇った原発の末路かと心底、思った。

事故から8ヵ月がたった2011年11月12日。私は、事故後初めて報道関係者に公開された現場にNHKの代表として足を踏み入れた。福島第一原子力発電所から20キロ離れたスポーツ施設「Jヴィレッジ」で防護服に着替え、マイクロバスに乗って福島第一原発に向かった。

そこで見た光景を一生忘れないだろう。正門をくぐり、しばらく行くと目に飛び込んできたのが、冒頭に書いた光景だった。3号機は風化のためか、事故直後に見た映像よりも壊れ方が激しく、バスの窓越しではあったが、不気味さと怖さを感じた。バスが建屋に近づくにつれ、放射線量も上がっていく。最も高い値を示したのが、3号機と2号機の間の海側付近を通過したときだった。バスの中で読み上げられる放射線量の値は1時間あたり1000マイクロシーベルトに達した。一般の人が1年間に浴びても差しつかえないとされる被ばく限度量に1時間で達する値。数値を読み上げる東京電力の放射線管理の担当者の張り上げた声が震えていた。

"核は制御できる"

20数年前、大学で原子力を学び、電力会社やメーカーに就職した先輩から、誇りを持って働いているという話を聞くうちに、いつしか、それを当たり前のように思う自分がいた。自分の不明を恥じれば、その考えは、NHKに入り原子力問題を担当するようになって10数年たっても変わることはなかった。

その認識の誤りに気づく機会は過去にあった。1999年、茨城県東海村の核燃料加工施設JCOで起きた臨界事故だ。科学技術庁の担当として原子力問題に取り組むようになってちょうど1年がたったころだった。住民避難を伴う「日本初の原子力災害」。通報遅れに加え、止まったと思われていた臨界が継続していたことなど、国、専門家も事態の正確な把握に手間取り、対応が後手に回った。

事故から半日あまりがたった未明に、臨界を止めるために、いわゆる"決死隊"が結成された。中性子線が出続け、高線量の被ばくを覚悟しなければならない状況下での作業。被ばく量の上限を決めた作業とはいえ、不測の事態が起きないとは言えない。当時、その一部始終をほぼリアルタイムで知ることができた私は「臨界を止めてくれ！ そして、生きて戻ってくれ！」と心の中で祈っていたことを覚えている。

今振り返ると事態の大きさこそ違えど、今回の福島第一原発

はじめに

の事故時の対応と非常によく似ていることがわかる。何が起きたのかわからぬまま、一瞬にして危機的状況を作り出してしまう核エネルギーの持つ潜在的リスク。それをいかに顕在化させないか、人智を尽くしてきたのではなかったか。当時感じたこととは「核物質の扱いを誤ると、こうも簡単に臨界を引き起こしてしまう」ということだった。

しかし、臨界事故を起こしたJCOは核燃料加工施設で、原発ではなかった。当時、原子力業界、いわゆる〝原子力ムラ〟の人たちからも「JCO事故は原子力の最も川下で起きたことで、原発の安全性を脅かすものではない」と強く言われたものだった。大学3年のときに起きたチェルノブイリ原発事故のあとも同じようなことを言われたことを思い出す。「日本の原発とは炉型も違うし、日本の原発には格納容器があるので大量の放射性物質が外に漏れる事故が起きることはない」。結局、同じ論法ではあったが、JCOの事故があまりにも杜撰(ずさん)な作業によるものであったこともあり、原発の安全性の根幹を揺るがす問題とまで、正直、考えることができなかった。

2011年3月11日

その考えがいかに甘いものであったかを思い知らされた。多重防護による〝絶対安全〟を誇ってきた原発が、こうも脆く、なすすべなく制御不能に陥るものかと。

「いったい、現場で何が起きているのか？」

事故から1ヵ月以上がたっても、原発内部で何が起きているのか、誰一人、正確に自信を持って答えられる人がいない。その一方で、緊急事態宣言、避難指示、放射性物質を外部に放出する〝ベント〟……、住民の命を守るための重要な情報発信の遅れの問題や、官邸の現場介入の問題など、初動の事故対応のまずさの追及ばかりが報じられるようになっていた。

正直、危機感を覚えた。

「事故はなぜ起きたのか」「悪化を食い止めることはできなかったのか」世界最悪レベルの原発事故の本質に迫ろうというメディアがない。そうしたなかでできたのが「メルトダウン」取材班だった。集まったメンバーの多くは、原発の廃炉問題や新潟県中越沖地震直後の柏崎刈羽原発の問題をテーマにしたNHKスペシャルを手がけてきた仲間たちだった。私たちは、政府、原子力安全・保安院、東京電力本店から発せられる公式情報からだけでは、真実に迫れないことは明白だった。現場を直接取材できないという最大のハンディを背負いながらも、あらゆる知恵を出し、現場の第一線で事故対応にあたった運転員たちの証言を得るべく、動き出した。

もちろん、簡単な仕事ではない。「事故の収束対応にあたっている」という理由で、東京電力に取材を申し込んでも、話を聞きたい現場の当事者たちは表に出てこない。現地で接触しようと思っても、多くの運転員は地元出身で事故の被災者でもあ

15

り、避難している居場所がそもそもわからない。さまざまなつてを頼って何とか連絡が取れたとしても「会社から取材に応じるなと言われている」「あまりの混乱で、何をしたのか、はっきり覚えていない」といった状況で、取材は遅々として進まなかった。それでも「あの日の真実に迫りたい」という、取材者たちの思いは少しずつ相手に伝わっていったのだと思う。当時のことを語ってくれる人が、1人、2人と現れてきた。

「目の前で起こっていることが本当に現実なのかと思った」

「すべての電源が失われ、原発のコントロールルーム・中央制御室の中でなすすべなくたたずむ当事者たちが心の底から発したことば。そこには、無機質な事故調査報告書の文章では読み取れない、偽らざる真実があった。

本書は、2011年12月18日放送のNHKスペシャル『メルトダウンI～福島第一原発あのとき何が～』、2012年7月21日放送のNHKスペシャル『メルトダウンII 連鎖の真相』、そして2013年3月10日放送のNHKスペシャル『メルトダウンIII 原子炉"冷却"の死角』の取材で証言を得た、400人以上の当事者や関係者、専門家などの声をもとに、私たちが現時点でたどり着いた事故の姿である。

私も、事故対策の拠点となった免震棟で2号機の危機に直面し、その後の最悪の事態を計算したという、幹部の一人に会って直接、話を聞いた。その幹部は、今でも「ああすればよかっ

たのではないか」と、夜うなされることがあるという。

「どれもこれも100パーセントできるというものはないんです。何もないなかで、必死でやっていたんです。でももし、ちゃんとできなかったら原子炉はどうなっていくんだろう。SR弁が開かないまま、水が入らない。SR弁の減圧ができなかったら、最後は高圧破損して格納容器の減圧ができなかったら、最後は高圧破損して格納容器が壊れ、最悪の事態になる」

すべての電源を失い、用意していた安全装置という"武器"が一切使えないなか、いわば"戦場"と化した現場で、彼らは事態を収めようとしていた。しかし、その努力をもまったく無にしてしまうほどの、核エネルギーのすさまじさ、事態が進むスピードだった。

そのときの一人ひとりの判断、行動が間違っていたと単純に言いたくはない。もちろん、事故によって自宅を追われ、すでに帰還をあきらめた人、いつ帰れるかもわからない不安な日々を送っている多くの被災者にとっては、事故の当事者たちの言い訳など聞きたくない、許せないことだと思う。それでも、私は、あのとき、運転員たちが取っていた行動は、ギリギリの状況、先の結果が見通せないなかで、取り得る最善策と信じて決断したものだと思いたい。

いま、私たちがしなければならないのは、なぜそうした行動を取ったのか、その判断をするためにどんな情報を得ていたのか

か、正確な判断ができるようなシチュエーションだったのか、まだ明らかになっていない事実関係の解明とともに、過酷事故が起きた時、人はどんな判断をし、どう行動するのか、正しく理解することだと思う。それが、社会、経済、国家をも揺るがす事態を招いた世界最悪レベルの原発事故を起こしてしまった、私たちの責務であろう。

事故から2年がたった。2012年9月には新たな規制組織、原子力規制委員会が発足し、事故の教訓を踏まえた新たな規制基準作りが進んでいる。しかし、その議論をみていると、規制当局側と電力会社、専門家の側との対立ばかりが目立ち、本来、事故を防げなかった"当事者"としての反省や、互いに安全性を高めようと協力し合う真摯（しんし）な姿勢がみられないと感じるのは私だけだろうか。

あれほどの事故を引き起こしながら、すでにあの事故を忘れてしまったのではないか、そう思わずにはいられない。それを"風化"というならば、決して許されないであろう。まだ事故の本質にたどり着いていないのに運転再開の議論が行われ、現実に再稼働した原発もある。電源を確保し、水を入れる手段を整えればよいのか、あの事故はそんなに軽いものだったのか。原子力に携わるすべての関係者は、事故現場を見て、あの事故を自分の問題として捉えてほしい。それが原点ではないか。

事故から1年半がたった2012年10月上旬、福島第一原発から北に10数キロに位置する南相馬市小高の海岸近くに立った。そこは時間が止まったかのように、津波で洗い流されたままの状態だった。車はひっくり返り、電信柱が根元から折れて、苔が一面に生えている。2012年4月まで警戒区域に指定されていたこの地区は、事故から1年たっても手つかずの状態で、その後も人の手が入る気配は感じられなかった。原子力災害の災厄は、震災という目に見える被害にとどまらず、長期にわたり、人の活動を制限してしまう、核の持つもう一つの脅威を感じた。

"人間は核を制御できるのか"

原子力と向き合って20数年、いま改めて自分自身、問い直している。本書がその答えに近づくための一助になればと思う。

2013年5月

NHK報道局・科学文化部デスク　根元　良弘

メルトダウン 連鎖の真相 目次

はじめに 14

第1章 全電源喪失 21

第2章 ICとRCIC 45

第3章 決死隊のベント作業 85

第4章 幻の電源復旧 113

第5章 忍び寄る連鎖 141

第6章　加速する連鎖 165

第7章　使用済み核燃料の恐怖 205

第8章　冷却の死角 233

第9章　SR弁とベント弁の死角 257

第10章　死角をなくすために 281

おわりに 292

本書では特に断わりのない限り、敬称を省略しています。また年齢・肩書きは当時のものです

装幀・目次デザイン／アルビレオ
写真／東京電力・NHK・福島中央テレビ・共同通信社・読売新聞社ほか
本文デザイン・DTP／長橋誓子

第1章　全電源喪失

東電社員の証言
情報がなく、プラントの状態も見えないなかで、何かをしていないとおかしくなりそうだったので、次の作業を探して現場で作業をしていた。情報がなかったから、作業ができたのだと思う　　東京電力報告書より

福島第一原発5、6号機中央制御室　5号機側
写真：東京電力

その日、福島第一原発

灰色の雲が低く垂れ込めていた。
気温は日中になっても10℃にも届かなかった。この日、福島県の浜通り地方は、冬に逆戻りしたような肌寒い天気だった。

2011年3月11日。太平洋に面した海岸に6つの原子炉が建ち並ぶ東京電力・福島第一原子力発電所では、東京電力の社員たちがいつもと変わらぬ作業を行い、関東にむけて電気を送り続けていた。

福島第一原子力発電所。通称1F。「福島」の頭文字と「第一」から、1Fと電力関係者は呼ぶ。この発電所は、40年あまりに及ぶ日本の原発利用の歴史をまさに支えた原発といえる。敷地には、1967年にアメリカGE社によって建設が開始され、東京電力が運転する初の原発となった1号機。そして国内メーカー各社が国産の技術を開発し建設にあたった1号機、3号機や4号機など6つの原子炉が配置されている。日本で原発が次々と建設された70年代から80年代。1Fには全国の電力会社やメーカーから視察や見学が絶えなかったという。

この日、1号機から3号機までの3基の原発は、定格の出力でフルパワーの発電を行っていた。原子炉に装荷された核燃料は臨界状態を維持し、高温高圧の蒸気が巨大なタービンを回して、およそ200万キロワットの大容量の電気を、送電線に送り出していた。

定常状態で発電しているときの原子力発電所は、意外にやることがない。

運転員は、計器の数字に異常がないかチェックし、定期的に、原子炉建屋の中を巡回して、機器の点検を行って報告書などを書くことが業務の中心だ。原発の運転は、大半がコンピューターで制御され、自動的に行われる。1号機と2号機の運転操作を行う中央制御室も静かなものだった。小学校の教室2つ分ほどの広さの部屋には、モスグリーンのステンレス製の壁面いっぱいに計器が埋め尽くされている。右側には1号機、左側には2号機の計器盤と操作盤が配置されている。

1つの制御室で2つの原子炉を監視するのは、国内や海外の多くの原発で採用されているつくりだ。これは、火力発電所をモデルにしている。火力発電所は人的な効率から1つの制御室で2つのボイラーを監視するつくりとなっていて、原発もそれを踏襲した。

1号機を担当している運転員たちが、時折、操作盤の前に立ち、計器類に目をやっていた。発生する電力、電圧、原子炉の圧力や温度、配管を流れている水の量など、メーターや打ち出される記録ペーパーを定期的に確認していた。

「異常なし」

点検、監視の結果は、運転の全責任を負う当直長に伝えられる。当直長は、小さくうなずいた。この日、中央制御室の1号

第1章　全電源喪失

機側のデジタルパネルには46万キロワットと数字が大きく表示されていた。発電している出力だ。
「原子炉、定格出力運転中」
すべてはいつものように順調だった。

そのとき、中央制御室

1号機爆発まで24時間50分

原発の運転は24時間ノンストップだ。運転員は1日2交替で操作にあたる。福島第一原発では、中央制御室ごとに、AからEまで5つの班にわかれている。1、2号機のこの日の担当は、A班だった。当直長が中央の席につき、その左隣には、当直副長が座る。当直長から斜め右側には、1号機を担当する当直主任と運転員、左側には2号機を担当する当直主任と運転員、左側には2号機を担当する当直主任と運転員。この日は総勢14人が、操作にあたっていた。

運転員の多くは、大熊町や双葉町など地元の出身が多い。東京電力は地元では、誰もがうらやむ就職先だった。彼らの多くは、原発のマニュアルを頭に叩き込む研修と訓練を「東電学園」と呼ばれる東京電力が運営する学校で積み重ねて一人前の運転員になっていく。20代から30代にかけて補機操作員、主機操作員と経験を重ね、40代で、当直副長、そして、50代で運転の全責任を担う当直長に就任する。いわばたたき上げの社員だ。運転員同士は、先輩後輩の上下関係を重んじ、仲間意識も強い。

1、2号機の中央制御室では、この日も、52歳の当直長の指示の下、運転員たちは、いつもと同じように決められたマニュアルに従い、整然と業務をこなしていた。

午後2時46分。

1、2号機の中央制御室を突然大きな揺れが襲った。何人かの運転員が思わず、操作盤に取り付けられたレバーを強くつかんだ。地震のときにも倒れずに操作ができるようにと取り付けられたレバーだ。2007年7月に新潟県中越沖地震に襲われた柏崎刈羽原子力発電所の教訓をもとに設置されたものだった。

ガタガタガタガタ……

揺れはさらに強くなる。当直長の机の上に置いてある操作マニュアルやその他の書類が床に飛び散った。マグニチュード9・0の巨大地震が原発を襲った瞬間だった。

運転員の一人は、その瞬間を、こう述懐している。

「今までに経験したことのないような長い揺れでした。揺れがあまりに長くてレバーを握ったまま座り込んでしまいました。立っていられませんでした。なんども地震は経験しましたが、これまでとは規模が違うなと感じました」

運転員にはそれぞれ担当する役割がある。それにあわせて操作盤のどこに立ち、どの計器を確認するかも決まっている。しかし、あまりの揺れに、何人もの運転員はたまらず、床に座り込んだ。その他の者も、机や操作盤のレバーをつかんで、体を支えるのが精一杯だ。

1、2号機中央制御室の位置：福島第一原発では隣り合う原子炉を1つの中央制御室でコントロールしている。中央制御室は隣接する原子炉の中間にある。原子炉と中央制御室の距離はわずかに50メートル

CG：NHKスペシャル『メルトダウンⅢ 原子炉〝冷却〟の死角』

福島第一原発3号機の中央制御室

写真：東京電力

写真：NHKスペシャル『メルトダウンⅢ 原子炉"冷却"の死角』

再現ドラマ

東日本大震災発生直後の1、2号機の中央制御室

東電社員の証言
揺れの最中から、アドレナリンが大量に出たのか恐怖感はあまりなく、妙に冷静だったような気がする。まるで夢の中の出来事のような……。少なくともこの状態が2F（注.福島第二原発のこと）へ退避するまで続いた

東京電力報告書より

福島第一原発1号機の中央制御室　写真：東京電力

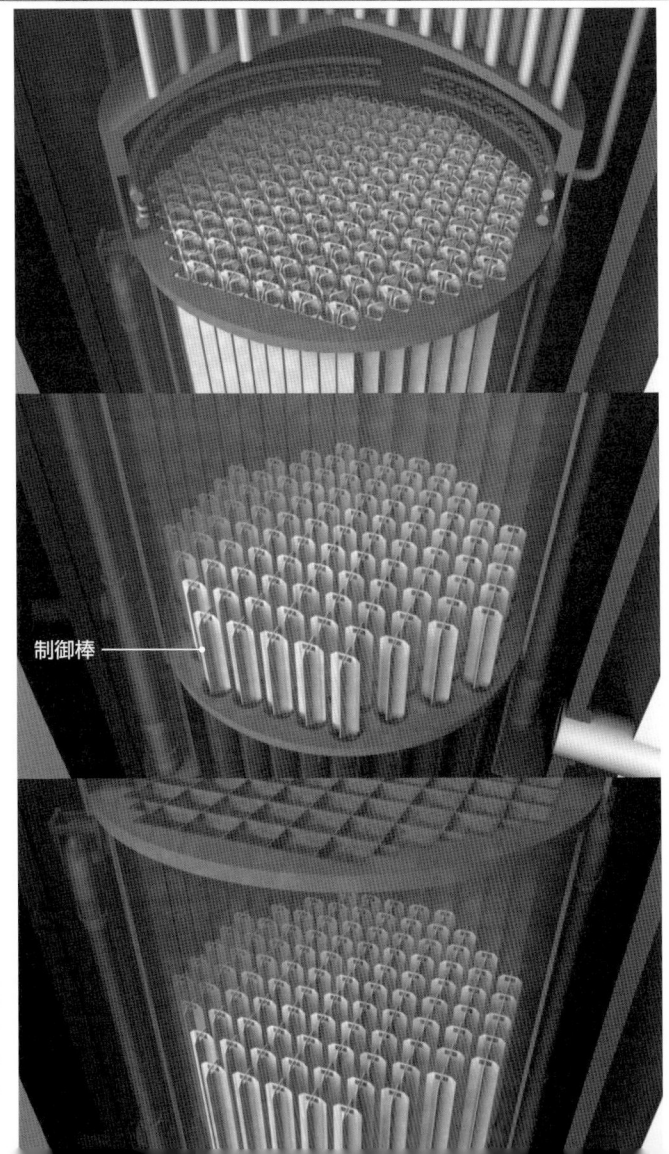

制御棒

自動スクラムが実行されると、核分裂反応に伴って発生する中性子を吸収する制御棒が原子炉に挿入される
CG：NHKスペシャル
『メルトダウンI〜福島第一原発あのとき何が〜』

第1章　全電源喪失

途端、当直長の大きな声が部屋に響く。

「みんな、落ち着け！　まず、スクラムを確認！」

地震が発生したとき、まず行うことは、原子炉の核分裂反応を止めることだ。万一、地震で原子炉が停止せず、冷却できなくなると、核分裂反応が起こり続け、どんどん温度が上昇して燃料が溶けてしまい、大量の放射性物質が漏れ出る最悪の状況をむかえることになる。そのため、原発には、地震を感知した瞬間、核分裂反応を止めるための「制御棒」と呼ばれる棒状の装置が原子炉に挿入される。制御棒は一本が長さおよそ4メートル、ホウ素が含まれている。炉の中に数百本ある燃料と燃料の間に挿入し、ホウ素が中性子を吸収することで、核分裂の連鎖を止めるのである。

この制御棒は、いわば原発のブレーキといえるものだ。当直長が叫んだ「スクラム」とは、制御棒を炉内に挿入する動作を呼ぶ。原発は一定以上の揺れを感知すると自動的にスクラムをして核分裂反応を止める設定になっている。

当直長の指示は、まず、このスクラムに成功したかどうかを確認しようというものだった。

「揺れが続くなか運転員たちは計器に必死で目をやる。

「制御棒全挿入！　原子炉自動スクラム！　自動スクラム確認！　原子炉自動停止！」

少しの間を置いて担当の運転員が応えた。

制御棒挿入が確認できた瞬間を、運転員は、こう語っている。

「必死で操作盤のレバーにつかまっていました。制御棒がちゃんと挿入されるかどうか、揺れながらそれがもっとも心配でした。挿入の返答を聞いたときは正直、やった、と思いました。制御棒さえ入れば、炉は止まりますから」

DG（非常用ディーゼル発電機）の起動

ようやく、揺れがおさまる。あたりには、土埃を感知した火災報知器や計器の異常を示す警報が、けたたましく鳴り響いていた。

あらためて、運転員たちは原子炉の様子を示す、中央のパネルを凝視する。パネルは蜂の巣のようなデザインで、制御棒の位置を示している。すべて赤色の表示。制御棒は炉内に挿入されていた。原子炉の反応を停止することに成功していたのだ。

ほどなくして、運転員の緊迫した声が響いた。安堵の空気が流れた。しかし、ホッとしたのもつかの間だった。

「当直長、外部電源が喪失しています！」

皆、顔をみあわせた。

1Fのすべてで外部電源を失ったのだ。外部電源の喪失。初めての事態だった。

運転員が証言する。

再現ドラマ

発電所幹部の証言
外部電源が喪失しても
非常用ディーゼル発電機が立ち上がったことで

外部電源を喪失したものの非常用ディーゼル発電機が起動したことで、
1、2号機中央制御室の運転員は原子炉を無事冷温停止できると考えた
写真：NHKスペシャル『メルトダウンⅠ〜福島第一原発あのとき何が〜』再現ドラマより

「外部電源喪失のアナウンスを聞いて、一瞬、驚きました。これまで地震でスクラムしたことは経験しております。しかし、外部電源が失われるということは、一度もありませんでした。訓練ではもちろん想定してやっていますが、本当に失われる状況というのは、多くの運転員が初めてだったと思います」

「非常用DG、確認して」

当直長の指示が矢継ぎ早に飛ぶ。DG＝Diesel Generator、重油で動く非常用のディーゼル発電機だ。

国内の原発事故でそれまで非常用ディーゼル発電機の起動まで追い込まれたことは、ほとんどない。原発は、電気を作る施設だが、施設の中の数百もの装置は外からもらった電気で動くようになっている。

なんとも皮肉なことだが、原発は、自分を動かす電気を外から送電線でもらわないといけない仕組みになっている。発電所で作った電気を発電所内で使うには、電圧や電流を整流する必要があり、そのためには、別の設備を所内に設置しなければならない。外からすでに整流した電気を持ち込んだほうが効率的なのである。地震などの緊急時には原子炉を止めてしまうので、その間、自分で電気が作れない。その間は災害が及んでいない離れた場所から電気を受けるほうがリスク管理上も有利というわけだ。その電気が外から来ていないという非常事態だった。

28

東日本大震災によって倒壊した鉄塔。福島第一原発に電力を供給する送電線が途絶したことなどで、外部電源が喪失した
写真：東京電力

　なぜ、そんなことになっていたのか。後の検証で、敷地内の鉄塔が倒壊していたことがわかった。地震の大きな揺れで、斜面の土砂が崩壊、近くにあった鉄塔が土台をすくわれて倒れたのだった。鉄塔だけではなかった。受電に不可欠な所内の変電施設も、大地震の揺れで、ケーブルが切れたり、変圧器にひびが入ったりして、通電ができなくなっていたのだった。
　中央制御室は、一瞬緊張が走ったが、事態はマニュアルが想定したとおりに動く。
　まもなく、運転員が声をあげた。
「非常用DG起動。A・Bとも起動中！」
　A系、B系。2つある非常用ディーゼル発電機が起動し始めたのだ。
　当直副長。「非常用DG、起動確認了解。非常用DG起動、A・Bとも確認しました」
　間違いなく非常用ディーゼル発電機が起動した。いったん失いかけた電気を所内でつくりだすことに成功したのだった。これで、原発の機器類を動かすことができる。
　万一、外からの電気を受けられなくなった場合のために、原発は非常用ディーゼル発電機を複数備えている。中央制御室の室内に重低音の振動が伝わってきた。
「動いている」
　原発は事故が起きても電気さえ確保できていれば、もっとも重要な炉の冷却ができなくなるという最悪の事態は避けること

29

程度だが、小型火力発電所なみの出力がある。この崩壊熱を取り除いて、原子炉の温度を徐々に下げて100℃以下にもっていく必要がある。

なぜ100℃以下にするか。もちろん、温度が低いほうが安全なことがあるが、まず水の沸騰が収まることで、蒸気量が減り、炉内を圧迫する余計な圧力も発生しなくなる。炉内の環境が安定するわけだ。

運転員は何度も訓練をした手順で原子炉を冷やして熱を取り去っていく作業に入っていた。

この作業に必要なのが、ICと呼ばれる安全装置だ。

中央制御室に「IC起動しました」という声が響いた。

IC＝Isolation Condenser、日本語では非常用復水器と呼ばれる。非常時に原子炉を冷却するための装置だ。原発には緊急時に冷温停止をするために、非常用の冷却装置が複数備えられている。ICはそのひとつだ。

この装置はアメリカで非常用の安全装置として1960年代に考案されたものだ。福島第一原発では1号機にしかない。古い概念で作られた装置であるが、信頼性は高いといわれる。その理由のひとつは構造が簡単なことだった。単純な機械は故障するリスクも低い。停止後に出る原子炉からの高温の蒸気を逆に利用するという設計も評価されていた。炉から出た蒸気を原子炉建屋4階にある非常用タンクに導く。タンクの中には冷たい水が満たされている。高温の蒸気は、タンクの中の細い配管

後の取材に対して、運転員の一人は次のように振り返っている。

「このとき、まだ、警報はいっぱい鳴っていました。しかし、スクラムに成功し、電気を確保することができれば、後は、マニュアルに従って、ゆっくりと設備の状態を点検していけばいいんです。そして、原子炉を100℃以下に冷やす。定期検査に入るときにも行う操作ですから、それほど難しいものではありません。どちらかというと、設備に余計な破損がないか、を早くチェックしたいと思っていました」

次々と襲う緊急事態にも、運転員は、粛々と対応していた。

IC（非常用復水器）

当直長以下、運転員が次に目指すのは、原子炉の「冷温停止」だ。

これは、緊急時対応のもっとも重要な仕上げだ。冷温停止は、文字どおり温度を下げて原子炉を停止させるということ。1Fで運転していた3つの原子炉はすでにスクラムして、核分裂反応は止まっている。しかし、このときの炉内の温度はおよそ300℃の高温状態にある。核分裂反応は止まっても核燃料は「余熱」を発している。専門用語で「崩壊熱」と呼ばれるものだ。その熱量は、核分裂反応が起きている際の7パーセント

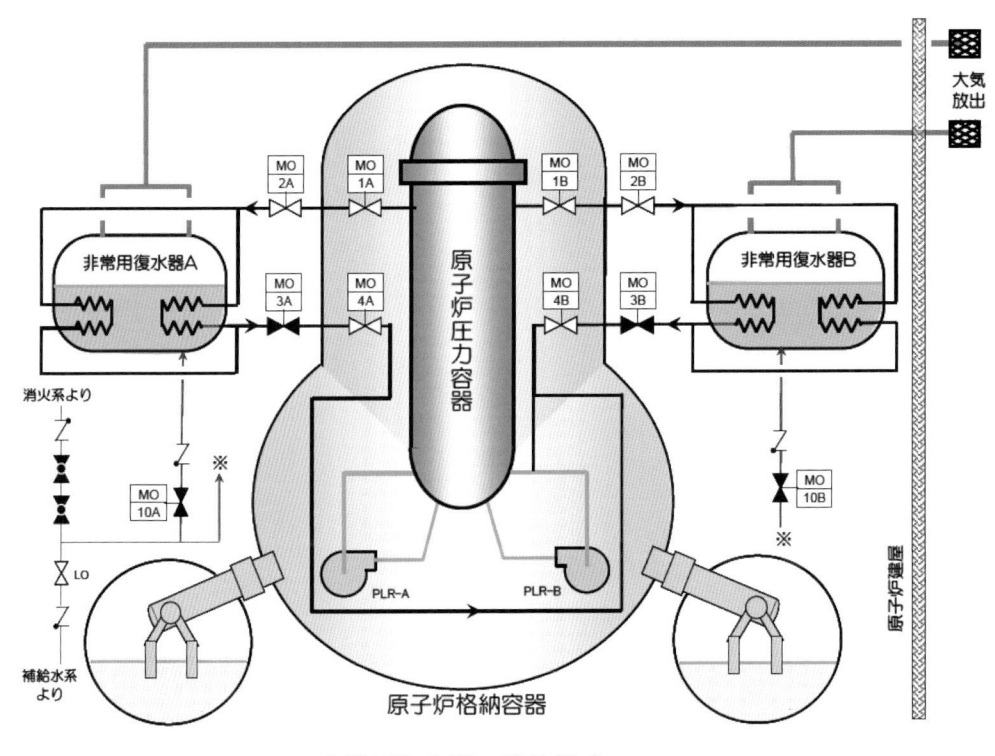

非常用復水器の系統構成

原子炉を冷却するIC（非常用復水器、運転員は「イソコン」と呼ぶ）の構造。MOは電動弁
図：東京電力報告書より

　の中を流れ、その間に冷やされて水にもどる。その水を再び原子炉に戻して、崩壊熱が出ている燃料を冷やしていく仕組みだ。原子炉から蒸気が発生している限り、その蒸気が炉を冷やす水になって戻ってくる、自立した安全装置だ。しかも、モーターや電動のポンプは必要なく、蒸気の力で勝手に流れていく。停電しても利用できる安全装置なのだ。ちなみに運転員たちはこの装置を「イソコン」と呼んでいる。

　地震から6分が経過した午後2時52分、ICが自動起動した。この後の作業は、運転員がICのオンとオフを繰り返して、徐々に炉の温度を下げる。なぜ、オンのままにしないのか。それは、原子炉が急激に冷やされることを防ぐためだ。急激に冷やすと金属や炉やその周囲の金属の部材に悪影響を残すのだ。マニュアルでは、ICを作動させた後、もし1時間あたり55℃以上のペースで温度が下がる場合は、ICを停止させなければならないことになっていた。

　運転員は、原子炉の温度を示す計器を注意深く監視しながら、レバーをつかってICの弁の開け閉めを繰り返していた。原子炉の温度は、ゆっくり下がり始めた。張り詰めていた中央制御室の空気が緩んだ。非常用のディーゼル発電機が起動して電気が確保され、冷却装置も動いている。

　「あとは、決められた操作をつづけるだけだ」

ここまでの訓練は何百回と行ってきたから」そう運転員たちは語っている。

原子炉停止から、40分後。運転中はおよそ300℃だった原子炉の温度は、180℃程度まで下がっていた。原子炉は、順調に冷却されていた。

当直長は、このまま冷温停止に持っていけると感じていた。

原発の司令塔　免震棟

1号機爆発まで24時間36分

地震発生からおよそ15分後の午後3時。中央制御室から北西350メートルの距離にある「免震重要棟」には、吉田昌郎所長（56歳）以下、幹部が次々と駆けつけていた。

2007年7月に発生した新潟県中越沖地震の教訓を受けて、8ヵ月前に運用を開始したばかりの緊急時対策の施設だった。その名のとおり免震構造の設計で、ガスタービンによる大型の自家発電機を備え、震度7クラスの地震にも耐えられる。1号機から6号機にある中央制御室とホットラインで結ばれ、有事の際の指揮をとる緊急対策の拠点だった。

550平方メートルある2階の緊急時対策室のほぼ中央に、25人が座れる楕円形の円卓があり、その円卓を取り囲むように、発電班、復旧班、医療班、通報班など12班の緊急対応の担当チーム用の大型の机が配置されている（34ページ図）。緊急時には406人が、この免震棟に参集し、事故対応にあたることになっていた。大きな揺れが収まり、担当者が続々と集まり、所定の位置につこうとしていた。

東京電力をはじめ電力会社は、すべての事業所を結んだテレビ会議システムを持っている。壁面にある200インチある大型のプラズマディスプレイ画面には、本店の非常災害対策室が映し出された。9分割の大画面が、円卓を見下ろすようにテレビ会議の様子を映していた。

円卓の中央には、緊急対応の本部長を務める所長の吉田が陣取った。そのまわりを復旧班長、発電班長、技術班長といった40代後半から50代の部長クラスの幹部が取り囲む。そして、吉田の右隣には、1号機から4号機を統括するユニット所長の福良昌敏（53歳）が座った。福良は吉田の右腕として、福島第一原発の運転指揮にあたってきた幹部だった。

福良は、真っ先に、原発の運転を担当する発電班に、各号機の地震後の状況を報告するよう指示を出した。運転中の1号機から3号機まですべてスクラムが成功し、地震で外部電源が喪失したが、すぐに非常用ディーゼル発電機が正常に起動し、非常用の電源を確保できたという報告が返ってきた。吉田は、報告を受けた後、社員と作業員の安否確認を急ぐように指示していた。

後に、福良は、こう振り返っている。

「外部の電源がなくなったにしろ、非常用の電源が確保された

免震重要棟の緊急時対策室本部席　写真：東京電力

2011年3月11日時点の緊急時対策室本部席の人員配置
東京電力報告書をもとに作成

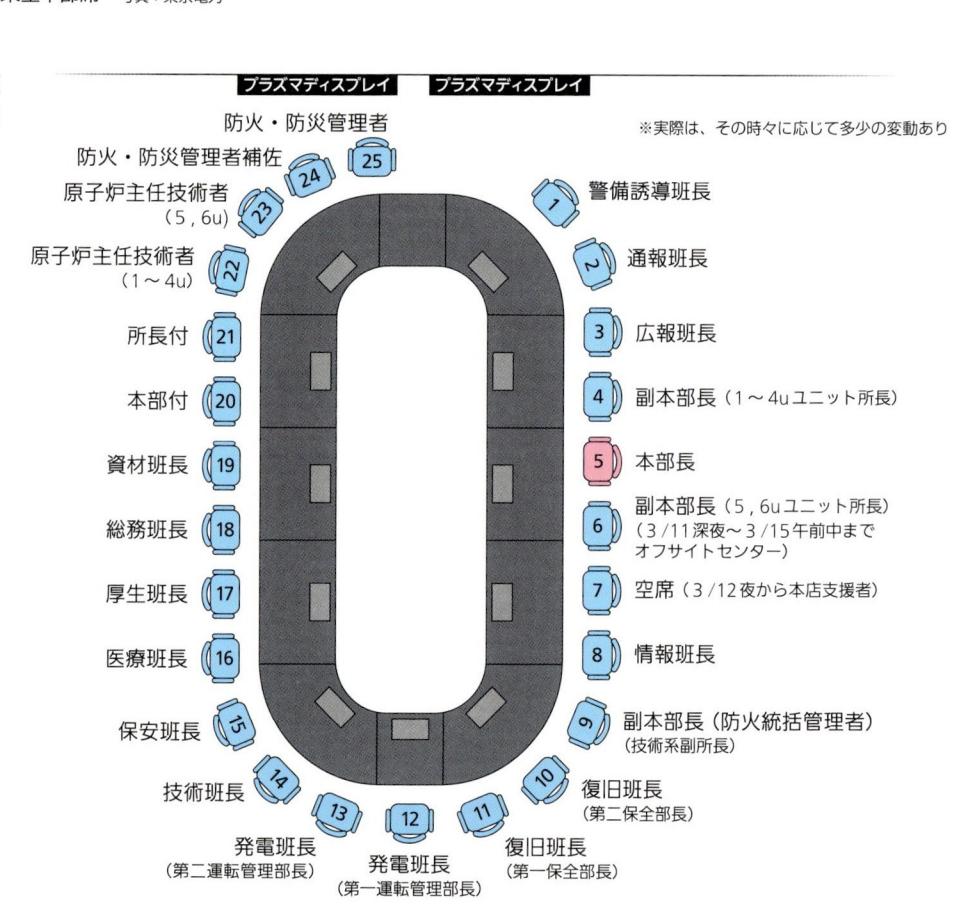

※実際は、その時々に応じて多少の変動あり

プラズマディスプレイ　プラズマディスプレイ

- 25 防火・防災管理者
- 24 防火・防災管理者補佐
- 23 原子炉主任技術者（5,6u）
- 22 原子炉主任技術者（1～4u）
- 21 所長付
- 20 本部付
- 19 資材班長
- 18 総務班長
- 17 厚生班長
- 16 医療班長
- 15 保安班長
- 14 技術班長
- 13 発電班長（第二運転管理部長）
- 12 発電班長（第一運転管理部長）
- 11 復旧班長（第一保全部長）
- 10 復旧班長（第二保全部長）
- 9 副本部長（防火統括管理者）（技術系副所長）
- 8 情報班長
- 7 空席（3/12夜から本店支援者）
- 6 副本部長（5,6uユニット所長）（3/11深夜～3/15午前中までオフサイトセンター）
- 5 本部長
- 4 副本部長（1～4uユニット所長）
- 3 広報班長
- 2 通報班長
- 1 警備誘導班長

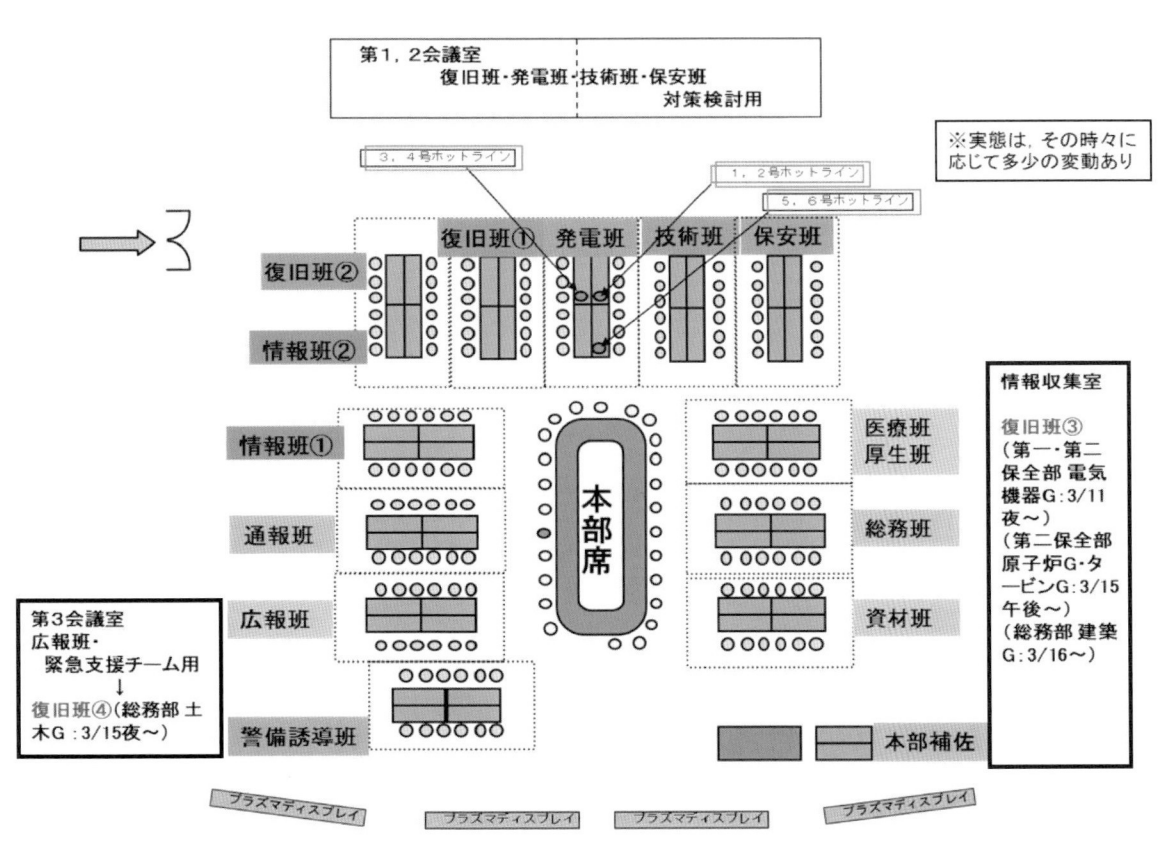

3月11日時点の緊急時対策室のレイアウト

図：『政府事故調 中間報告書』より

ということで、まあ一安心ということですかね。一安心というのは、通常の事故時に定められた手順の中で、復旧できる範囲の事象におさまってくれたという意味です」

円卓近くにある発電班の机には、3台の特別な電話が置かれていた。免震棟と中央制御室を結ぶホットラインだった。3台の電話は、1、2号機、3、4号機、5、6号機のそれぞれの中央制御室とつながれていた。緊急の際は、このホットラインが免震棟と中央制御室を結ぶ情報の命綱となる。

ホットラインの前には、発電班の副班長が席についていた。かつて当直長も経験したこともある50代のベテラン幹部社員だった。副班長が中央制御室と連絡をやりとりする担当責任者だった。地震直後から副班長のもとには、中央制御室からの報告が次々とあがってきていた。

「スクラム成功」「外部電源喪失」「非常用ディーゼル発電機が起動」

副班長は、外部電源を失ったという報告に驚いたが、すぐに非常用ディーゼル発電機が動いているという連絡が入り、胸を撫で下ろしていた。

電源供給ができる限り、事態は収束できる。余震があるので、事務本館には帰れないが、2、3日で収束させることができるだろう。そう思った。

事態は、これまで想定してきた範囲内におさまっている。最前線の中央制御室も、司令塔の免震棟も、そう感じていた。

忍び寄る青と白の線

このころ、屋外では、免震棟のある高台にむかって、大勢の作業員が避難してきていた。

この日、4号機、5号機、6号機の3つの原子炉は、定期検査のため運転を停止していた。原発は、運転中より定期検査のほうが、構内の作業員の人数が多い。工事や点検に大勢の作業を必要とするからだ。特に4号機では、シュラウドと呼ばれる原子炉の内側にある巨大な構造物の交換工事を行っていたため、普段の定期検査の2倍近い人数が作業にあたっていた。3月11日、1F全体ではいつもより多い6350人もの人が働いていた。

それだけの人数が、各号機の建屋から次々に外に逃げ出してきていた。避難場所は、免震棟が建つ高台にある大きな広場になっていた。そこに作業員が続々と集まってきていた。

4号機、5階の通称オペフロと呼ばれている最上階で、作業にあたっていた協力企業の社員もその一人だった。

2日前の3月9日に宮城県で震度5弱の揺れを観測していたから、余震が相次いで起きていたためか、大きな揺れにもかかわらず、同僚たちはあわてずに落下物がなさそうな壁際に、ひとかたまりになって揺れがおさまるのを辛抱強く待った。余震がおさまったころをみはからって、照明が消えて真っ暗になった

階段を、誰かが持っていた懐中電灯で足下を照らしながら1階まで駆け下り、防護服を脱ぎ捨てて、建屋の外に自分たちの班全員の無事が確認された。建屋の出口前で点呼をとると、みな思いのほか冷静だった。周囲を見渡すと、屋外では、免震棟のある高台にむかって避難する人たちが見えた。大津波警報を知らせる放送が繰り返し流れていた。「高台へまずはむかおう」

走ることはせず、歩き始めた。

ゆるやかな坂道を進みながら、右手に広がる太平洋を見たそのときだった。はるか10キロほど先だろうか。濃い青に白いストライプがついたような長い線が、水平線と平行にのびているのが目に飛び込んできた。

瞬間に「津波だ」と思った。津波が白い波をたてて近づいてきている。

現実味がないせいか、恐怖心はなかった。むしろ物珍しさを感じた。

高台にむかう坂道の先にも、立ち止まって、津波が近づいてくる様子を見物する人が大勢いた。リーダー格の何人かの社員が、危険だから早く避難するよう促していたが、立ち止まる人は後を絶たなかった。

津波はゆっくりと、しかし、確実に福島第一原発に迫っていた。

東電社員の証言
更衣所の窓の外には信じられない光景。あの防波堤がドミノのようにあっさりと倒れている。門型クレーンはSWポンプに突き刺さり、流された幾台もの車。真下からは鳴りっぱなしのクラクションが聞こえた　　東京電力報告書より

防波堤の高さ
約6メートル

福島第一原発に襲来した津波
写真：東京電力

北海道大学地震観測専門分野教授、谷岡勇市郎のシミュレーションで描いた、
福島第一原発を襲う津波
CG：NHKスペシャル『メルトダウンⅠ〜福島第一原発あのとき何が〜』

福島第一原発を直撃した津波。約50メートルのしぶきを上げている
写真：東京電力

電源喪失の時間差

1号機爆発まで23時間59分

地震発生から51分後の午後3時37分。冷温停止に向けて作業が進められていた中央制御室に異変が起きた。

モスグリーンのパネルに、赤や緑のランプが点灯する計器盤が瞬き始め、1ヵ所、また1ヵ所と消え始めたのだ。天井パネルの照明も消えていった。

当直副長の「どうした⁉」という問いかけに、運転員は「わかりません。電源系に不具合なのか……」と答えるのがやっとだった。

向かって右側に位置する1号機の計器盤がバタバタと消えていった。天井の照明や計器盤が、時間を置いてひとつとつと消えていった。

ただ、奇妙なことに、左側に位置する2号機の計器盤や照明は点灯したままだった。2号機側は、電源が維持されていたのだった。

2号機を担当する当直主任が大声で聞く。

「RCICの状態は？」

RCIC＝Reactor Core Isolation Cooling system、原子炉隔離時冷却系と呼ばれる非常用の冷却装置のひとつだ。RCICは、原子炉から発生する蒸気を利用して、原子炉建屋地下にあるタービン駆動ポンプを動かして、タービン建屋にある非常

用タンクの水を原子炉に注水するシステムである。1号機のICに比べ、やや複雑な構造だが、非常時に確実に原子炉に注水を果たす装置として、福島第一原発では、2号機から6号機までのいずれにも備えられていた。

担当の運転員が答えた。

「RCIC止まっています」

RCICは、地震の後、予定したとおりに起動し原子炉を冷やすため、水を注ぎこんでいた。ただし、RCICは、原子炉の水位が一定量をこえると、自動的に停止する。2号機のRCICは、地震後、2度ほど起動と停止を繰り返し、このときは停止していたのである。

当直主任が即座に当直長にむかって伝えた。

「RCIC起動させます」

当直長が答える。「2号機、RCIC起動！」

午後3時39分。運転員は、2号機の非常用の冷却装置RCICを手動で起動させた。

このとき、2号機のRCICを起動させていたことは、後の事故対応に大きな影響をもたらすことになる。この直後だった。

2号機側の天井の照明や計器盤の赤や緑のランプが、ひとつ、またひとつと消えはじめた。

そして、午後3時41分。2号機側も真っ暗になった。それまで鳴っていた計器類の警報もすべて消えて、中央制御

室は、シーンと静まり返った。1号機側の非常灯だけが、ぼんやりとした黄色い照明を灯している以外は、中央制御室は、暗闇に包まれた。実に4分の間に、中央制御室は、1号機側から2号機側へと、ゆっくりと電気が消えていったのである。

運転員の一人は、こう語る。

「何が起きたのかまったくわかりませんでした。目の前で起こっていることが本当に現実なのかと思いました」

別の運転員は、電気が消えていくのに時間差があったことをはっきりと覚えていた。

「電気が消えていくのに時間差がありました。自分は、1号機の電源はだめだが、2号機は生きていて大丈夫だ。だから2号機の非常用発電機の電源をもらおうかと、頭の中で考えていました。ところが、その後、2号機も消えたのです。最終的になぜか1号機は非常灯が点灯していたが、2号機のほうは真っ暗でした」

暗闇が襲う中央制御室に、当直長の「SBO！」と叫ぶ声が響いた。ホットラインを通じて、免震棟の発電班に「SBO。DGトリップ。非常用発電機が落ちました」と伝えた。

SBO＝Station Black Out、ステーション・ブラック・アウト。全交流電源喪失である。

最後の砦だった非常用ディーゼル発電機が、何らかの原因で発電ができなくなり、すべての電源が失われたのだ。事態は、事前に定めていた事故対応の想定範囲から徐々に外れ始めていた。

中央制御室は、放射性物質の侵入を防ぐため、密閉構造で当然窓はない。外の様子はまったく見ることができない。原子炉の様子は操作盤に示されるさまざまな数字で把握できるようになっているが、外の情報は、免震棟とつながるホットラインで知らせを受けるのが唯一の手段だ。どの運転員も、暗闇が襲った理由をすぐに思い描けなかった。

この直後だった。運転員が腰から下がびっしょりとずぶ濡れになった姿で「ヤバイ、海水が流れ込んでいる！」と大声で叫びながら中央制御室に戻ってきた。揺れがおさまった後、機器の点検のために原発の建屋を巡回していた運転員だった。タービン建屋の地下1階が腰のあたりまで水につかっていると運転員は報告した。誰もが、津波の襲来で、地下1階にある非常用ディーゼル発電機がやられたと確信した。

津波の襲撃

福島第一原発を襲った津波の第2波は、13メートルをこえていた。防波堤を乗り越え、敷地に流れ込み、海側にあるタンクや付属機器をなぎ倒しながら、タービン建屋や原子炉建屋に襲いかかったのである。建物には、最大で50トンをこえる水圧がかかっている。津波は、まず、1号機から4号機の

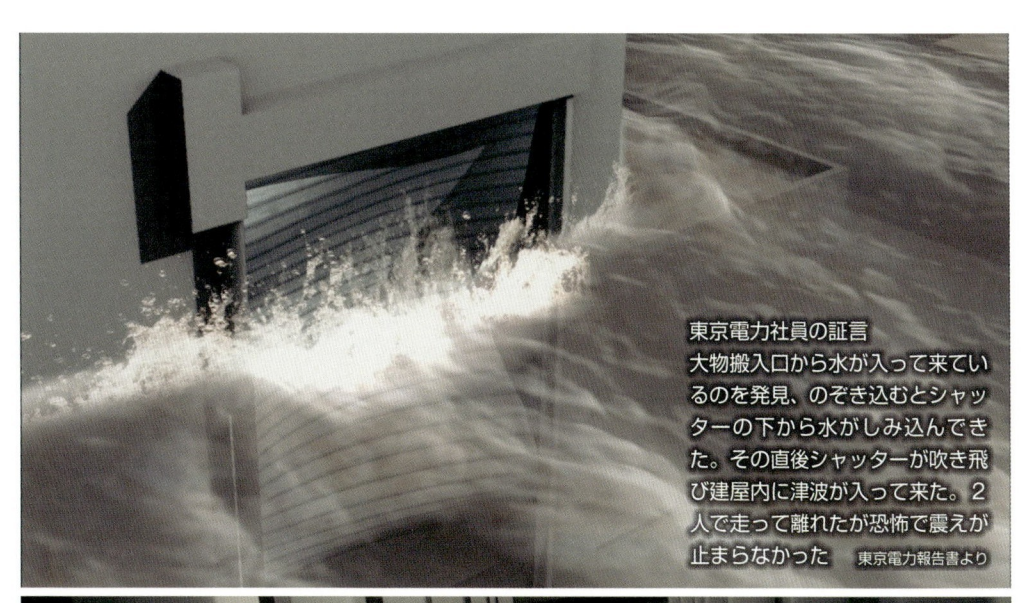

東京電力社員の証言
大物搬入口から水が入って来ているのを発見、のぞき込むとシャッターの下から水がしみ込んできた。その直後シャッターが吹き飛び建屋内に津波が入って来た。2人で走って離れたが恐怖で震えが止まらなかった　　東京電力報告書より

東電社員の証言
共用建屋に入ろうとしたが入り口ゲートに閉じ込められてしまった。警備員に連絡したがつながらず、2～3分後に津波が襲ってきた。水が下から浸入し、もう死ぬのかと思っていたところ、同じ状況にあった先輩社員のゲートのガラスが割れ、脱出でき、自分のガラスを割ってくれたおかげで脱出することができた。そのときにはあご下まで水がきており、本当に怖かった　　東京電力報告書より

北海道大学地震観測専門分野教授、谷岡勇市郎のシミュレーション結果に基づいて作製した福島第一原発に襲来する津波のCG。タービン建屋のシャッターはひとたまりもなく水圧に押しつぶされて（CG上）、非常用電源や配電盤は大量に浸入した海水で水没した（CG中、下）　　CG：NHKスペシャル『メルトダウンⅠ～福島第一原発あのとき何が～』

東電社員の証言
地下から聞いたことのない轟音がしてきたのであわてて階段を上がった。サービス建屋入り口から水が入ってきていた。水をかぶりながら引き上げてきた
東京電力報告書より

東電社員の証言
重油タンクが物揚場の方に流れていくのを見た。その前に、何の船かわからないが、大津波が来る前に、物揚場から黒い船がギリギリ津波をうけないで、出ていった
東京電力報告書より

4号機のタービン建屋の地下室に海水が流れ込み、点検中の東電社員が犠牲になった。大量の海水は重油タンクを押し流し（CG下）、発電所構内の作業用道路をふさいだ。その後、この重油タンクは消防車による原子炉注水作業の足かせとなって、現場の技術者を苦しめることになる

CG：NHKスペシャル『メルトダウンⅠ〜福島第一原発あのとき何が〜』

東電社員の証言
建屋の中に入って窓から海を見たら、遠くに水しぶきが上がっていた。左側を見たときには津波が4号機のほうからきていた。水柱が十数メートル上がったので足がすくんでしまって動きが止まってしまった。サービス建屋にある中央制御室に行かなければいけないので、津波に向かって走っていった。本当に危なかった。津波のほうに走っていかないと中央制御室に行けないので……　　東京電力報告書より

自動車

福島第一原発に襲来した津波（上から順に、発生から7分24秒後、7分30秒後、8分38秒後）
写真：東京電力

第1章　全電源喪失

中で最も北側にあった1号機のタービン建屋を襲った。

原発の建物の入り口は、一部をのぞいてシャッター構造になっている。原発の建物で使われているポンプや配管は、直径が数メートルある大きなものがあり、搬出入をしやすくするために入り口は、開け閉めが容易なシャッターになっているのだ。これが裏目に出た。シャッターは、50トンをこえる強い水圧に耐えられない。ひしゃげて、押しつぶされ、大量の海水が建屋内部に流れ込んでいったのだった。

タービン建屋1階のシャッターの先には電源盤が設置されていた。成人男性の背丈ほどのボックスが十数個並んでいる。この間を海水が走りぬけた。電源盤は、家庭でいうとブレーカーのようなもので、変圧をしたり、それぞれの装置に送る電気を中継したりする装置だ。海水をかぶった電源盤はショートしてしまう。次々に電源盤を水没させた海水は、そのまま階段などを伝って地下にも流れ込んでいった。地下1階には、地震の揺れなどにも影響を受けにくいために、安全に関わる大型の装置が格納されている。地下に流れ込んだ海水の先にあったのは、事故時に原子炉を冷やす装置を動かす非常用ディーゼル発電機とバッテリー室だった。とだえることなく流れ込む大量の海水に、地下室はほどなく水没し、1号機は、電気の供給源を絶たれてしまったのだった。一部のバッテリーがかろうじて生き残ったとみられるが、ほぼ電気を失った状態になった。

津波は、2号機のタービン建屋にも襲いかかった。海水が電源盤やバッテリー室にむかった。しかし1号機よりわずかに遅れて流れ込んだとみられている。大量の水は、1号機と同じように非常用ディーゼル発電機とバッテリー室を水没させた。2号機の電源も失われたのである。こうして4分の時間差をもって、最初に1号機、次いで2号機の電源が失われていったとみられている。

このとき、4号機のタービン建屋で点検作業を行っていた東京電力の24歳と21歳の社員2人が行方不明となった。2人は、その後、タービン建屋の地下1階で遺体となって見つかった。検視の結果、2人は、建屋を巡回していた3月11日午後4時ごろ、浸入してきた津波に巻き込まれて全身を強く打って、死亡したとみられている。

後に、東京電力は「地震、津波に襲われながら、発電所の安全を守ろうとした2人の若い社員を失ったことは、痛恨の極みです」とのコメントを発表した。

何重もの防護システムで守られ、過酷事故は起きないと国と原子力関係者が言い続けてきた、日本の原子力発電所。3月11日 "安全神話" はもろくも打ち砕かれた。

福島第二原発に襲来した津波（上下とも）　　　　　　　　　　　　　　　　　　　写真：東京電力

第2章　ICとRCIC

> 東電社員の証言
> 中央制御室で3秒に0.01ミリシーベルト（ずつ）上がり始めて、（中央制御室から）なかなか出れないときは、もうこれで終わりなんだと思った
>
> 東京電力報告書より

IC

RCIC

1号機　　2号機

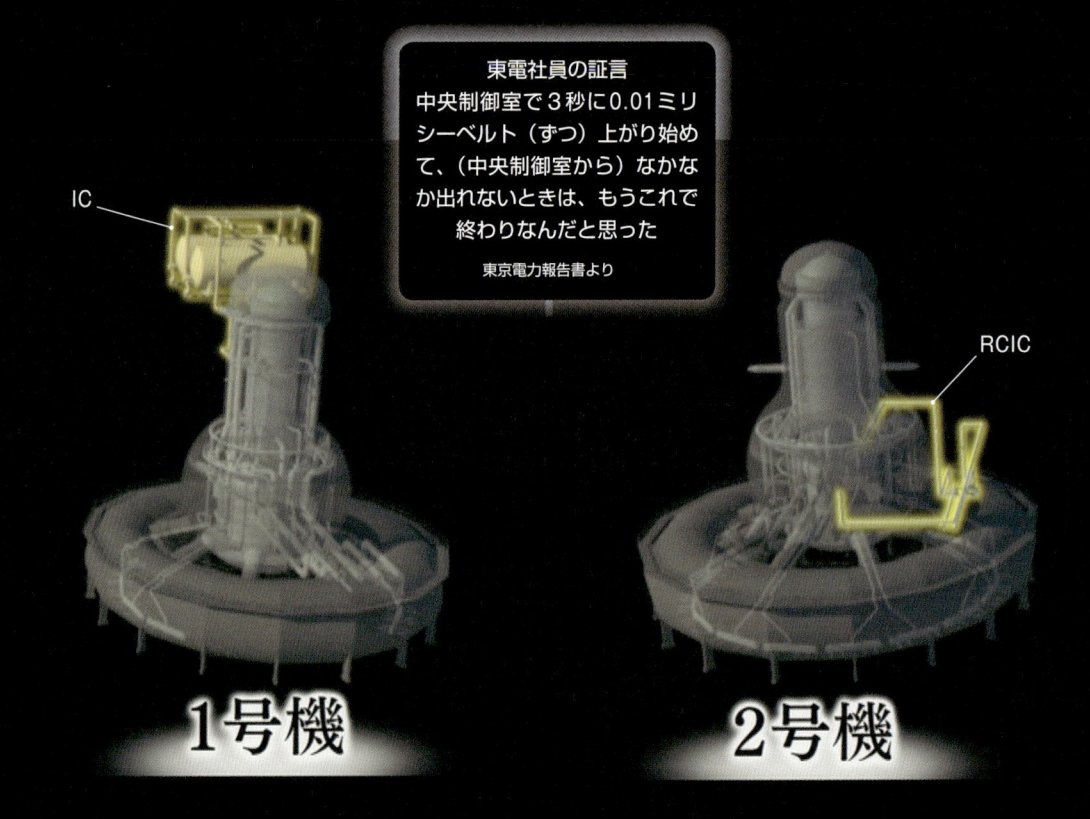

福島第一原発1号機ではIC、2号機ではRCICと、型がまったく異なる冷却装置を使ってメルトダウンへの対応を行った

CG：NHKスペシャル『メルトダウンⅢ　原子炉"冷却"の死角』

暗闇の中央制御室

1号機爆発まで23時間46分

全電源喪失から10分経った午後3時50分。暗闇に包まれた中央制御室では、運転員たちが、灯りになるものを必死で探していた。LEDライトの懐中電灯や携帯用バッテリーつきの照明機器……。30個は見つかっただろうか。かき集められた灯りを頼りに、当直長らは、真っ先にシビアアクシデントと呼ばれる過酷事故の対応が書かれてあるマニュアルのページを手繰った。

しかし、どこをめくってもすべての電源を失った緊急事態の対応は記されていなかった。東京電力が最悪の事態を想定して準備していた緊急対応のマニュアルや、中央制御室の計器盤を見ることができ、制御盤で原発の操作が可能なことを前提に記載されていた。事態は、事前に準備されたマニュアルや、これまで積み重ねてきた訓練をはるかにこえた未知の領域にすでに入っていたのだ。

重要な計器盤さえもまったく見えなくなった。原子炉の水位や温度といった原発の状態を把握するための数値や原発を動かすさまざまな装置の作動状況を知るための数値がすべて消えたままだ。これでは、目隠しをして車を運転しろと言われたようなものだった。

運転員の一人は、取材に対して、「今回の事故で最も衝撃を受けた瞬間は、非常用発電機が使えなくなったときだ」と打ち明けている。

「これで何もできなくなった。やれることは、もうほとんどないという思いを持った」と語っている。「手足を奪われたような状態」「五感を失っている状況」「何もやれることがない」後に多くの運転員たちが、そう表現している。

冷温停止に向けて動き始めたはずの非常用の冷却装置の動きも一切がわからなくなった。

1号機の非常用の冷却装置のICは、蒸気の力で動く。いったん起動すれば、電気がなくても、原子炉建屋4階にある冷却水タンクを通って冷やされた水が原子炉に注がれ、原子炉を冷やし続けるはずだった。しかし、ICを起動したかどうかを示す計器盤のランプが消えてしまい、作動状況がまったくわからなくなってしまった。

ICの操作盤のレバーは、操作した後、手を離すと、必ず中央の位置に戻るようになっている。弁が開いている場合は、赤いランプが点灯し、閉じている場合は、緑のランプが点灯する。レバーは、何度も操作するので、弁が閉じているか開いているかは、点灯しているランプの色で判断している。そのランプが消えてしまった今、弁が開いているのか、閉じているのかがわからなくなってしまったのだ。

一方、2号機の非常用の冷却装置のRCICも動いているかどうかわからなくなってしまった。RCICは、いったん起動

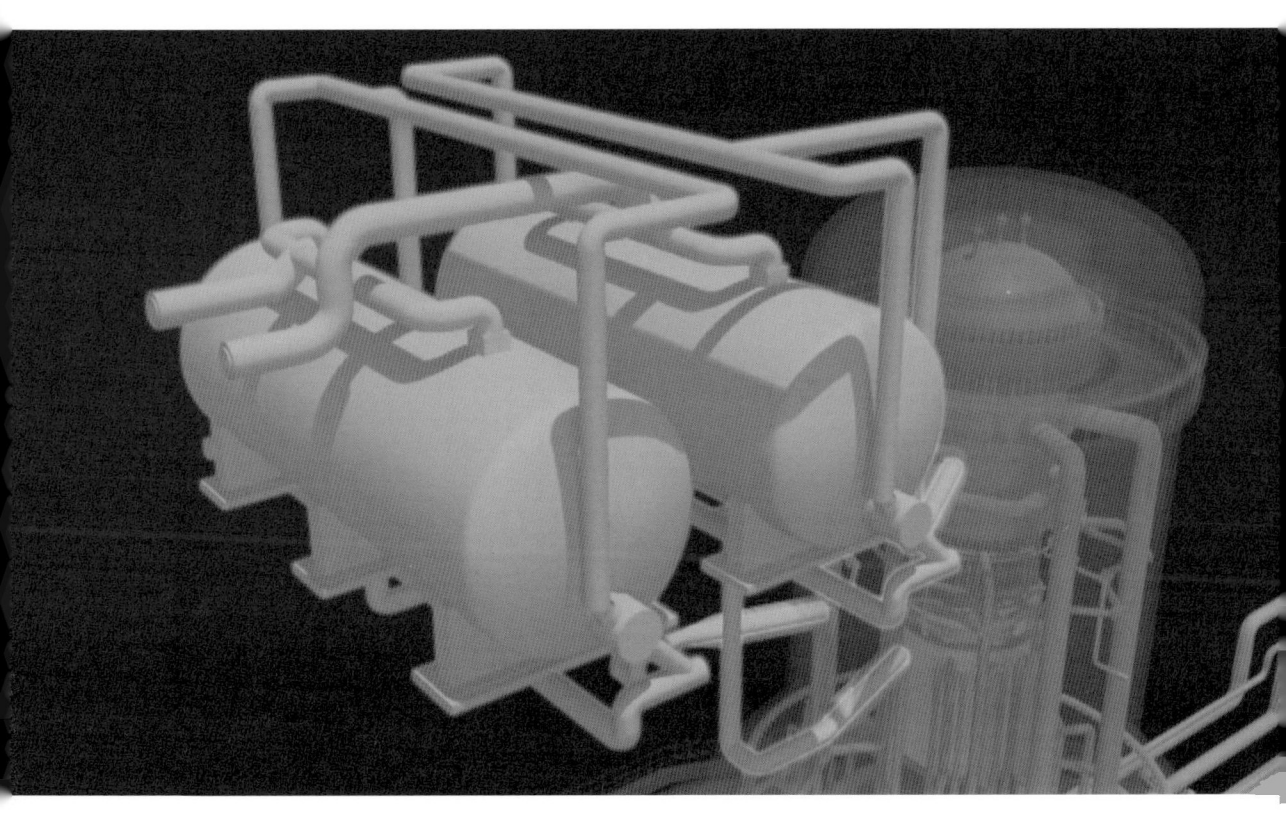

IC：Isolation Condenser／非常用復水器。運転員は「イソコン」と呼ぶ。原子炉の圧力が上昇した場合に、原子炉の蒸気を導いて水に戻し、炉内の圧力を下げる装置（福島第一原発では１号機のみに設置）
CG：NHKスペシャル『メルトダウンⅢ　原子炉〝冷却〟の死角』。解説は東京電力報告書による

RCIC：Reactor Core Isolation Cooling system／原子炉隔離時冷却系。通常運転中、何らかの原因で主蒸気隔離弁が閉じることなどにより、主復水器が使用できなくなった場合に、原子炉の蒸気でタービン駆動ポンプを回して、冷却水を原子炉に注水し、燃料の崩壊熱を除去して、減圧する
写真：NHKスペシャル『メルトダウンⅢ　原子炉〝冷却〟の死角』。解説は東京電力報告書による

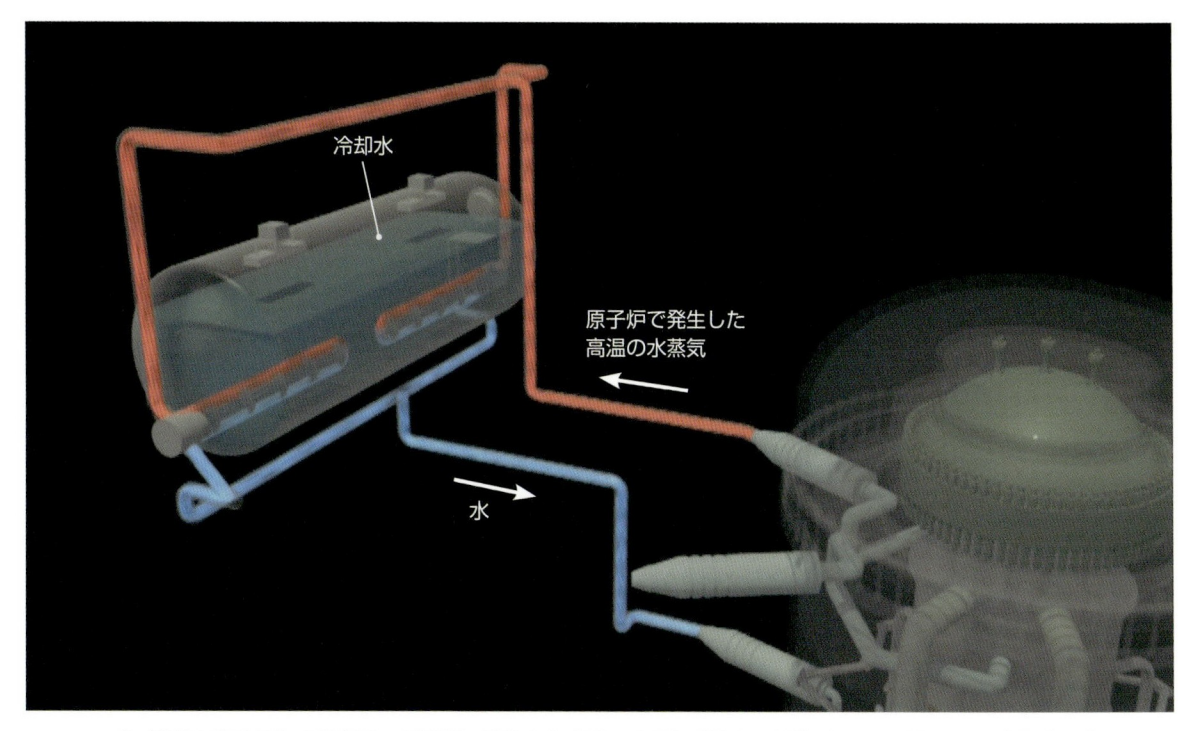

IC（非常用復水器）の仕組み：原子炉で発生した高温の水蒸気が流れる配管が、ICの胴部にある冷却水で冷やされることで水に戻り、原子炉の冷却に用いられる。ICは電源がなくとも原子炉を冷やすことができる

CG：NHKスペシャル『メルトダウンⅢ 原子炉"冷却"の死角』

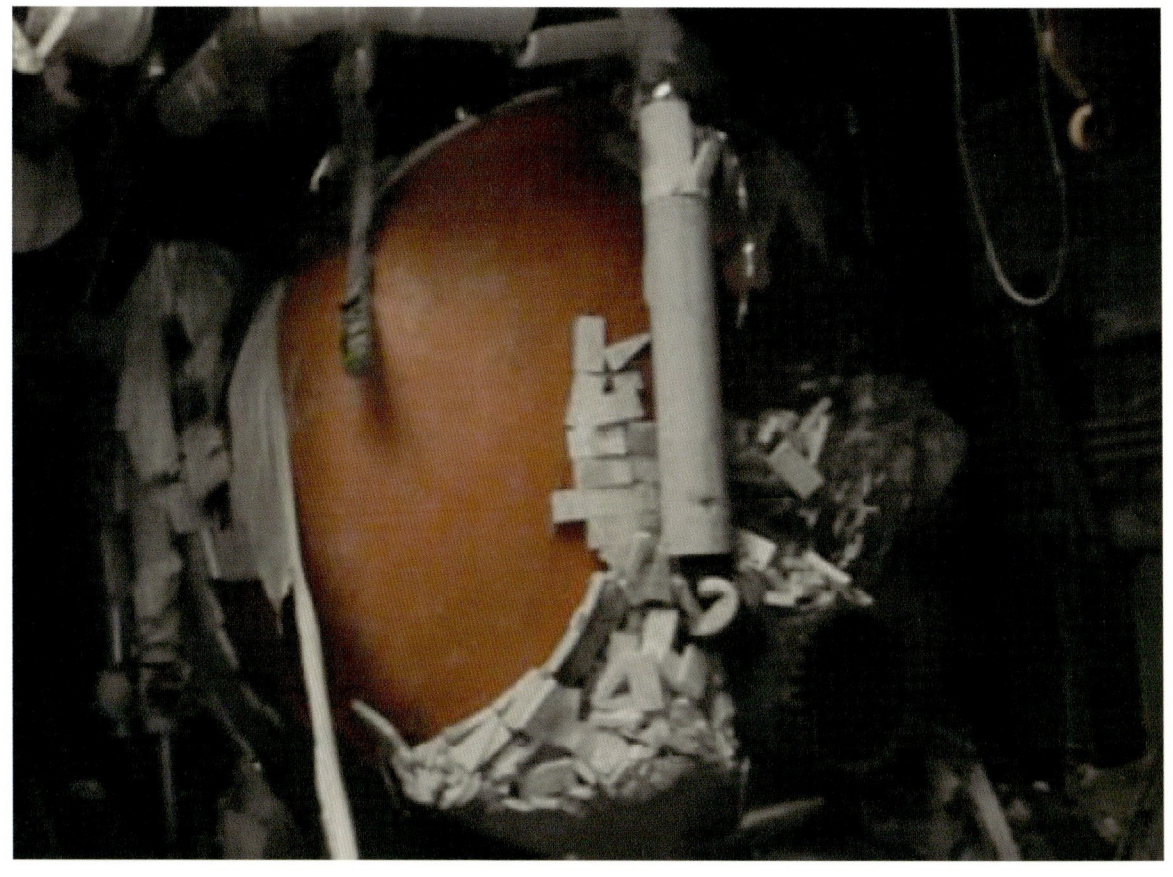

IC。朱色に見えるのはICの胴部。爆発の影響で銀色の保温材は剥がれ落ちたと思われる

写真：東京電力

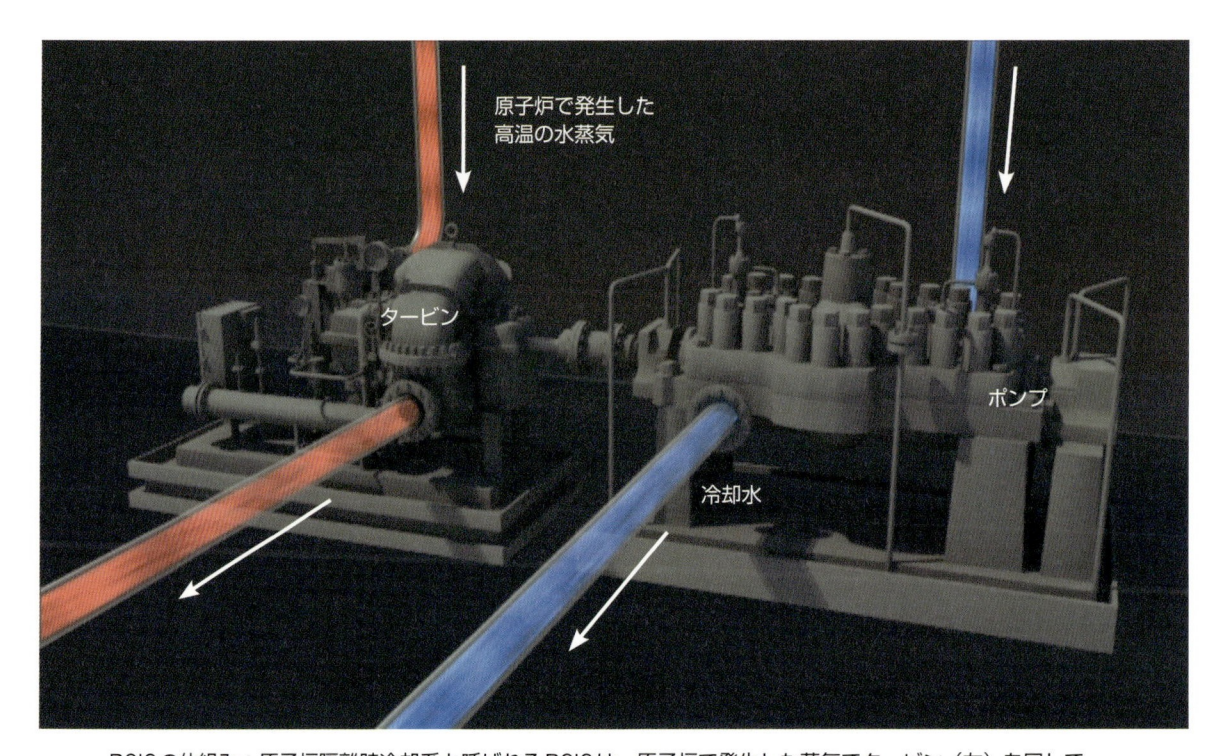

原子炉で発生した
高温の水蒸気

タービン

冷却水

ポンプ

RCICの仕組み：原子炉隔離時冷却系と呼ばれるRCICは、原子炉で発生した蒸気でタービン（左）を回して、ポンプ（右）を動かし、冷却水を原子炉に戻す。起動時には電源が必要だが、いったん起動すれば電源がなくても動く。ただし、電源を使って蒸気の量をコントロールするので、電源喪失時に正常に駆動する保証はない

CG：NHKスペシャル『メルトダウンⅢ 原子炉〝冷却〟の死角』

RCIC。真ん中の銀色（保温材）部がタービン、奥がポンプ。
写真は5号機のRCICを照明がついた状態で撮影したもの

写真：東京電力

させると、原子炉から発生する蒸気の力で動く。しかし、ICより複雑な構造になっていて、バッテリーで動く電動モーターやバルブで、蒸気の量を制御しながら、タンクの水を原子炉に注入する仕組みになっている。バッテリーがないと、蒸気の量を制御できなくなるため、注水が維持されているかどうかわからなかった。

RCICは、電源が失われる直前に確かに起動させた。しかし、中央制御室の計器盤や制御盤がすべて消えていることは、津波の海水をかぶってバッテリーも使えなくなったことを意味していた。バッテリーが使えなくなった今、RCICは止まっている可能性もある。それを判断するためのRCICの計器盤にある赤と緑のランプも消えたままだった。

1号機のICと2号機のRCIC。作動が見えなくなった異なる2つの非常用の冷却装置に、この後、中央制御室と免震棟は、大きく翻弄されていくことになる。

錯綜する免震棟

1、2号機の中央制御室から全電源喪失の一報を受け、免震棟にも衝撃が広がっていた。

部屋にある大型ディスプレイには、テレビのニュース画面が映し出され、東北地方から関東沿岸まで赤い線がチカチカと光り、大津波警報が出ていることは、誰もが把握していた。しかし、中央制御室と同様に免震棟の緊急時対策室には窓がなく、外の様子が見えない。津波が来ていることを誰もまったく実感できていなかった。ホットラインで中央制御室とやりとりをしていた発電班の副班長は、地震直後に起動したはずの非常用ディーゼル発電機が次々と止まったという報告を受け、機器の故障ではありえないと感じていたが、理由がわからなかった。

その後、すぐに津波が来たという情報が入った。しかも、津波がサービス建屋の入り口付近まで到達したという報告を聞き、驚いた。あそこは、海面から10メートルの高さがある。津波は10メートルをこえてきたのだ。想像をこえる高さだ。その大きさを実感し、心底びっくりしたのだ。非常用ディーゼル発電機が次々とダウンした理由は明白だった。

1、2号機の当直長から「バッテリーもだめになった」という報告が入る。

「非常用発電機だけでなく、最後の砦と言えるバッテリーさえなくなったのか」

発電班の副班長は、目の前で起きていることが大変な事態になりつつあることを感じ取っていた。全電源喪失は、これまで訓練でやっていないことはない。

しかし、電源は早めに復活するという想定だった。今は、地震で外部電源が失われ、非常用ディーゼル発電機もバッテリーもなくなってしまい、復活するかわからない。

「もう、いつもの事故対応のマニュアルは使えない」。副班長

は、即座にそう思った。「どうすればいいのか」。途方に暮れる思いだった。

円卓では、1号機から4号機を統括するユニット所長の福良も、大きなショックを受けていた。非常用ディーゼル発電機だけでなく、バッテリーまで落ちてしまった。プラントの計器はまったく見えない。「中央制御室の運転員は、どうしているのか」想像もできなかった。

左隣に陣取る所長の吉田は、真っ先に電源を復旧するよう復旧班に指示を飛ばしていた。所長の吉田とユニット所長の福良が向き合って、対処方法を相談する余裕すらなかった。

福良のもとに、中央制御室から断続的に情報が入ってきた。3号機は、バッテリーが生きていて、計器が見えているという連絡が届いた。3号機だけは、非常用の冷却装置も動いていることが確認された。3号機は、地下1階と1階にある中地下室にバッテリーが設置されていた。地下1階にバッテリーがある他の号機より高い位置にあったことが幸いして、津波の被害を免れたのだった。3号機の中央制御室は、バッテリーを使ってRCICを手動で起動させ、原子炉への注水を続けていた。混乱のなかで、唯一福良を安堵させる情報だった。

これに対して、2号機は、計器はまったく見えないという報告だった。電源が失われる直前にRCICを起動させたという連絡は受けていた。RCICは、起動するときには電源が必要だが、起動さえすれば、後は蒸気の力で動き続けること

が可能だ。しかし、今現在、原子炉の水位も見えないことから、RCICの起動に成功したのかどうか、わからなかった。さらに蒸気の量を制御するためのバッテリーへの注水が維持できているかもまったくわからなかった。福良をはじめ免震棟の幹部は、RCICは蒸気の量を制御するバッテリーを失った今、動いていない可能性があるとみていた。

残る1号機。この時点で、福良は1号機のICは動いていると認識していた。津波が来る前に、自動的に起動したという報告を受けていることが、第一の理由だった。

ICは一度起動させると、モーターや電動ポンプなどの電気の力を使わなくても、蒸気の力で循環して動くシンプルな構造をしている。バッテリーが使えなくても、動作には影響がないと考えられていた。

後の取材に対して、福良は「ICは、動いていると思っていました。逆に止まったということになれば、動いていない情報があがってくるだろうというのが何となく頭にありました」と述べている。

1号機のICは動いているというのは、所長の吉田以下、免震棟の幹部の共通認識だった。中央制御室とホットラインでやりとりしていた発電班の副班長もICは動いているだろうと思っていた。

副班長は「ICは、静的機器ともいわれ、バッテリーで回転するモーターなども必要なく、非常時には有効な冷却装置だと

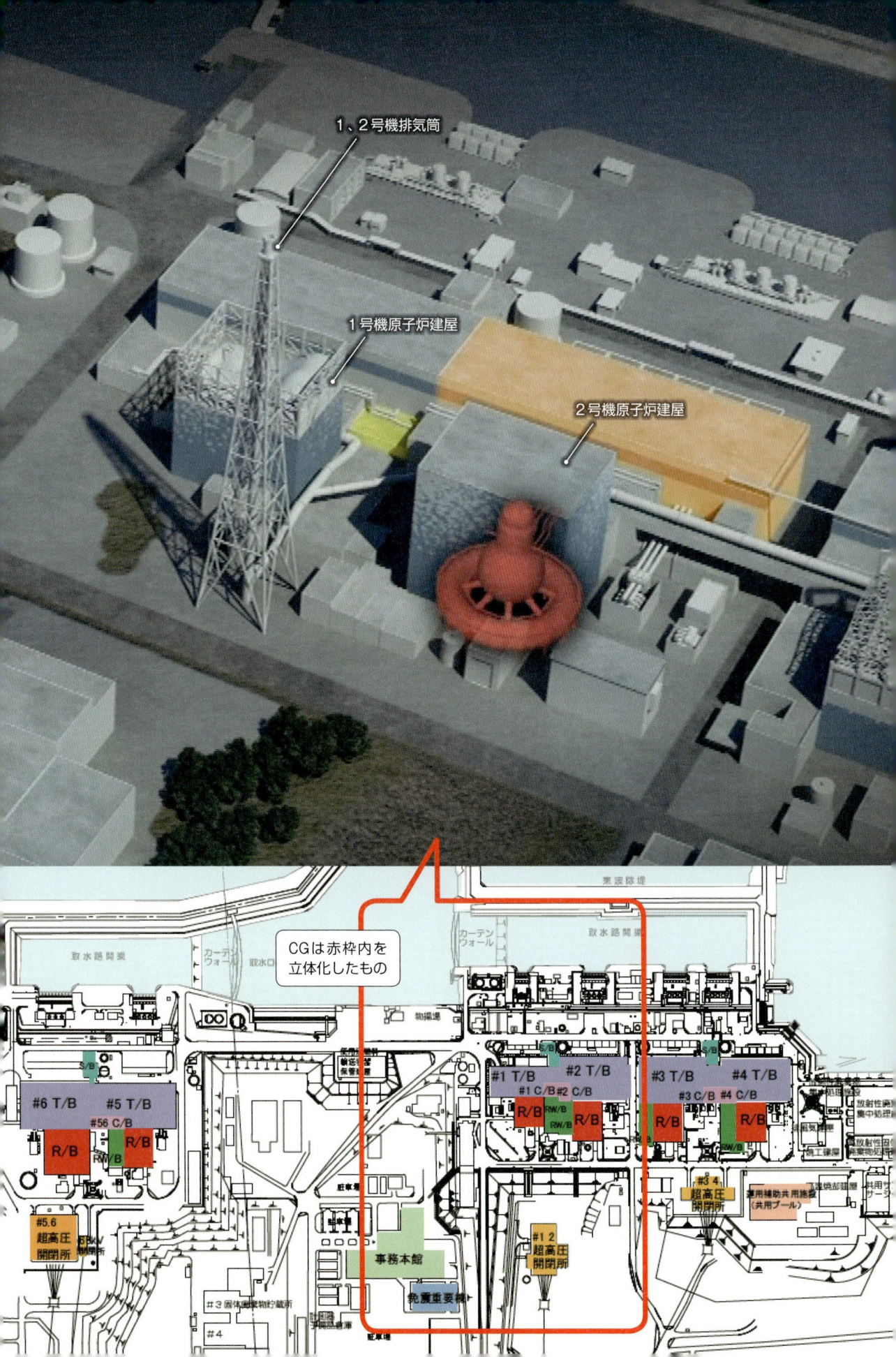

1、2号機排気筒
1号機原子炉建屋
2号機原子炉建屋

CGは赤枠内を立体化したもの

事務本館

免震重要棟

福島第一原子力発電所の配置図(右図:『政府事故調 中間報告書』)
と、1、2号機周辺を立体化したCG
1号機と2号機の事故対応にあたる中央制御室は、原子炉建屋から
50メートルの距離に位置している。1、2号機の中央制御室と免
震重要棟の距離は350メートル

CG:NHKスペシャル『メルトダウンⅡ 連鎖の真相』

凡例

R/B	原子炉建屋
T/B	タービン建屋
RW/B	廃棄物処理建屋
C/B	コントロール建屋
S/B	サービス建屋
	運用補助共用施設（共用プール）
	超高圧開閉所
	事務本館
	免震重要棟

#の次にくる数字は
号機を示す
例)♯6は6号機

思っていた。私も含めてみんなICが動いてくれればいいなという状態だった」と話している。免震棟のこの思い込みが、その後の事故対応に大きな影響を与えていくことになる。

東京・内幸町　東京電力本店

この日午後、東京電力の原子力部門ナンバー2である常務の小森明生（58歳）は、東京・内幸町にある本店の会議室で打ち合わせをしていた。

会長の勝俣恒久（70歳）は中国へ出張中。社長の清水正孝（66歳）も関西だった。原子力部門では小森のほか、副社長の武藤栄（60歳）が社内にいた。

東日本大震災で東京も揺れた。震度5強。小森は、揺れが収まるのを待って、いそいで2階にある対策室にかけつけた。

「こんな揺れは経験したことがなかったので。最初はどこが震源かよくわかりませんでしたから、とにかく、対策室にかけつけようと。エレベーターは止まっていて使えませんでしたから、階段で下りました」

電力会社には災害時に対応できるように、非常災害対策室がある。ここには、福島第一原発の免震棟とつながっているテレビ会議システムもある。

小森以下、本店の社員が駆け込んでくる。すでに発電所と結んだテレビ会議の画面が立ち上がっていた。武藤もほどなくして部屋に駆け込んできた。

「福島第一と第二はどうなっているか？」
「柏崎刈羽原発はどうだ？」

東京電力は、福島県の発電所だけではなく、新潟県でも巨大な原子力発電所を運転している。計3ヵ所の原発の状況把握に入っていた。

「福島第一、スクラム成功」
「福島第二もスクラムしています」
「柏崎刈羽は？」
「4基が引き続き運転中です」

震源に近い福島の原発は、スクラムに成功したとの報。続いて、冷却装置も始動しているのが確認され、小森も本店の非常災害対策室のメンバーも安堵した。また、100万キロワットを超える大型の原子炉7基が並ぶ新潟県の柏崎刈羽原発では、福島県ほど揺れは大きくなく、4基の稼働中の原子炉は運転を続けていた。

部屋の緊張感が少しだけやわらぐ。地震で原子炉がスクラムし、停止するのはみんな何度か経験している。あとは原子炉を手順どおり冷やしていけばいい。そのとき、思わぬ情報が発電所から伝えられた。

「外部電源喪失です」

福島からだった。外から供給を受けていた電気が途絶えたと

54

第2章　ICとRCIC

原子力災害対策特別措置法第15条第1項の基準に適合したときの報告様式（原子炉施設）

[15条報告様式の手書き文書画像]

1、2号機の原子炉水位の監視ができなくなり、注水状況が確認できなくなったことを経済産業省や各自治体に報告する15条通報。国内でこの通報が出たのははじめてであった

写真：東京電力

という連絡だ。テレビ会議で、福島の原発とはつながっている。双方、画面を通して話ができるし、部屋の様子もわかる。室内はざわついた。しかし、小森はあわてなかった。外部電源の喪失は事故対応マニュアルに記してある。外からの電気が絶たれても、発電所には重油で動く非常用ディーゼル発電機とバッテリーも8時間ものが準備されている。そうしたバックアップの装置類は所定どおり動き始めていた。

本店には、福島第二原発、そして柏崎刈羽原発から現状や対処の方法について、報告や指示を求める連絡が次から次に飛び込んでくる。このころ、部屋は集まった人でごった返していた。

停止した原子炉内の温度を100℃以下に冷やす「冷温停止」に向けて、みんな、担当の仕事をあわただしくこなしていた。

そこに小森を驚かせる報告がくる。テレビ会議から、福島第一原発で15条通報を出すとの言葉が発せられたのだ。

「そんなことがあるのか」現地の免震棟の様子が映し出されている画面を前に、小森は、にわかに信じられないという顔で言葉を聞いた。地震からおよそ2時間後の午後4時36分。福島第一原発が1号機と2号機に15条通報を出した。すべての電源が失われ、中央制御室では、原子炉の冷却が行われているかどうか、確認ができない、というのだ。

「冷却できているかわからない……」。送られてきた15条通報

55

東京電力のテレビ会議システムでは、福島オフサイトセンター、福島第二原発、福島第一原発、柏崎刈羽の各免震重要棟、本店非常災害対策室を結んでテレビ会議ができる
写真：東京電力

東京電力の武藤栄副社長。原子力・立地本部長として事故対応の陣頭指揮にあたる立場にあるが、マニュアルに従って事故後は、福島県内の周辺自治体への説明のため東京を離れた
写真：NHK

東京電力の原子力部門のナンバー2である小森明生常務。武藤副社長がヘリコプターで現地に移動したため、本店非常災害対策室で事故対応にあたる。事故発生当時、勝俣恒久会長は中国、清水正孝社長は関西に出張中で不在だった
写真：NHK

"複数号機の原子炉" が同時多発的にメルトダウンを起こすという世界で初めての事態に直面することになった吉田昌郎・福島第一原発所長

写真：東京電力

のファックスを手に、小森は絶句した。
「運転状況がわからない？　どういうことだ？」
免震棟「詳しい状況がわかりません。各号機で、電源系にトラブル。計器が見えなくなっているとの報告が入っています」
いったい何が起きているのか。スクラムにも成功した。外からの電気は失ったものの、非常用ディーゼル発電機も立ち上がっている。津波が襲来しても、防波堤は約6メートルの高さがある。電気を失った理由がにわかにはわからなかった。
「いったい、どうなっているんだ。もう少し状況を伝えてくれ」小森は情報を集めるよう指示を出した。はっきりとした情報が入らない。
15条通報。1999年の東海村で起きた臨界事故をきっかけに、国内では原子力災害対策特別措置法なる法律が整備された。その中に、万一の事故が起きた際の対応が決められている。15条では原子力で緊急事態が起きた時には速やかに国に連絡を入れることになっている。その15条通報だ。国内でこの通報が出るのは初めてであった。
テレビ会議の画面には、免震棟で、大騒ぎになっている様子が映し出されていた。怒鳴り声や指示を出す大きな声が錯綜している。
小森は、こう振り返っている。
「これはえらいことになるかもしれない、と思いました。ずっと原子力をやってきましたし、福島にもいました。だから、発

電所のことはよく知っています。絶対にあってはならない状況です。まずは詳細をわかりたい、その一心でしたが、通信網が断絶していて、ままならない状況が続きました」

通常使う有線の電話は混線したり不通になったりしていた。携帯電話もほとんど繋がらない。知りたい情報が迅速に入らない。そうしたなかで初めて発せられた15条通報。本店に集まった幹部たちの緊迫の度は一気に増した。

失われたチャンス

1号機爆発まで22時間55分

全電源喪失から1時間が経った午後4時41分。暗闇に包まれた1、2号機の中央制御室に大きな変化が起きた。

「水位計が見えました！」

消えていた1号機の原子炉水位計が再び見えるようになったのだ。津波の海水をかぶったバッテリーの一部が一時的に復活したようだった。1、2号機の中央制御室は、2号機側が真っ暗で計器もまったく見えないのに対して、1号機側は、非常灯がぼんやりと照明を灯していた。1号機のタービン建屋地下にあるバッテリーは、水をかぶってもごく一部が生き残っていたとみられている。原子炉の水位の値は、燃料の先端から2メートル50センチ上の位置を示していた。津波が来る

前、原子炉水位は、燃料の先端から4メートル40センチの位置にあった。1時間におよそ1メートル90センチも低くなっていたことになる。水位は、その後も刻々と下がっていた。運転員は、照明のないなかで、水位計の脇の盤面に、手書きで時間と水位を記録していった。そして、ホットラインを通じて免震棟へと報告した。

午後4時56分、原子炉水位は燃料先端から1メートル90センチの位置まで下がった。そして、午後5時すぎ、水位計は再び見えなくなってしまった。水位計が見えていたおよそ15分間に、水位は60センチも下がったことになる。これは、ICが動いていない可能性があることを示す重要な情報だった。

免震棟では、発電班が刻々と下がる原子炉水位の値をホットラインを通じて報告を受けていた。この情報は、すぐに技術班に伝えられ、このまま原子炉水位が低下するといつ燃料の先端に到達するか計算された。予測がはじき出された。それは、このまま水位が低下すると、1時間後の午後6時15分には、燃料の先端に到達するというものだった。

午後5時15分、免震棟と本店を結ぶテレビ会議で、マイクをとった技術班の担当者の声が響いた。

「1号機水位低下、現在のまま低下していくとTAF（燃料先端）まで1時間！」

1号機の原子炉水位が燃料の先端まで到達するのに、あと1時間の猶予しかない。衝撃的な予測だった。何が起きているの

1号機原子炉建屋の西側の壁、高さ20メートルのところにあるIC（イソコン）排気管。通称「ブタの鼻」と呼ばれる。福島第一原発のICはおよそ40年間一度も稼働したことがなく、事故当時の福島第一原発には排気管から蒸気を見たことがある運転員は一人もいなかった　写真：東京電力

か。コールに気づいた免震棟や東京本店の幹部は、そう思った。ICが動いているかどうかを見極めなければならない警告のはずだった。

しかし、テレビ会議では、すぐに次の担当者がマイクをとって大声で叫んだ。

「事務本館入室禁止！」

地震で大きな被害を受けた事務本館に入るのが、禁止されたのだ。続けざまに別のコールが免震棟の中に響き渡った。

「海側バス乗り場まで、海水が来ているため、応援にいけない！」

「4号機裏、軽油タンク火災の疑い。煙が5メートルほど昇っている！」

巨大地震と巨大津波の被害が、原発の至る所で勃発していた。対応すべきことが次から次に押し寄せていた。

「東京から高圧電源車が来るが、何時間ぐらいかかるか確認してください！」

1号機から6号機まで、確認すべきことや問い合わせのコールが免震棟の中を交錯していた。

免震棟が行わないといけないことは、原子炉の対応だけではなかった。地震発生から、構内にいる社員と、協力企業のすべての作業員の安否確認に思うよりも手間がかかっていた。この日は6350人もの人が働いているうえ、電気が切れていて、建物への出

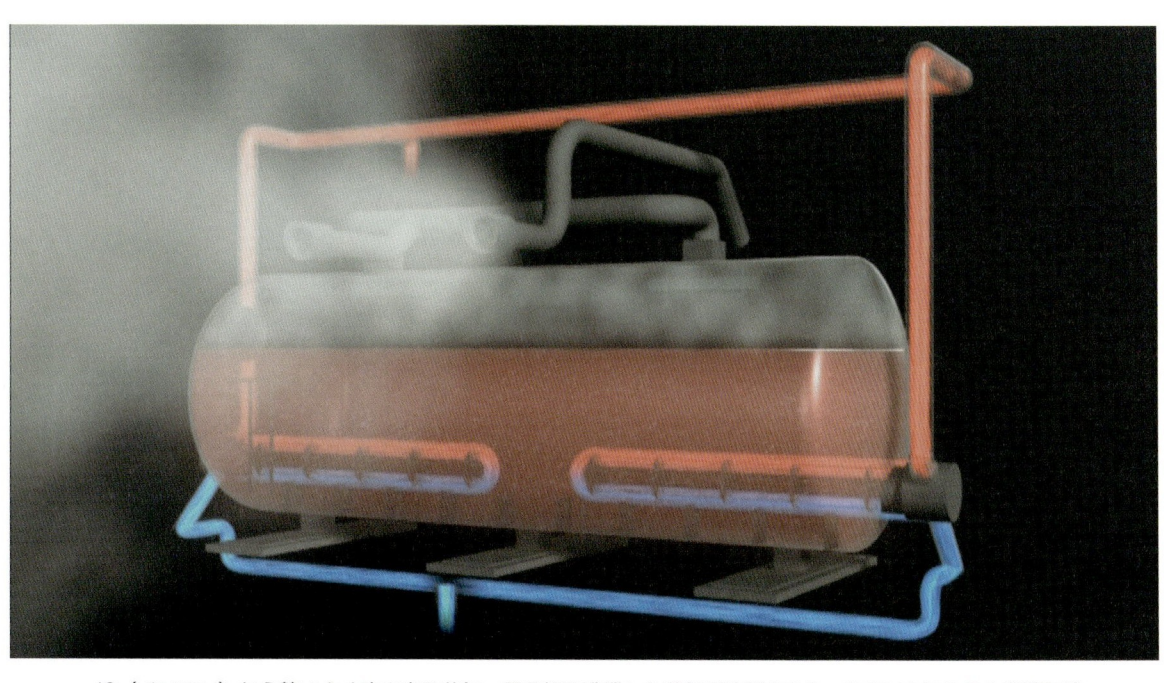

IC（イソコン）から勢いよく吹き出る蒸気。原子炉の沸騰した蒸気が冷却水の入ったタンクに入ると急速に冷やされることで大量の蒸気を発生させるとともに水に戻り、再び原子炉冷却に使われる

CG：NHKスペシャル『メルトダウンⅢ 原子炉〝冷却〟の死角』

入を記録するカードも使えない。誰がどこで作業をしていたのか、そして、どこに逃げているのか、それすらも簡単に確認がとれず、紙の上で点呼をしていくしか手がなかった。

吉田や福良ら、免震棟の幹部は、協力企業から入ってくる安否の情報を気にしながら、原子炉の初動対応にもあたっていた。

保安班の担当者がマイクをとって、大きな声で報告した。

「発電所から帰ろうとしている車、時速10キロで流れている」

余震と大津波警報が続く中で、吉田らは、事務系の社員らを中心に原発から退避させることを決めていた。多くの社員と作業員は家族も被災している。原子炉の冷却作業に携わる可能性のない社員や作業員、5000人あまりはバスやマイカーで原発を後にした。構内は、およそ2キロにわたって車が数珠つなぎになっていた。

1号機の水位低下の情報は、洪水のように押し寄せる他の報告の中に埋もれようとしていた。入り乱れる情報の中で、水位低下の報告は、活かされることなく、共有されることなく、免震棟の幹部の頭の中からいつの間にか消え去ってしまったのだ。

後の取材に対し、中央制御室との連絡役を務めていた発電班の副班長は、こう答えている。

「重要な情報が集まってくる。それを現場の指揮者の所長にし

1～4号機
福良 昌敏 ユニット所長

そういう風な話も情報で上がってきたので（イソコンは）動いていると思っていた

吉田所長を支えた福良昌敏1～4号機ユニット所長は、全電源喪失しても1号機のIC（イソコン）は動いていると考えていたと証言する

写真：NHKスペシャル『メルトダウンⅢ 原子炉"冷却"の死角』

ブタの鼻からの蒸気

午後4時44分、ICが動いているかどうかを見極めるもう一つのチャンスが訪れた。1、2号機の中央制御室の当直長に、ホットラインを通じて免震棟から報告が届いた。

「ブタの鼻から蒸気が出ている？ 了解！」

当直長が、そう復唱した。

ブタの鼻とは、1号機の原子炉建屋の西側の壁、高さ20メートルのところにある2つの排気管のことだった（59ページ写真）。ICが動くと、ICから発生した蒸気を外に排出する役割をもっていた。

実は、当直長は、全電源が失われ、ICが動いているかどうかわからなくなった後、免震棟に、ブタの鼻から蒸気が出ているか確認してほしいと依頼している。当直長は、運転員の先輩から、ICが作動すると、ブタの鼻から白い蒸気が勢いよく出るという話を伝え聞いていたのである。1号機の西側の壁は、中央制御室のある建屋からは見えにくい位置にあったが、1号

かり把握してもらわなければならないということで、マイクの空きを各班が待つような状態だった。あれだけ大きなことが一回に起きると、みんなで共有することが非常に厳しかった」

1号機のICが動いているかどうかを見極める最初のチャンスは、こうして失われてしまった。

1号機爆発まで22時間52分

機の北西にある免震棟からは、比較的よく見える位置にあった。

この依頼を受けて、免震棟にいた発電班の社員が、免震棟の駐車場に出て、1号機の原子炉建屋のブタの鼻から蒸気が出ているのを確認したのだ。ブタの鼻から蒸気が出ているということは、ICが動いていることを意味した。免震棟は、ICが動いていると受け止めた。

ユニット所長を務める福良は、こう答えている。

「原子炉建屋から蒸気が出ている。そういう情報もあがってきているので、ICは動いていると思っていました」

しかし、ブタの鼻を見に行った発電班の社員の報告は、「蒸気がもやもやと出ている」というものだった。もやもやという蒸気の状態は、何を意味するのか。この時の福島第一原発で、正確に判断のつく者はいなかった。福島第一原発にいる誰一人として、実際にICが動いたところを見た者はいなかったからだ。実は、1号機のICは、およそ40年にわたって動いたことがなかったのだ。

1号機は運転開始直後を除いてここ40年間、ICのような非常用の冷却装置を使う深刻な事故は起きていなかった。さらに、ICを試験的に動かすことも、運転開始前の試運転の期間に行われた程度で、その後、行われていなかった。

原発大国・アメリカには、福島第一原発と同じころに作られ、ICを備えた原発が今も稼働している。アメリカ東海岸にあるニューヨーク州のナイン・マイル・ポイント原子力発電所もその一つだ。この原発では、福島第一原発とは異なり定期的にICの起動試験を行っていた。これは、ICが正常に作動するかどうかを確認するためだった。ナイン・マイル・ポイント原発の幹部グレッグ・ピット（56歳）は、運転員なら誰でも、ICが動いた時の蒸気の状態を知っていると説明した。ピットは、「大量の水蒸気が出て、うるさいどころか轟音がする。心の準備ができていないと、びっくりするほどだ」と証言した。2010年の起動試験のときに撮影された写真には、もやもやどころか、原子炉建屋全体を覆い尽くすほどの大量の蒸気が出ている様子が写っていた。では、もやもやとした蒸気は、何を意味するのか。

取材に対し、ピットは「もやもやとした蒸気は、ICが停止してから2〜3時間の間に出る蒸気だ」と明言した。もやもやとした蒸気は、ICが止まっていることを意味していたのだ。

後の東京電力や政府の事故調査委員会の調査で、1号機のICは津波直後から止まっていたことが判明している。ICの弁は、バッテリーの電源が失われると、自動的に閉まる構造になっていた。これは、電源が失われるなど何らかの異常があった時、原発の内部から配管を通して放射性物質が外部に放出しないように配管の内部の弁を自動で閉じる安全設計の思想に基づくもの

＊アメリカの原子力規制委員会の指示を受けて作られたガイドラインでは、発電事業者は、メルトダウンを防ぐために非常用復水器の弁を手動で開けることができるよう備えておく必要があると記している

福島第一原発と同じころに建設された、アメリカ・ニューヨーク州にあるナイン・マイル・ポイント原発では、4年に1度ICの起動試験が行われる。ICが起動して原子炉を冷却すると、轟音を伴って建屋を覆い尽くすような大量の蒸気を噴き出す。発電班の社員が目撃したもやもやとした蒸気が出るのは、ICが停止して2〜3時間以内という

写真：NHKスペシャル
『メルトダウンⅢ 原子炉"冷却"の死角』

【中央制御室】つかめないICの作動状況

1号機爆発まで22時間17分

だった。しかし、事故当時、免震棟の幹部の誰一人として、全電源喪失の際、ICの弁が閉じることに思いが至る者はいなかった*。むしろ、動いていると思い込んでいた。そうしたなかで、ブタの鼻から出ていたもやもやとした蒸気こそ、ICが止まっていることに気がつく大きなチャンスだった。

しかし、その機会を失ってしまったのだ。

発電班の副班長は、こう振り返っている。

「過去、私も当然、ICが動いたことを経験していませんし、多少なりとも蒸気が出ていれば、もしかすると動いているかもしれない。止まっているという確信を誰もあげていなかったし、所長クラスに、しっかり判断できる材料を誰も進んで言えなかったということだと思います」

全電源喪失から1時間が経過した午後4時40分台にもたらされた1号機の原子炉水位低下の情報と、「ブタの鼻」からもやもやとした蒸気が出ているという情報。いずれも1号機のICが止まっていることを知る重要な手がかりになるはずだった。

しかし、免震棟は、そのことに気づくことなく、ICは動いていると思い込んだまま、事故対応を続けていくことになる。

すべての電源を失ってから、1時間半あまりが経過した午後5時19分。1、2号機の中央制御室では、当直長が、ICが動い

---

* NHKの取材に対して、アメリカの事故対策の専門家であるエド・ダイクも「電源を失った場合、非常用復水器の弁は必ず開けておかなければなりません。何があっても非常用復水器だけは即座に起動させなければならないのです」と語った

ているかどうかを確認するため、2人の運転員を現場に向かわせた。

ブタの鼻から蒸気が出ているという報告を受けても中央制御室はICが動いているかどうか確信を持てていなかった。

中央制御室の一人は、もやもやとした蒸気の連絡が入ったときの中央制御室の雰囲気について、こう話している。

「ICが動いているかについては、もちろん疑っていた。蒸気の情報を信用して頼りにしようという気持ちはなかった。だから現場へ確認にいった」

水位計の値が刻々と下がって、再び見えなくなってしまったことも大きかった。この後、中央制御室は、ICが動いているかどうかを確かめる作業を何度も試みていく。

確認作業を行う前に、当直長が一つのルールを提示していた。

事態打開のためには、まず原子炉建屋の電源設備や非常用の冷却装置の状態を確認しなければならない。この現場確認を行う際のルールだった。現場に向かうときは、当直長の許可を得る。2人一組で対応する。制限時間は2時間。2時間こえてこなさそうだったら、その時点で戻る。行き帰りのルートは事前に決めて、それ以外のルートは絶対にいってはならない。目的地に着かなくても2時間をこえそうだったら、救出に向かう。当直長が急遽考えたルールだった。これまでにはまったく書かれていない、当直長が急遽考えたルールだった。これまでに蓄積してきた知識・経験をもとに、そのとき取りうる最善のものは何かを考えた結果だった。

中央制御室は、新たに定めたルールに基づいてICの現場確認に乗り出した。ICは、原子炉建屋の4階にA系・B系、2台が並んでいる。

「イソコンの現場確認を実施しろ。機器の損傷ないか、現場の目視確認。現場暗いので十分注意！」

「了解！」

当直長の指示に2人の運転員が調査に向かう。ICの作動状況を確かめ、放射性物質が建屋から漏れ出すのを防ぐためだ。2人の運転員は、水位計の位置などを図面で入念に確かめたうえで、暗闇の廊下を、懐中電灯を頼りに原子炉建屋へと歩いていった。

原子炉建屋の入り口は二重扉になっている。原発に異常があったとき、放射性物質が建屋から漏れ出すのを防ぐためだ。午後5時50分。その二重扉を開けようとしたところだった。

「ピピピピ」

2人は顔を見合わせた。「なぜ、この場所で？」

二重扉は放射線もかなり防ぐ。通常、扉の外でこうした線量が測定されることはない。悪い予感が胸をよぎる。しかも、2人は、このときはまだ防護服や防護マスクを装着していなかった。さらに放射線量を数値化する線量計もなく、どの程度の放射線量なのか、正確な数値はわからない。2人は、確認作業を

第2章　ICとRCIC

11日夕方、一部の直流電源が復活し、ICの戻り配管隔離弁（MO-3A）、供給配管隔離弁（MO-2A）の表示ランプが点灯していることを中央制御室の運転員が発見した。点灯状況を確認したところ、弁が閉まっていることを意味する緑色表示だった。午後6時18分、弁を開く操作を行ったところ、蒸気が発生したことを、蒸気発生音と原子炉建屋越しに見えた蒸気により確認した。しかし原子炉建屋越しに見えた蒸気発生量は少なく、しばらくして蒸気の発生がなくなった

写真：NHKスペシャル『メルトダウンⅢ　原子炉"冷却"の死角』再現ドラマより

諦め、中央制御室に戻るしかなかった。

一方の2号機のRCICは、原子炉建屋地下1階にあった。余震が続き、大津波警報が出ているなか、いつ再び大きな津波に襲われて、大量の水が建屋の地下に流れ込むかわからなかった。運転員たちを危険にさらすわけにはいかなかった。当直長は、2号機のRCICについては、確認作業にいくように指示を出していない。

1、2号機の中央制御室とホットラインでやりとりをしていた発電班の副班長は、「RCICが動いているかどうかは、現場にいけばわかるが、危険な状態だった。プラントへの対応を迫られたが、余震があれば津波の可能性がある。プラントへの対応を迫られたが、人の活動、安全確保もかなりのウェイトを占めていた」と話している。

この後も、RCICの運転状況は、わからない状態が続いていく。

そして、午後6時18分のことだった。中央制御室の1号機のICの制御盤の前に運転員たちが次々と集まってきた。1号機のICの弁の状態を示すランプが、うっすらと点灯しているのに気がついたのだ。

午後4時40分台に続いて津波で海水をかぶったバッテリーの一部が何らかの原因で復活し、一部の計器やランプが再び見えたのだ。

ICのランプは緑色だった。つまり、弁が閉じていることを示していた。ICの配管の途中の弁が閉じているということ

65

> 発電所幹部の証言
> 非常用復水器が壊れると
> 放射性物質が 外に直接放出される

当直長は、ICの冷却水である胴内の水がなくなっている可能性を懸念した。非常用復水器が空だきによって壊れる危険があると考えて、いったん開けた戻り配管隔離弁（MO-3A）を閉じる操作を行った

CG：NHKスペシャル『メルトダウンⅢ 原子炉〝冷却〟の死角』

は、蒸気は流れを止めていて、ICは動いていないことを意味した。

このとき、中央制御室の運転員たちは、ICが止まっていた可能性があることにはじめて気がついた。

当直長や運転員は、バッテリーの電源が失われたとき、ICの弁が自動的に閉まる構造になっていたことに思いが至ったのだ。

運転員の一人は「ICは、バッテリーがなくなると、電気信号が出て止まることは知っていた。そのときの雰囲気は、ICは止まったなという感覚だった」と話している。

当直長は、ICを動かそうと、担当の運転員に制御盤のレバーで、弁を開くよう指示を出した。

「イソコン、起動しよう。2A弁、3A弁とも開！」

当直長の指示が担当者によって繰り返され、運転員がレバーを操作する。

「開にしました。イソコン起動確認」

「了解。時間18時18分！」

ランプは緑色から赤色に変わる。1号機の原子炉を冷却するICが、全電源喪失した午後3時37分から約2時間半経ってようやく起動した。

当直長は、免震棟へのホットラインで、ICの弁を開いたことを報告した。さらに、別の運転員に、外に出て1号機の原子炉建屋の「ブタの鼻」から蒸気が発生するか確認するよう命じ

取材班とともに事故の検証にあたった専門家たちは「ICは非常に頑丈にできているので、仮にタンクから水がなくなって空だきになっても、壊れることはない」と証言した。シビアアクシデント対策が専門の大阪大学教授の片岡勲は「(ICのタンクに)水がない状態だったらはるかに材料的には楽なはずです。当然、壊れると考える必要はない」と明言する

写真：NHKスペシャル『メルトダウンⅠ〜福島第一原発あのとき何が〜』

た。中央制御室の非常扉から外に出ると、1号機の原子炉建屋越しに排気口は直接見えないが、蒸気が勢いよく出れば、見える位置にあった。

建屋の外に見回りにいった運転員が急いで帰ってくる。その報告は、最初は勢いよく出ていた蒸気が、ほどなく「もくもく」という感じになって見えなくなったというものだった。

当直長は、ICのタンクの冷却水が減り、蒸気の発生が少なくなったと考えた。タンクの中の冷却水がなくなると、空だきとなるため、ICの配管が破損し、高濃度の放射性物質が外にもれる恐れもあるのではないか。中央制御室は重大な決断に迫られる。

「イソコン運転続けますか？」
「いったん3A弁閉にしよう」

午後6時25分。当直長は、ICの弁を閉じるよう指示をした。制御盤のランプは赤から緑に変わった。ICは、わずか7分後に再び停止した。1号機で唯一動かすことができた冷却装置ICは、再び動きを止めた。

後の取材に対して、運転員の一人は、「蒸気が出ていなかったため、空だきになっているのではないかと疑った。ICが壊れると、原子炉の中の放射性物質が外に直接放出される。そうするともう誰も近寄れない。その時点では原子炉はまだ大丈夫だと思っていたので、間違った判断だとは思わない」と当時を振り返っている。

シミュレーション

非常用復水器が動き続けた場合

NHK取材班と専門家は「サンプソン（SAMPSON）」と呼ばれる計算プログラムで、電源喪失後、停止していたICをそのまま起動させた場合の原子炉の水位をシミュレーションした。結果は、ICを停止することなくそのまま動かし続けておけば、いったん下がっていた水位が一時的に回復し、メルトダウンの進行を遅らせた可能性がある、というものだった

CG：NHKスペシャル『メルトダウンⅠ〜福島第一原発あのとき何が〜』

しかし、「ICを止めるべきではなかった」と指摘する専門家もいる。NHK取材班とともに事故の検証にあたった、シビアアクシデント対策が専門の大阪大学教授の片岡勲（61歳）は「水がない状態だったらはるかに材料的には楽なはずです。当然、壊れると考える必要はない」と話す。

東芝の原子力部門の元幹部で原子力プラント工学が専門の法政大学客員教授の宮野廣（64歳）も、「どういう事態であっても（ICを）動かせば冷却効果に必ず付加するわけですから、そういう意味で、止めるべきって問題じゃなくて必ず動かしたほうがいい」と説明する。

このとき、中央制御室と免震棟は、大切な情報共有の機会を逸してしまう。午後6時25分に、再びICの弁を閉じたことが、免震棟に伝わっていなかったのだ。なぜ、この重要な情報が伝わらなかったのか。明確にはわかっていない。

後に取材に対して、福良は、こう答えている。

「津波以降、中央制御室と免震棟の間の連絡は電話一本だった。ある人が使っていると別の人は使えない。ある人が長時間使うこともなかなか難しかった。タイムリーな情報を得るというのはなかなか困難な状態だった」

福良は、自分が記憶する限り、免震棟では、バッテリーがなくなったときにICの弁が閉じることについての議論はなかったと語っている。

免震棟は、この段階でも、ICが止まっていることに気がつ

法政大学（原子力プラント工学）
宮野 廣 客員教授

どういう事態であっても 動かせば
冷却効果に必ず付加するわけですから

原子力プラント工学が専門の法政大学客員教授の宮野廣もICは停止すべきではなかったと、振り返る
写真：NHKスペシャル『メルトダウンI〜福島第一原発あのとき何が〜』

くチャンスを失い、依然としてICは動いていると思って事故対応を続けていくことになる。

消防注水への助走

全電源喪失から1時間半が経過した午後5時すぎ。吉田以下、免震棟の幹部は、とにかく早く電源を復活させなければいけないと考えていた。

免震棟の幹部の一人は、後にこう語っている。

「なんといっても電気です。電気さえ戻れば、機械を動かすことができる。原発はそういうふうに作られています。どうにかして電源を復旧したい、これがみんなの一致した考えでした。これをどれだけ早くできるかにかかっていると、そのときは考えていました」

免震棟は、東京本店と結ばれているテレビ会議で、電源車の派遣を依頼していた。午後5時前には、東京電力全店の高圧や低圧の電源車が福島に向けて出発していた。

しかし、地震による道路の被害や大渋滞によって、いったいいつ到着するかまったくわからなかった。

このころ、吉田は、もう一つ重要な指示を出す。

午後5時12分、消防車による注水に向けての準備作業を指示したのである。原発構内にある防火水槽の水を消防車によって原子炉に注水するという対策だった。マニュアルに載っていな

いどころかこれまで検討されたこともない、吉田が思いついた奇策ともいえる対策だった。いずれ、自前の設備では冷却ができなくなるときのために最後の冷却手段として考えられたものだった。

実は、福島第一原発には、3年前に消防車が配備されていた。2007年7月の新潟県中越沖地震で、東京電力の柏崎刈羽原発の変圧器で火災が発生したのをきっかけに、全国の原発には、火災対策として消防車が配備されることになり、福島第一原発の構内には3台の消防車が備えられていた。このうち2台は津波による損傷などで使えなかったが、1台は使用可能だった。本来、火災対策として導入された消防車を使って、外部から原子炉に水を流し込もうというのが、吉田の発想だった。

ただ、吉田が消防車による注水をまったくの白紙から思いついたわけではなかった。東京電力は、過酷事故を想定したマニュアルで、外部の水を原子炉に流し込むための水のラインを作る手順をあらかじめ決めていた。それは、原発の中を複雑に張り巡らされた配管のうち、いくつもの弁を開け閉めすることで、水が流れ込む一本道を作るよう示されていた。

マニュアルでは、タービン建屋地下1階にあるディーゼル発電機で動く消防用ポンプを使って、構内にある防火水槽にのびる配管を、水のラインにつなげることで、原子炉に水を流し込むことを想定していた。

しかし、吉田は、マニュアルとは異なり、消防車で防火水槽

から汲み上げた水を、消防ホースでタービン建屋の送水口に直接接続し、原子炉に流し込む水のラインを、タービン建屋にのびる配管につなげるべきだと考えていた。吉田は、防火水槽からタービン建屋にのびる配管が、地震の影響で、あちこちで破断している恐れがあると見ていた。実際、この後、防火水槽につながる配管は、いくつもの箇所で破断し、水が吹き出しているのが見つかる。

マニュアルにはなかった消防車による注水は、現場をよく知っている吉田ならではの発想だった。ただ、この時点では、吉田をはじめ免震棟の幹部の誰一人として、消防車による注水が、その後の事故対応の重要な役割を担っていくことになるとは、思いもしていなかった。

一方、このころ、中央制御室も1号機のICの作動状況を確認する作業と並行して、消防用ポンプで原子炉に水を入れる準備作業を始めていた。

吉田の指示を待つことなく、すでに当直長は、過酷事故のマニュアルに記されている手順に従い、水のラインを作るとともに消防用ポンプを起動させるよう指示していた。

当直長の頭には、早く準備作業を行わないと、放射線量が高くなり、原子炉建屋の中での作業ができなくなるという懸念があった。

消防用ポンプは、DDFP（Diesel Driven Fire Pump＝ディーゼル駆動消火ポンプ）と呼ばれる軽油を燃料とするディー

ゼル用発電機で動くポンプで、原子炉建屋の隣にあるタービン建屋の地下1階にあった。

午後5時19分、当直長は、別の運転員たちに、タービン建屋地下1階に向かわせた。長靴を履いた運転員たちが、津波の海水で浸水していた地下1階のポンプ室に入ると、消火用のディーゼルポンプの制御盤に、故障表示灯が点灯していた。運転員が故障復帰のボタンを押すと、ディーゼルポンプは、自動起動した。この後、消防用ポンプから原子炉に水を流すラインを作る必要があった。電源があれば、中央制御室の制御盤で、いくつかの弁を開くためにレバーを回せばよかったが、電源がない今は、直接、原子炉建屋やタービン建屋にいって、5つの弁のハンドルを回して開け閉めする必要があった。

午後6時30分、防護服と防護マスクを装備した運転員たちが、原子炉建屋やタービン建屋に入って、弁を開ける作業を始めた。ハンドルが固くなかなか動かなかったり、弁を開けている部屋に入る鍵が合わず、中央制御室にとりに帰ったりして、作業は難航した。

原子炉への水のラインができたときは、すでに午後8時50分になっていた。しかし、このとき判明した1号機の原子炉圧力容器の圧力はおよそ70気圧。消火用のディーゼルポンプの圧力は、7気圧程度にすぎなかった。原子炉を大幅に減圧しなければ、とても注水はできない。当面はポンプを待機状態にするしかなかった。すべての電源

を失って5時間13分。1号機は、ICも動かず、消火用のディーゼルポンプによる原子炉への注水もできない八方ふさがりの状態に陥っていた。

ただ、この時点で、原子炉への水のラインを作っておいたことは、大きな意味をもっていた。当直長が懸念したように原子炉建屋の中には、じわじわと放射性物質が流れ込んできていた。この後、午後9時51分には、高い放射線量を計測し、1号機の原子炉建屋の中に入ることが禁止される。その前に、水のラインを完成させておいたことが、後に原子炉を冷却するための重要な布石になっていく。

混迷の免震棟

1号機爆発まで18時間36分

午後9時、免震棟の技術班は、2号機の原子炉水位の試算を必死に行っていた。依然として計器が見えず、RCICが動いているかどうかまったくわからなかったからだ。免震棟は、2号機の危機に気をとられていた。

午後9時2分、吉田所長は、2号機の原子炉の水位が燃料の先端に到達する可能性があることを、東京本店や経済産業省など関係機関に報告した。

この直後、技術班が、RCICがまったく作動していない最悪のケースを想定すると、午後9時40分には、原子炉の水位が燃料の先端に到達するという試算をはじき出した。試算はすぐ

に円卓の吉田ら幹部のもとに報告された。午後9時13分、吉田は、この試算を本店や関係機関に連絡する。

免震棟が午後9時現在のプラント状況として、関係機関に送付したファックスでは、2号機のRCICは、停止中とされている。一方、1号機のICは動作中と記されていた。免震棟の危機感は、2号機のRCICに向けられ、依然として1号機のICは動いていると思っていた。

午後9時50分、東京・霞が関の経済産業省・原子力安全・保安院が記者会見していた。広報担当者は、2号機については、RCICが動いているかどうか確認がとれないと繰り返し説明した。そして1号機については、こう述べた。

「1号機につきましては、アイソレーションコンデンサー（IC）というものが動いていると聞いています」

担当者は言葉を続けた。

「水位は確認をされておりまして、問題のない水位であるということでございます」

1号機の原子炉水位は、問題ないという見解を強調していた。午後9時台。実際の1号機の原子炉の中はどうなっていたのだろうか。その後の検証で、冷却機能をすべて失った原子炉では、専門家たちでも予想できないような猛スピードで水が失われたことがわかっている。

NHK取材班が専門家と「サンプソン（SAMPSON）」

と呼ばれる計算プログラムで解析した原子炉水位のシミュレーションでは、すべての電源が失われて1時間あまりが経った午後4時42分の時点で、すでに水位は燃料の先端まで減っていたと推定されている。そこから減少はさらに加速、午後8時52分には、燃料の底部に達しているどころか、すでにむき出しの状態になっていたとみられている。

一方、後に東京電力が「マープ（MAAP）」と呼ばれる計算プログラムで行ったシミュレーションでは、燃料の先端に達した時間は午後6時10分ごろとみられている。午後6時40分ごろには1200℃を超えて、燃料を覆う金属の損傷が始まったと推定されている。さらに、午後7時40分ごろには、水位は、燃料の底部に達したとみられている。やはり、午後9時台には、燃料は、むき出しの状態になったと推測されているのだ。

誰も見ることのできない原子炉内部では、核が放つ膨大なエネルギーによって、急激なスピードで1号機は、メルトダウンへと突き進んでいたのだ。

しかし、午後9時19分。免震棟には、現実とはまったく逆に、1号機の原子炉に十分水があると思わせる新たな情報が入ってくる。

中央制御室から、ある報告が飛び込んできたのだ。原子炉水位計が復活し、計測したところ原子炉水位は「TA

「サンプソン（SAMPSON）」と呼ばれる計算プログラムで解析した原子炉水位のシミュレーションでは、すべての電源が失われて1時間あまりが経った午後4時42分の時点で、原子炉水位が燃料頂部に達するTAFになっていたと推定されている。そこから減少はさらに加速、午後8時52分には、水位は燃料の底部に達すると推測されている

CG：NHKスペシャル『メルトダウンⅢ 原子炉"冷却"の死角』

2．3．1号機 解析結果の概要（原子炉水位）

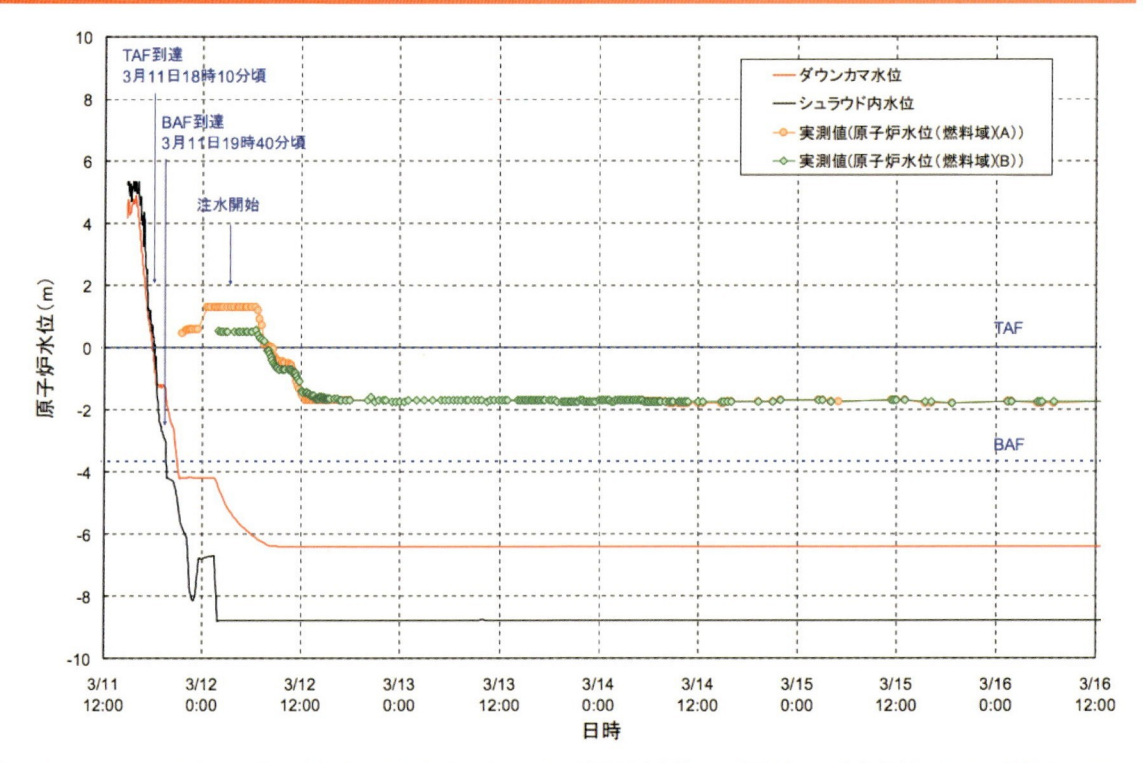

東京電力が、「マープ（MAAP）」と呼ばれる計算プログラムで、地震発生初期の設備状態や運転操作等に関する情報をもとにシミュレーションを行ったところ、原子炉水位が燃料頂部に達するTAFに到達したのは津波第一波が到達した午後3時27分から2時間43分が経過した午後6時10分ごろで、その30分後の午後6時40分ごろには、燃料を覆う金属の損傷が始まったと推定されている。さらに午後7時40分ごろには、水位は、燃料の底部に達したとみられている

図：東京電力報告書より

F200ミリ」だったというのだ。原子炉水位は、燃料の先端から20センチ上のところにあり、まだ冷やされている。誰もが、朗報だと思った。

1号機の原子炉水位計が復活したのは、免震棟の復旧班の機転のおかげだった。免震棟の復旧班は、原発構内の協力企業の事務所にあった6ボルトバッテリー4個や通勤バスの12ボルトバッテリー2個を取り外し、中央制御室に持ち込んでいた。あわせて24ボルト分のバッテリーをケーブルで直列に結んで制御盤の裏にある原子炉水位計用の端子につなげたのだ。マニュアルにはまったくない急遽編み出した苦肉の策だった。これが功を奏し、原子炉水位が判明したのである。

吉田は、1号機の原子炉水位が依然として燃料の先端部に達していないことから、引き続きICは動いていると考えた。このの情報は、すぐに東京の本店にも伝えられた。

本店の非常災害対策室にいた小森は、こう振り返っている。

「地震からすでに6時間。予断を許さない状況が続いていたので、燃料は露出していないと聞いたときは、まだ何とか対応ができると、祈るような気持ちでした。免震棟からは、1号機はICが動いているとの情報があり、私たち本店も動いているとの認識でした。実際は止まっていたのですが、そのときは動いていると理解していた。それだけにTAF200で、燃料はまだ冠水しているし、何とか注水をするというのが皆の関心でした。一方、2号機のほうは依然、計器

が読めずに、冷却装置が動いているのか、確認がとれない、原子炉が危険な状況に陥っている可能性もある、そういう認識をみんなで話し合い、対応を進めていこうと」

1号機の水位は、午後10時に「TAF＋590ミリ」と報告された。午後10時35分には「TAF＋550ミリ」。水位計は、燃料の先端から59センチ上部まで水があることを示していた。

免震棟の円卓で、吉田の隣に座っていたユニット所長の福良も胸を撫で下ろしていた。

「安心はしましたよ。見えたというんで、それまで見えなかったものが。安心はしましたよ。安心はしましたね」と語っている。

しかし、このとき1号機の水位計が示した数値は、現実とはまったく異なっていた。

水位計のわな

後にNHK取材班が専門家と行った解析でも、東京電力が行った解析でも、午後9時台には、燃料がむき出しになるほど、原子炉の中の水は減っていた。

それなのに、なぜ水位計は誤った数値を示したのか。原発の水位計が示した数値は、直接水位を測るのではなく、水位計の構造にある。原発の水位計は、直接水位を測るのではなく、原子炉と直接つながっている金属製の容器を使って水位を計測する。容器の中には原子炉の水位を測るのに必要な

免震棟の復旧班は、原発構内の協力企業の事務所にあった6ボルトバッテリー4個や通勤バスの12ボルトバッテリー2個を取り外し、合計24ボルト分のバッテリーをケーブルで直列に結んで制御盤の裏にある原子炉水位計用の端子につなげて、原子炉水位計を復活させた。しかし肝心の水位計の値が間違っていた
写真：東京電力

中央制御室内のホワイトボードの一部（写真下）。原子炉水位など各種計測で読まれた値を記載し、運転員の間で情報共有がなされた。「16時57分時点で水位不明」であることを示す記載がある
写真：東京電力

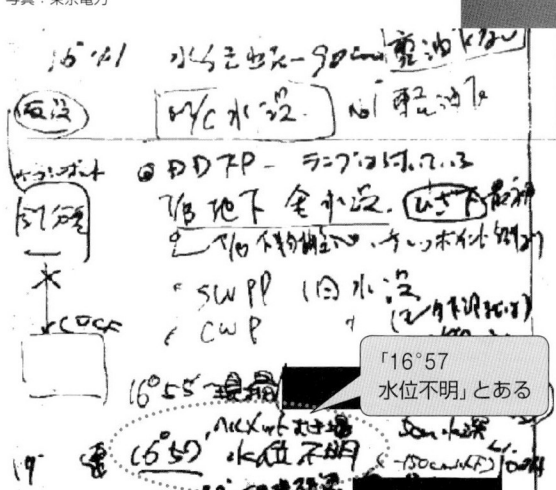

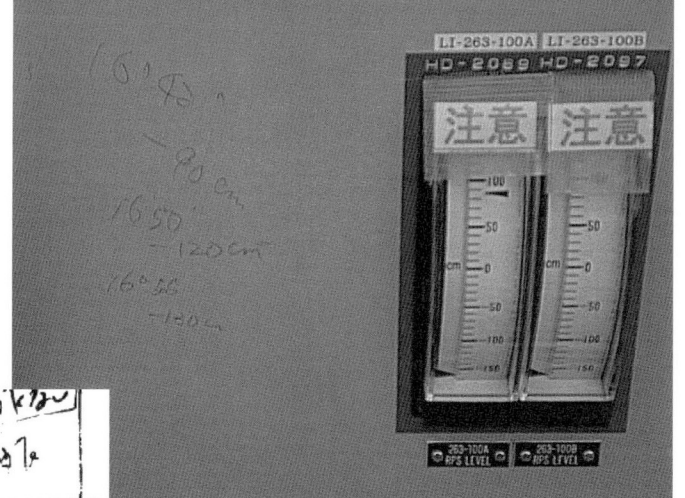

「16：57 水位不明」とある

一時的に数値が確認できた原子炉水位計。計器脇に確認した水位の値を記載した跡が残っている　写真：東京電力

一定量の水が常に入っている。この水が水位計の「基準」となる。実は、1号機では原子炉が空だきになった結果、容器が高温になり、「基準」となる水が蒸発してしまったのだ。このため、水位が正しく測れなくなっていたのである。さらに「基準」の水が減ると、原子炉の水は変化していないにもかかわらず、水位を示す表示は上昇していく。

1号機の原子炉水位計は誤っていた。しかし、吉田以下、免震棟の幹部は、この時点で、そのことに気がついていなかった。ICが動き続けていると考えていたからだ。ICが正しく動作していれば、水位は一定程度維持される。水がなくなって原子炉

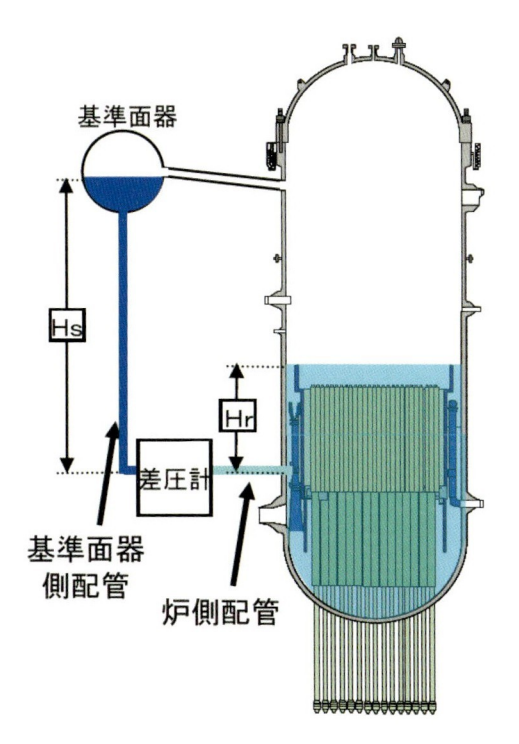

原子炉水位計の構造　　図：東京電力報告書より

が高温になって、水位計の「基準面器」内の水が蒸発している可能性に、とても考えがいたらなかったのである。

一方、中央制御室の運転員たちは、水位計の値を疑いはじめていた。ICは正常に機能していないと認識していたため、水を入れていない原子炉の水位計が上昇し続けたことを疑問視し始めたのである。

このころ、運転員がホワイトボードに書き記した記録には、「水位計、あてにならない」という文字が残っている。

しかし、このほかに、原子炉の状態を示す客観的なデータはなかった。水位計の値を頼りにするほかなかったのである。

この構造の水位計は、福島第一原発と同じ沸騰水型（BWR）とよばれるタイプの原発のほとんどに採用されている。

沸騰水型の原発は世界では90基前後が稼働している。そして、日本国内にも、青森県にある東北電力の東通原発、宮城県にある東北電力の女川原発、茨城県にある日本原電の東海第二原発、東京電力の福島第二原発と新潟県にある柏崎刈羽原発、静岡県の中部電力・浜岡原発、石川県にある北陸電力の志賀原発、福井県にある日本原電の敦賀原発1号機、そして、島根県にある中国電力の島根原発が、同じタイプである。

「原子炉が熱くなればなるほど、正しい水位が測れなくなる」言い換えれば、原子炉が危険にさらされ、最も炉内の情報が必要なときに正確な水位を知ることができない。

この事実は、「原子力発電所」という「製品」の完成度につ

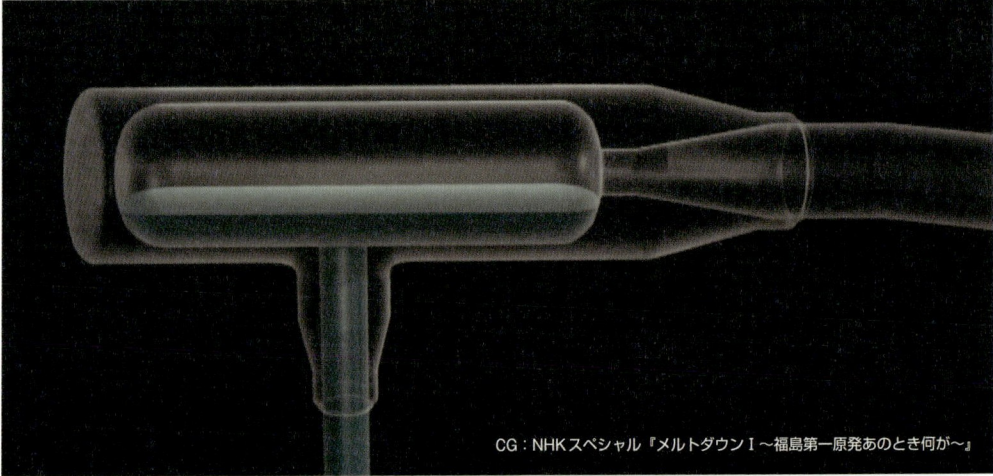

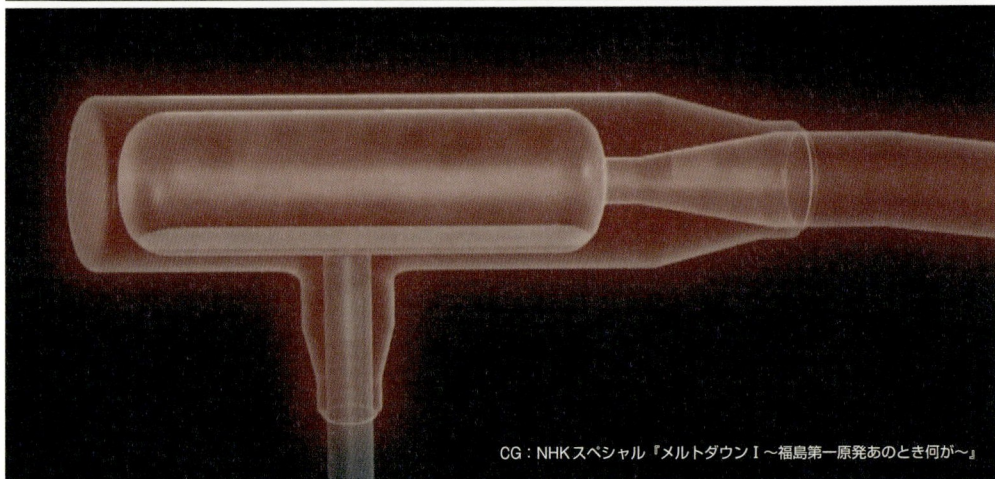

写真：NHKスペシャル『メルトダウンⅠ～福島第一原発あのとき何が～』

CG：NHKスペシャル『メルトダウンⅠ～福島第一原発あのとき何が～』

CG：NHKスペシャル『メルトダウンⅠ～福島第一原発あのとき何が～』

柏崎刈羽原子力発電所にある水位計（写真上）。福島第一原発でもこれと同じタイプの水位計があった。水位計の内部には一定量の水が入っており、これが原子炉の水位を測る基準となる（CG上）。
１号機では原子炉が過熱した結果、容器（基準面器）内の基準となる水が蒸発して、正しい水位が計測できなくなった（CG下）。不自然な水位の変化に運転員も「水位計、あてにならない」というコメントをホワイトボードに残している（写真下）

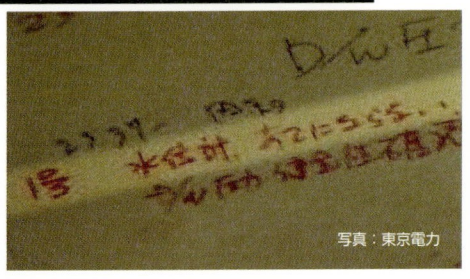

写真：東京電力

いて疑問を持たざるを得ないものである。この指摘に、電力会社をはじめ、原子力メーカー、そして国の規制当局も抜本的な解決策をいまだ施せていない。

現実に、ようやく人間の考えが追いついた瞬間だった。

格納容器圧力異常上昇

1号機爆発まで15時間46分

中央制御室で、運転員たちが、ようやく原子炉の危険な状態を確信したのは、全電源喪失から8時間あまりもたった午後11時50分になってからだった。

バッテリーによる計器の復旧がさらに進み、これまで確認できなかった格納容器の圧力が見えたときだった。数値を見た運転員が、驚いて声をあげた。

「ドライウェル圧力確認。600キロパスカル。6気圧。600キロパスカル！」

通常の格納容器圧力の6倍もの値だった。設計段階で想定している最高圧力の5.28気圧をも上回る異常上昇だった。1号機の異常はすぐに免震棟に伝えられた。

この時になって初めて、吉田は、ICが正常に作動していないことに気がついた。格納容器圧力の異常上昇。それは高温高圧になった原子炉から大量の放射性物質を含んだ水蒸気が格納容器に抜け出ていることを意味する。すると原子炉は冷却されていない。すなわちICは動いていない。

原子炉の中で核が放つ膨大なエネルギーが引き起こしている

NHK取材班が専門家と行った原子炉のシミュレーションでは、午後11時46分には、燃料棒を覆うジルコニウムという金属が溶け始め、メルトダウンが始まり、翌12日午前1時6分には、燃料そのものも溶け始めたと推定されている。格納容器圧力の異常上昇が判明したときには、1号機の原子炉は、急激なスピードでメルトダウンに突き進んでいるところだった。

暗闇の中の金属音

1号機爆発まで14時間36分

「ツー、ツー」

暗闇の中で微かな金属音が聞こえた気がした。それは、金属製の配管の中を水が流れるような音だった。日付が変わった12日午前1時すぎ。2号機の原子炉建屋の地下1階。RCIC室の近くだった。あたり一面、長靴にかろうじて水が入らない高さまで海水がたまっていた。防護服と防護マスクに身を包んだ運転員が、懐中電灯のわずかな灯りを頼りにRCICの扉を開けたときだった。中から大量の海水があふれ出てきた。運転員はすぐに扉を閉めた。入室は、諦めざるを得なかった。

運転員は、中央制御室に戻り、当直長に状況を報告した。午前2時10分、新たに運転員が防護服と防護マスク、それに

第2章　ICとRCIC

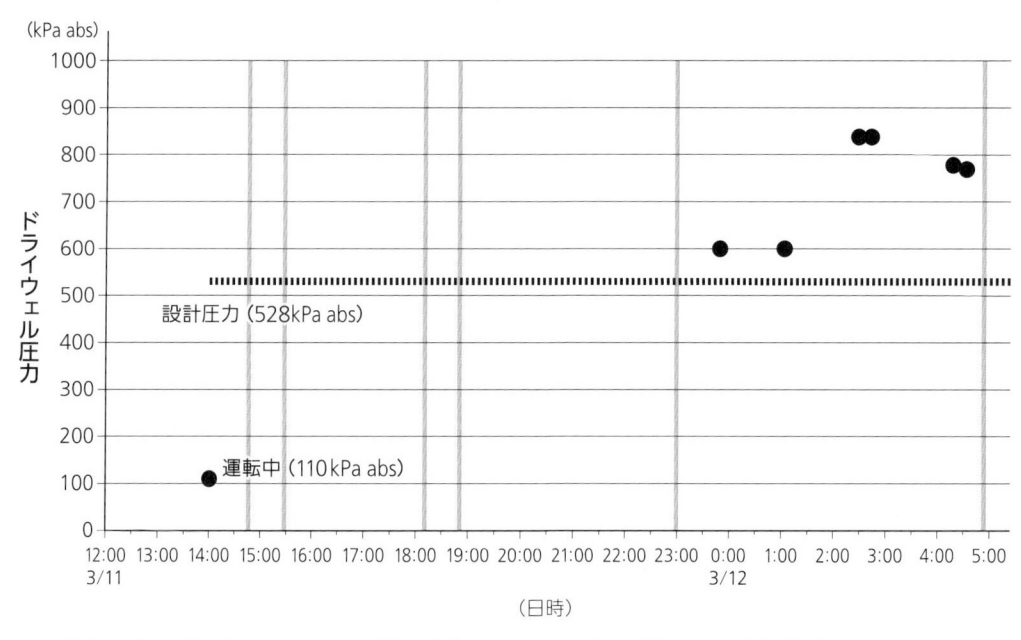

（グラフ）
縦軸：ドライウェル圧力（kPa abs）、0〜1000
横軸：3/11 12:00 〜 3/12 5:00（日時）
設計圧力（528kPa abs）
運転中（110kPa abs）

11日午後11時50分になってから、全電源喪失後はじめて1号機の格納容器の圧力が計測できるようになった。ドライウェル圧力は600kPa[abs]と運転中のドライウェル圧力の約6倍で、設計上耐久性が保証される設計圧力528kPa[abs]を上回っていた。ちなみにドライウェルは、原子炉格納容器内のサプレッションチェンバー（圧力抑制室）を除く空間部を指す

図：東京電力報告書より

長靴の装備に身をかためて原子炉建屋の地下1階に向かった。水かさは、やや増えているような気がしたが、運転員は、ためらうことなくRCIC室の扉を開いて中に入った。

「ツー、ツー、ツー」

配管の中に水が流れているような音が耳に響いた。運転員は、入り口すぐ左にあるRCICの計装ラックを懐中電灯で照らした。ポンプ圧力計の針が小刻みに揺れていた。圧力計の針は、ポンプが作動し、RCICが動いていることを示していた。

「2号機のRCICは動いている！」

運転員は、さらに階段を上って1階に向かった。1階にあるRCIC計装ラックでRCICのポンプの吐出圧力を確認するためだった。「6.0メガパスカル」。計器は60気圧を示していた。

運転員は、さらに、2階に上がった。フロアのほぼ中央にある原子炉圧力容器系計装ラックをのぞいた。「5.6メガパスカル」。原子炉圧力は、56気圧だった。RCICのポンプの圧力は、56気圧に対して60気圧。ポンプの高い圧力によって押し出された水は、原子炉の中に注がれていることを意味していた。津波で電源が失われる直前に起動させたRCICは、やはり動いていたのだ。

中央制御室の当直長から免震棟の吉田所長に報告があがった

シミュレーション

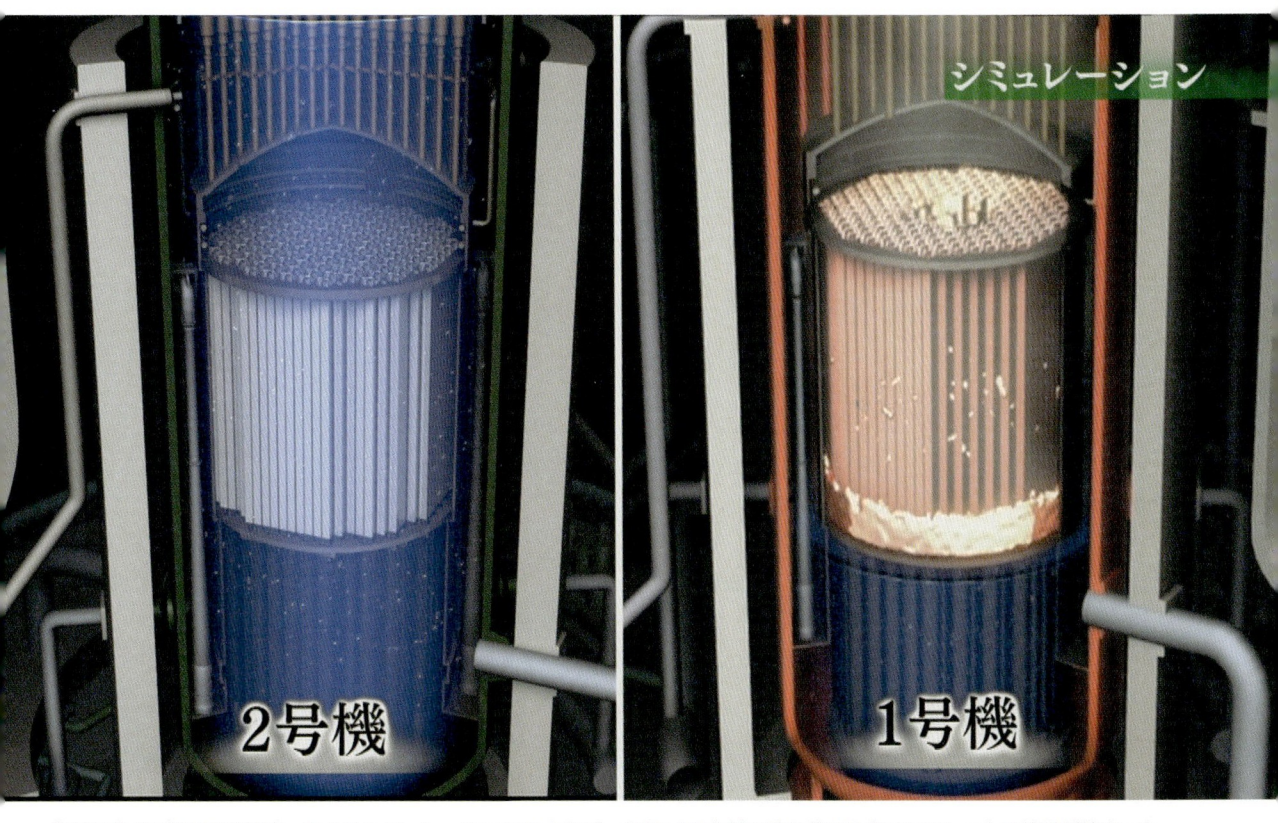

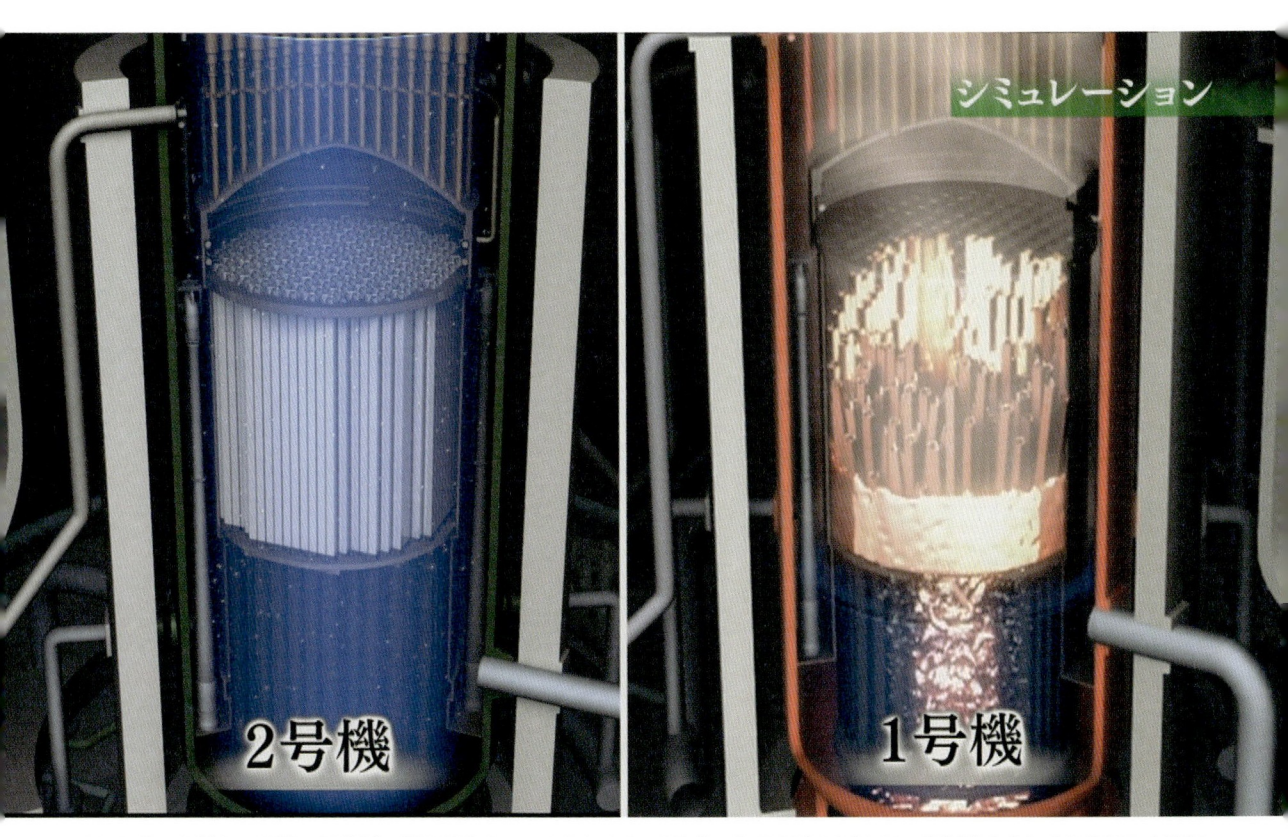

2号機　　　1号機

「サンプソン（SAMPSON）」によるシミュレーションによれば、3月12日午前1時6分にはウランペレットの溶融が始まった。一方、免震棟が懸念していた2号機はこの時点では冷却ができていた　　CG：NHKスペシャル『メルトダウンⅠ〜福島第一原発あのとき何が〜』

シミュレーション

2号機　　　1号機

メルトダウンが進む1号機。核燃料の溶融が始まってからわずか18分後の午前1時24分には、燃料集合体を支える炉心支持板の融点を超えるまで温度が上昇し、燃料が溶け落ちていく　　CG：NHKスペシャル『メルトダウンⅠ〜福島第一原発あのとき何が〜』

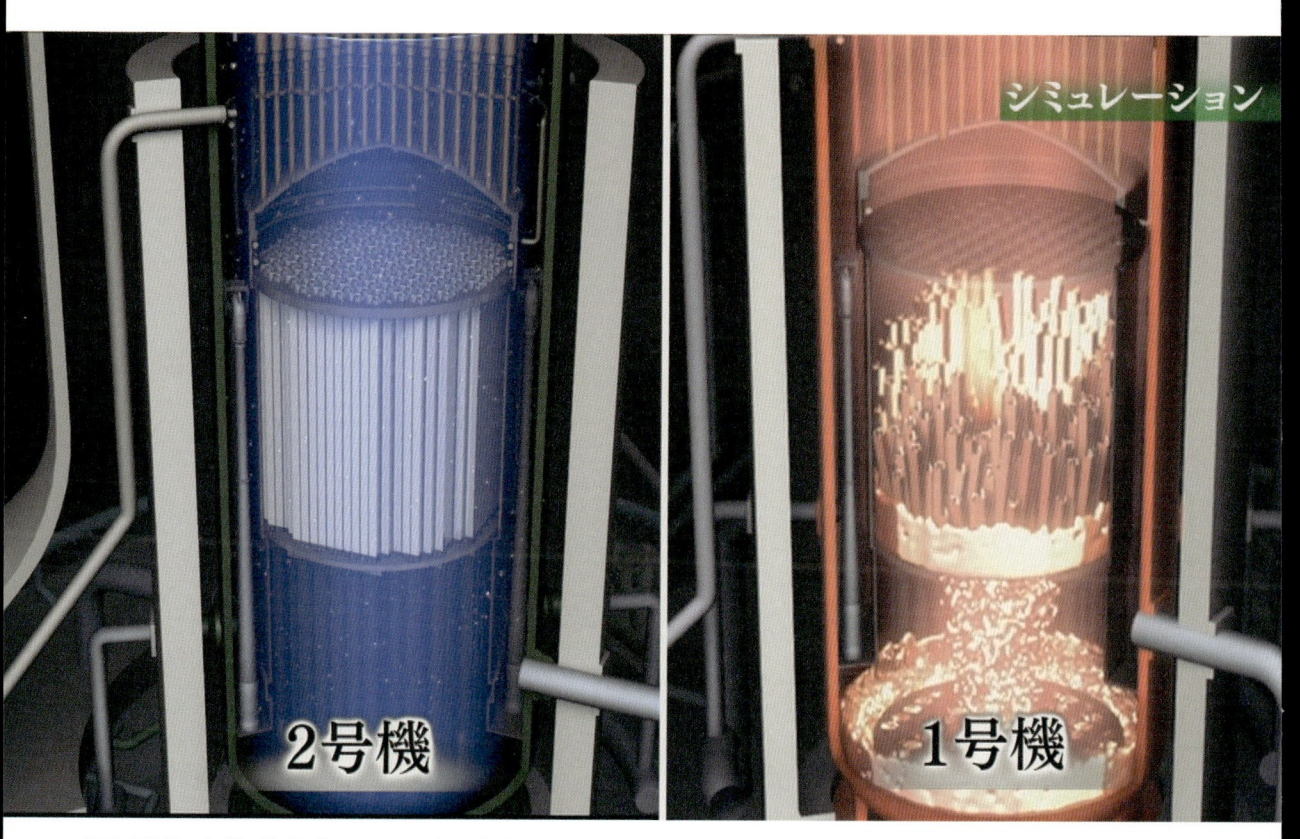

シミュレーション

2号機　1号機

その5分後、午前1時29分には、原子炉圧力容器底部が融点に達し「メルトスルー」が始まる。メルトダウンのスピードは極めて速く、放射線量の上昇など事態は一気に悪化していく
CG：NHKスペシャル『メルトダウンⅠ～福島第一原発あのとき何が～』

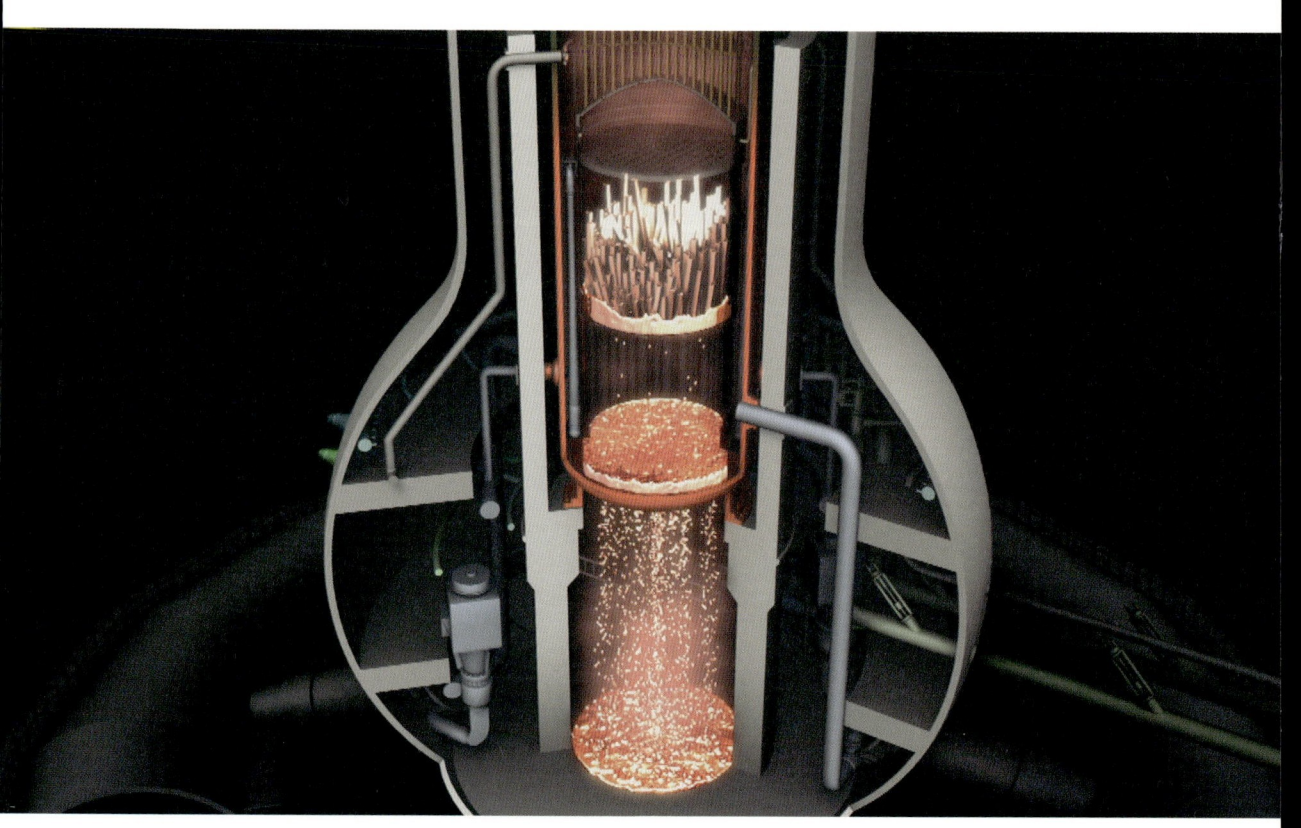

サンプソンに基づいてメルトスルーを再現したCG
CG：NHKスペシャル『メルトダウンⅢ　原子炉"冷却"の死角』

のは、12日午前2時55分のことだった。2号機の全電源喪失からすでに11時間14分が経っていた。

原子力改革タスクフォースの検証

事故から1年8ヵ月が経った2012年11月。東京・内幸町の東京電力本店の一室で原子力改革タスクフォースのメンバーによる議論が行われていた。

議論に参加したメンバーは、いずれも原子力が専門の中堅幹部だった。この中には事故当時、免震棟で対応にあたった復旧班や技術班の複数のメンバーも含まれていた。タスクフォースは、東京電力が、事故対応を問い直すため、この2ヵ月前の9月に発足させ、内部で当時の対応を検証していた。

この日のテーマは1号機の事故対応だった。議論は、事故の初期段階で、原子炉を冷却する装置のうち、不安定ながらも唯一作動可能だったICについて、なぜ最優先で対応がとられなかったかについて収斂(しゅうれん)していった。メンバーが口々に指摘したのが、2号機に気をとられてICが動いていないことに気づく機会を逸していた問題だった。

メンバーの松本純一(49歳)は、「2号機は、最初、RCICが動いていないかもしれないという情報がきた。2号機の状況が所長や幹部の関心になってしまった」と発言した。

RCICは、ICより複雑な構造で、バッテリーで制御する仕組みだったため、事故当時誰もが、電源が失われたら動かないのではないかと疑っていた。2号機の危機に気をとられ、1号機のICが動いていないことに気づくいくつものチャンスを失っていったというのがメンバーの一致した見解だった。

議論で焦点になったのは、1号機の「ブタの鼻」からもやもやとした蒸気が出ているという情報の取り扱いだった。メンバーの一人は、発電班の社員が、もやもやとした蒸気を見たが、ICが動いているかどうか、明確な情報伝達になっていなかったと指摘している。

このとき、福島第一原発では、ICが動いて「ブタの鼻」から蒸気が噴出しているところを実際に見た経験のある者は誰もいなかった。当然、見にいった発電班の社員も、もやもやという蒸気が、どのようなICの状態を意味していたか、報告していたという指摘である。

ただ、この議論をするなかでメンバーの一人が、驚いたように「もやもやとした蒸気というのは、動いているという意味ではないのか」と口にした。事故から1年8ヵ月が経過した段階でも、東京電力のなかでは、もやもやとした蒸気が、ICが止まっていることを意味するという認識は共有されていなかったのである。

松本は、議論のなかで、もやもやとした蒸気に加えて、全電源喪失から1時間が経った11日午後4時40分台に1号機の水源喪失が見えたことも踏まえて、次のように問題提起をしている。

東京電力では事故報告書作成後も、当時のオペレーションに問題がなかったか、原子力改革タスクフォースで検証作業が行われた。原子力改革タスクフォースでは、東京電力の原子力部門の幹部が「自分たちには基本的な技術力が不足していた」と総括した

写真：NHKスペシャル『メルトダウンⅢ 原子炉〝冷却〟の死角』

「もやもやとした蒸気の話とか水位の話が出てくるが、なぜ、免震棟は情報をとりにいかなかったのか。あるいは、水位があることがわかったので、機能しているはずだと思ったのかもしれない。災害心理として、いい方向に考えてしまったかもしれない。ただ、できなかったのは、1号機から3号機が並行して動いていることもある。やはり、所長や発電班長が、1号機から6号機まですべてを管理しなくてはいけなかったことは大きい」

議論では、複数のメンバーが、冷却装置が動いていなければ、通常2時間で原子炉水位は燃料の先端部に達し、さらに2時間後には、燃料がむき出しになる可能性があると指摘している。その流れのなかで、事故当時、免震棟で対応にあたったメンバーの一人が、次のような発言をした。

「あと2時間で1号機の炉心が死んでしまうと認識していたら、すべてをおいて、消防車や消防用のディーゼルポンプなど、ありったけを投入してやっただろう。そうしなかったことが問われている。選択と集中をしなかったことが、厳しい目で見ると言われてしまう」

メンバーは、自らにも言い聞かせるように、そう語った。

1号機のICが動いていないことに早い段階で気がついていたら、あらゆる手段を用いて1号機の原子炉を冷やす対策に取り組むべきだった。その結果、メルトダウンを防げたかどうかはわからないが、早い段階でICが動いていないことに気づ

東京電力の原子力改革タスクフォースのメンバーの間でも1号機非常用復水器のモヤモヤとした水蒸気に対する認識が異なっていた

写真：NHK

き、1号機への対応に集中することができなかったことこそが問われている。事故対応にあたっていた当事者の一人の口をついて出たこの言葉は、事故の初動の対応で、東京電力が突きつけられている最も大きな問いかけではないだろうか。

第3章 "決死隊"のベント作業

再現ドラマ

写真：NHKスペシャル『メルトダウンⅠ〜福島第一原発あのとき何が〜』

東電社員の証言
ベントにいける人間を募った。比較的若い運転員も手を挙げた。涙が出る思いだった。当直長をそれぞれ割り振るように編成した。完全装備で線量が高い状況かもわからない中に行かせるので、若い人は行かせなかった　東京電力報告書より

午前0時　決断を迫られる免震棟
1号機爆発まで15時間36分

日付が変わった3月12日午前0時すぎ。1号機の格納容器の圧力が通常のおよそ6倍に上昇していると連絡を受けた免震棟の円卓では、所長の吉田やユニット所長の福良ら幹部が新たな決断を迫られていた。

原子炉を冷却する唯一の装置ICが動いていないなら、1号機の原子炉の水位は低下し、むき出しになった高温の燃料が溶け始め、メルトダウンを起こしている可能性があった。

メルトダウンをした原子炉からは、放射性物質を含んだ大量の水蒸気が格納容器に漏れ出てくる。このままでは、格納容器の圧力はさらに高まり、格納容器が破損しかねない。それを防ぐためには、格納容器から気体を放出する「ベント」を行うほかなかった。

午前0時6分、吉田は、ベントの準備に取りかかるよう指示を出した。

ベントは、急激に高まる圧力で格納容器が破損するのを防ぐために、格納容器内の気体を外部に放出し、圧力を下げるための緊急措置である。

しかし、格納容器の気体には放射性物質が含まれている。原発からは絶対に放射性物質は漏れないと地元自治体や住民に説明してきた電力会社にとって、重大な決断だった。

これまで海外でもベントを実施したケースは、日本国内はおろか、これまで海外でも例がなかった。この決断について、福良は、躊躇はなかったと振り返っている。

「圧力が高くなっているから、ベントを急がないといけないというのは共通認識で、その方向で準備を始めたんですね。焦燥感も免震棟の中にはかなりあったと思います。数字自体は、きわめて悪いところまできていましたし。なんとか早くしないといけない」

福良が語る「早く」には二つの意味があった。一つは早くしないと格納容器の圧力がどんどん高まり、破損する危険性があったこと。そして、もう一つは、早くしないと原子炉建屋の中の放射線量が上昇し、運転員が建屋の中に入って作業するのがきわめて難しくなることである。

通常であれば、中央制御室でスイッチやレバーを操作してベントをすることができたが、電源を失った今、原子炉建屋に入って、ベントのためのバルブを手動で回して開ける必要があった。その原子炉建屋内の放射線量がじわじわと上がっていたのだ。

1号機の原子炉建屋と中央制御室は50メートルほど離れている。電源が失われてから、運転員が原子炉建屋の二重扉に近づく機会が幾度かあったが、時間が経つにつれ、放射線量が上昇していることを窺わせていた。

最初の異変は、11日午後5時50分だった。ICの作動状況を

確かめるため、2人の運転員が原子炉建屋の二重扉を開けようとしたとき、ガイガーカウンターが原子炉建屋の通常より高い放射線量を検知した。針が振り切れたため、正確な数値はわからなかったが、通常と異なる可能性があり、2人は入室を諦めている。

次は午後9時51分だった。原子炉水位の確認のため、運転員が原子炉建屋に入ろうと二重扉の前に来たところ、線量計が10秒で0・8ミリシーベルトまで上昇し、やはり入室を諦めたのだった。この時点から原子炉建屋への入室は、原則として禁止される。

この報告を受けて、免震棟は、保安班の社員を派遣して、原子炉建屋の二重扉前の2ヵ所で放射線量を測定した。その結果、午後11時の時点で、北側が1時間あたり1・2ミリシーベルト、南側が1時間あたり0・5ミリシーベルトだった。この値をもとに、二重扉の向こう側にある原子炉建屋の中の放射線量を試算した結果、1時間あたり300ミリシーベルトという値がはじき出された。

日本では、原発の作業員が被ばくする放射線量は、法令で緊急時でも最大100ミリシーベルトと定められている。300ミリシーベルトは、原子炉建屋の中で最大で20分しか作業ができない高い値である。この法令で定められた100ミリシーベルトという被ばく限度量が、後のベント作業を大きく縛っていくことになる。

しかも、メルトダウンした燃料から放出される放射性物質によって、原子炉建屋内の放射線量は、時間が経てば経つほど上昇していく。

中央制御室も免震棟も、できるだけ早く準備を終えて、ベント作業を始める必要があった。しかし、準備作業はさまざまな理由で滞っていく。この後、中央制御室も免震棟も、ベント作業は時間との闘いであることを、嫌というほど思い知らされることになっていく。

メルトダウンした燃料から放出される核のエネルギーは、大量の放射性物質を含む高温高圧の水蒸気となって1号機の格納容器の圧力を着々と上昇させていた。事態は急を要していた。

午前2時30分になると、吉田のもとに、中央制御室から1号機の格納容器圧力が8・4気圧にまで上昇しているという連絡が入った。通常のおよそ8倍。設計段階で想定した最高圧力の5・28気圧の1・6倍にも達する値だった。

午前3時　東京・霞が関　経済産業省会見室

1号機爆発まで12時間36分

午前3時すぎ。東京電力は、1号機の格納容器圧力が異常上昇したことを受けて、緊急の記者会見を行った。常務の小森が、海江田万里経済産業大臣（62歳）らと、東京・霞が関の経済産業省で、記者会見に臨んでいた。

小森は、開口一番、ベントを実施すると述べ、「午前3時く

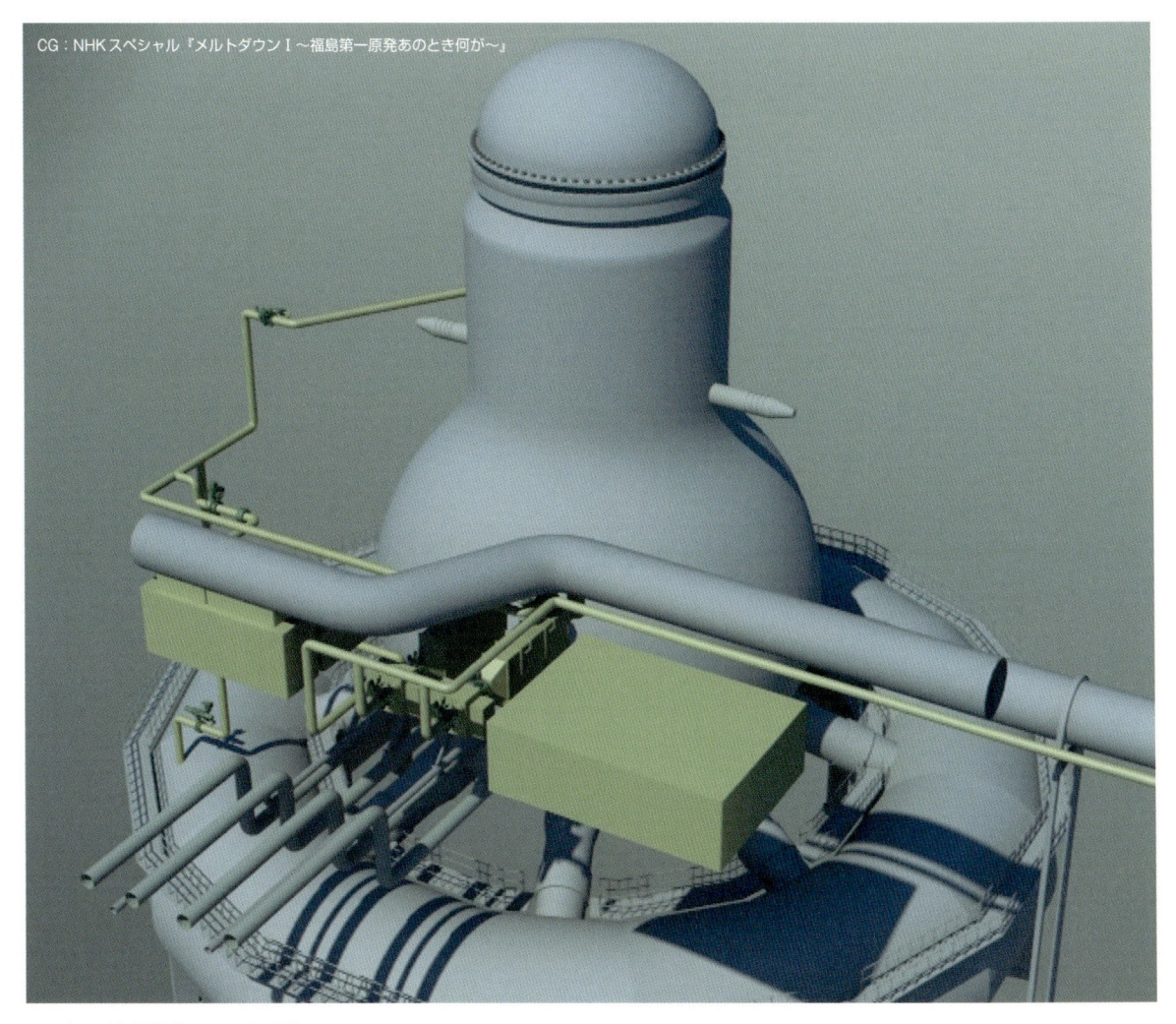

CG：NHKスペシャル『メルトダウンⅠ〜福島第一原発あのとき何が〜』

原子炉の基本構造とベント配管

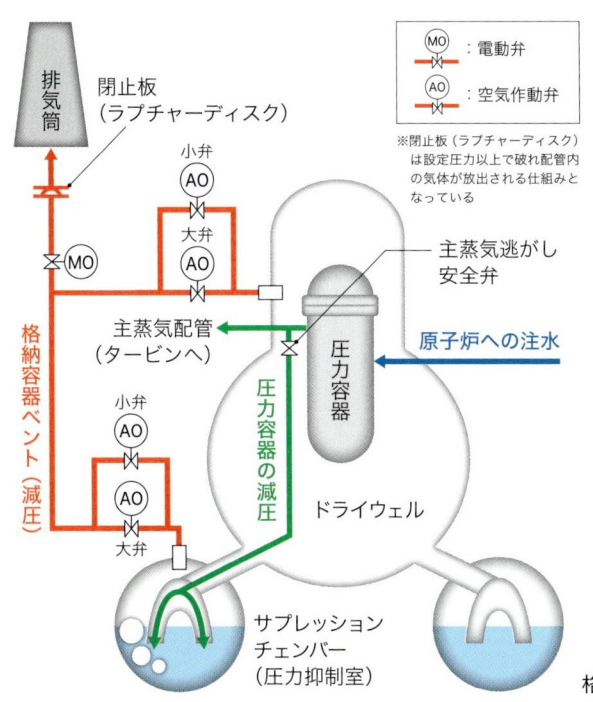

格納容器ベント：格納容器の圧力の異常上昇を防止し、格納容器を保護するため、放射性物質を含む格納容器内の気体（ほとんどが窒素）を一部外部に放出し、圧力を降下させる措置。格納容器はドライウェルとサプレッションチェンバー（圧力抑制室、ウェットウェルともいう）に分かれる。ドライウェルからのベントラインと圧力抑制室からのベントラインの2種類があり、ライン上にAO弁（空気作動弁）の大弁、小弁がある。2つのラインが合流後にMO弁（電動弁）と閉止板（ラプチャーディスク）があり、排気筒につながる。閉止板は、放射性物質の想定外の流出を防ぐために、あらかじめ設定した圧力で破裂するよう設定された安全装置のこと。サプレッションチェンバーを通して行うウェットウェルベントは、貯蔵された水を通すことで放射性物質を除去する効果が期待できる　　　（東京電力報告書の用語解説を一部改変）

格納容器ベントの仕組み
（東京電力報告書をもとに作成）

注．格納容器：ドライウェルと圧力抑制室をあわせた部分

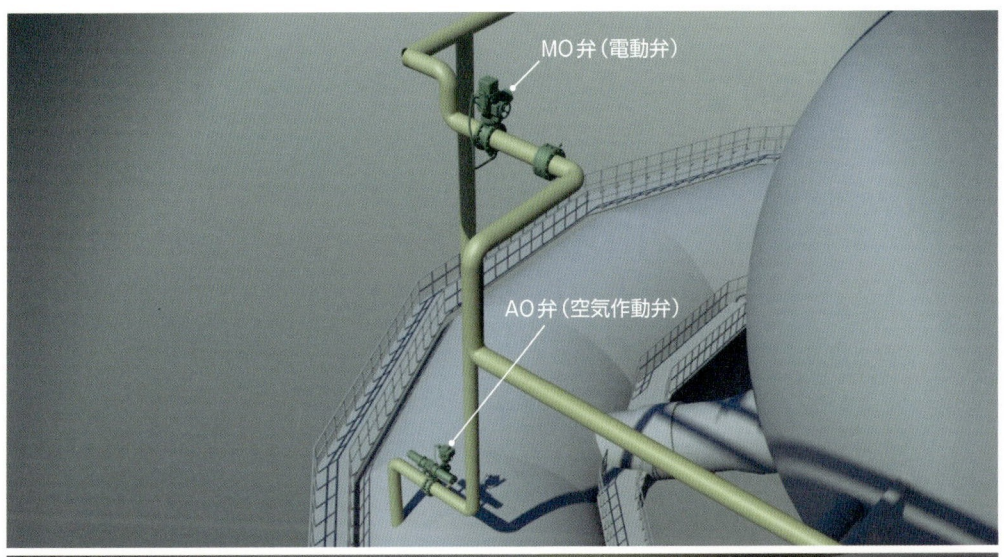

MO弁（電動弁）

AO弁（空気作動弁）

MO弁

ハンドルがついているので
手動での開閉が可能

圧縮空気の力で弁が開く

断面図

AO弁

ハンドルがないため手動
で開閉はできない
（注．1号機AO弁小弁には例外的に
ハンドルがついている）

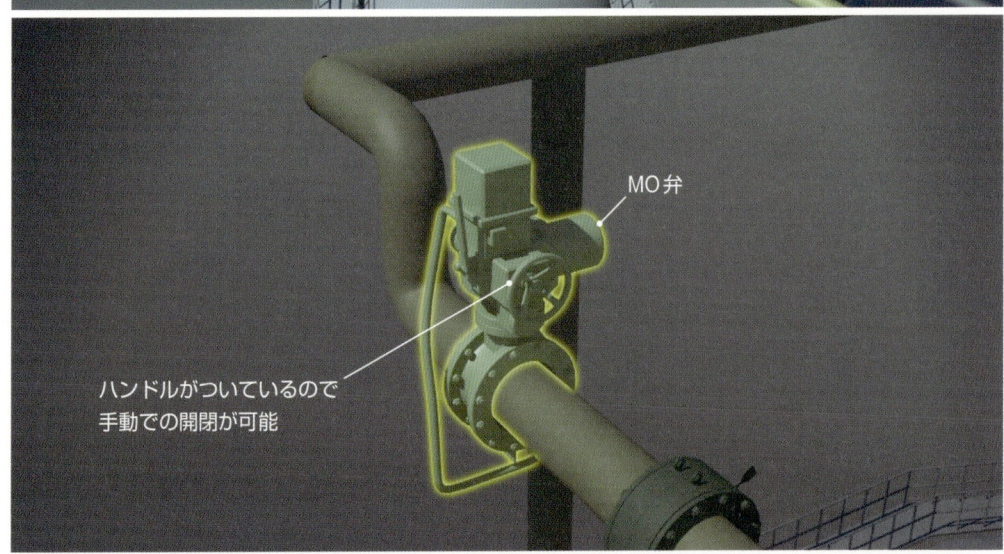

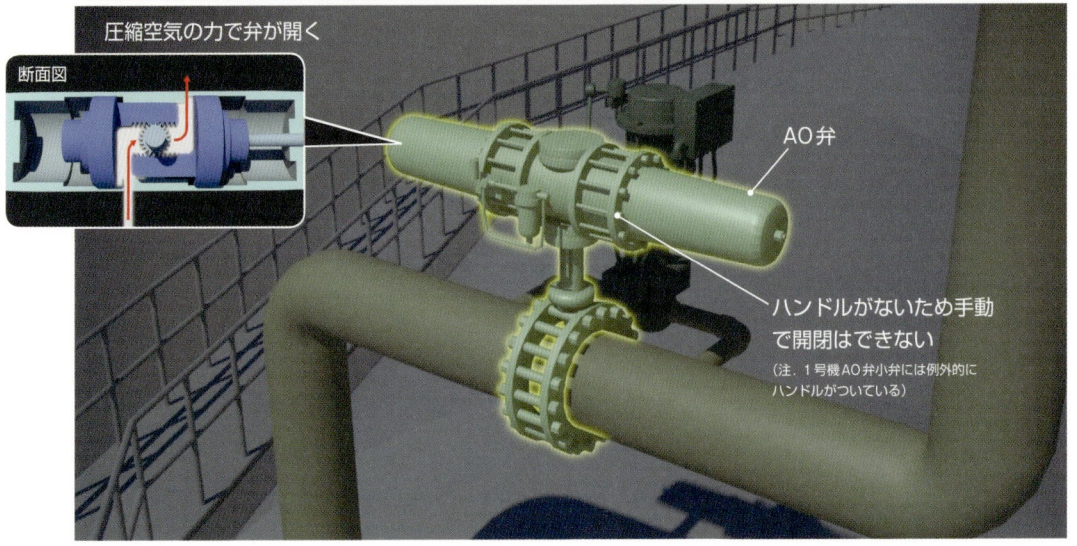

ベントを実行するには、MO弁とAO弁の2種類の弁を開ける必要がある（CG上）。MO弁は通常は電動だがハンドルがついているので、非常時には人の手で開けることができる（CG中）。これに対して、通常のAO弁にはハンドルがなく、コンプレッサーで圧縮空気を送り込み遠隔操作で開けるしかない（CG下）。ただし1号機AO弁小弁は、1～3号機に備え付けられているサプレッションチェンバー側のAO弁のうち唯一ハンドルがついていて、手動で開けることができた

CG：NHKスペシャル『メルトダウンⅡ 連鎖の真相』

らいを目安に速やかに手順を踏めるように現場には指示しています」と語った。

すかさず、記者から疑問の声があがった。

「3時って、もう3時ですよ」

すでに午前3時を10分回っていた。

小森は「目安としては早くて3時くらいからできるように準備をしておりますので、少し戻って段取りを確認してから……」と返すのがやっとだった。

当初、東京電力本店は、午前3時くらいにベントをすると考えていたが、準備をしているうちに、あっという間に午前3時になっていたのだ。

小森はベントについて説明を続けた。

「まずは2号機についてご説明をしております。2号機は、夕方くらいから圧力の降下をするというふうに考えておりました。2号機の格納容器の圧力が異常上昇したので、当然、1号機からベントすると思っていたからだ。混乱する記者から矢継ぎ早に質問が飛んだ。

「まず、1号機ではないのですか？」

「今、1号機の話をしているんじゃないの？」

にわかに会見場がざわついた。

記者の誰もが、1号機の格納容器の圧力がかなり見えない状況になっています」

プの作動状況がかなり見えない状況になっています」

2倍にいっているわけでなくて（見えなく）なっている時間が長い2号機のほうが本当かと疑っていくべきだと」

1号機の格納容器の圧力は8・4気圧。設計時に想定した最高圧力の5・28気圧の2倍までには達していないため、まだ猶予がある。むしろ全電源喪失以後、2号機のほうに不安要素があるという説明である。

しかし、8・4気圧は通常、格納容器にかかる圧力のおよそ8倍にあたる異常な値である。納得できない記者から、質問が投げかけられる。

「1号機は、もうレット・イット・ゴー（対応必要）の状態なんですよね。2号機はなぜですか？ 突然、出たのでびっくりです」

小森はあくまで2号機の危機を強調する。

「本当に給水できているかどうかというのが、一番最初に怪しくなったプラントが2号機です」

「我々が技術的に理解しているものから見て、なかなか説明がつかないというのが2号機であります」

実は、東京電力は、1号機の格納容器圧力の異常上昇が判明した午前0時すぎ以降も、2号機からベントを行うことを検討していた。午前2時34分には、2号機のベントを優先することを決め、午前3時に実施することで関係機関と調整していた。

この直前の午前2時30分には、1号機の格納容器の圧力が

小森が答える。

「圧力が上がっているのは、1号機でございますが、1号機も

90

8・4気圧に上昇していることが判明していた。それでもなお、1号機より2号機のベントを優先しようとしていたのである。いかに東京電力が、2号機のRCICが動いているかどうかからないことに危機感を持っていたかが窺える。

後に、東京電力は、この時点で2号機のベントを優先したことについて、もう一つの理由をあげている。

それは、2号機の原子炉建屋は、放射線量の上昇がないため、ベント弁を開ける作業が可能だと判断していたという理由だった。逆にいうと、1号機の原子炉建屋でベント弁を開ける作業は、上昇を続ける放射線量のため、難しいと考えていたのだ。

しかも、会見に臨んだ小森は、刻々と変わる免震棟からの情報が十分に届いていなかったため、この時点で、まだ1号機のICが動いていると考えていた。

その後も、小森は繰り返し、1号機ではなく、2号機の危機的状況を説明した。納得できない記者の質問が、次第に詰問調になり、記者会見は紛糾し始めた。

会見が始まって30分近くが経ったころだった。突然、東京電力の原子力担当の社員が会見を遮り、怒鳴るように告げた。

「今、入った情報でございますけど、現場で、RCICという設備で2号機に水が入っていたことが確認できたという話が、今入りました！　申し訳ありません！」

午前2時55分に、2号機の原子炉建屋に入っていた運転員

が、RCICの作動を確認したという情報が、免震棟から東京の本店を経由して、ようやく会見場に届いたのだった。

すかさず、記者から確認の質問が飛んだ。

「それを受けて2号機からやるか1号機からやるか判断し直すということですね」

「そういうことですね」

一転して2号機ではなく、1号機の危機がクローズアップされてくる。錯綜する情報に東京電力本店も小森も、翻弄されるばかりだった。

午前4時　待機する中央制御室　1号機爆発まで11時間36分

午前4時、免震棟がベントの実施を決断してからすでに4時間が経とうとしていた。

中央制御室では、運転員たちが全面マスクをつけて2号機側に移動し、身をかがめて床に座って待機していた。中央制御室の中でも、1号機側に近づけば近づくほど放射線量が高くなり、低い位置より高い位置のほうが、放射線量が高くなっていた。

このころになると、1号機の原子炉から放出された放射性物質が格納容器を抜けて原子炉建屋に広がり、50メートル離れた中央制御室にも達し、高圧の原子炉から、メルトダウンが進み、

ていたのだ。

1号機では、前日の11日午後9時51分には、原子炉建屋への入室が原則として禁止され、さらに、午後11時には、原子炉建屋内の放射線量が1時間あたり300ミリシーベルトに達していると推測される状態になっていた。

それからすでに何時間も経っていた。法令で定められた緊急時の作業員の被ばく限度は100ミリシーベルト。原子炉建屋内での作業は20分以内に制限せざるを得ない状況だった。

運転員の一人は、後の取材にこう振り返っている。

「あの時点では、原子炉に十分な注水がされずに、かなりの時間が過ぎていた。自分たち運転員は、どの程度の時間で原子炉が損傷し、格納容器が壊れるか、その場合の放射線量の影響も十分に知っている。かなり危ない状況だとみんな察していた」

中央制御室では、免震棟の吉田からベントの準備にとりかかるよう指示が出た前後から、運転員たちが、過酷事故のマニュアルや原子炉建屋の図面などを参考にしながら、ベントを実施するのに必要な弁の位置を特定し、限られた時間内に手動で開けるにはどうすればいいのか手順を確認する作業を続けていた。

さらに、高線量の現場でも作業できるよう、代わる代わる、サービス建屋の1階や休憩室に出向いては、耐火服や空気ボンベなどを探し出し、中央制御室に持ち帰っていた。

電源があれば、中央制御室でレバーを操作するだけでベントを実施できる。しかし、このときは、原子炉建屋2階にあるMO弁(電動弁)と建屋地下にあるAO弁(空気作動弁)の2つの弁のハンドルを回して開く必要があった。「ベント実施の指示」が出れば、すぐに実行できるわけではなく、高線量の建屋で作業ができるよう入念な計画を練り、さらに、被ばくを抑えるための装備が整わなければ、建屋に入ることはできないのが実情だった。

ところが、こうした現場の実情は、東京電力側から外部の関係者に十分に説明されることはなかった。現場を一歩離れると、なぜ、いつまで経ってもベントが実施されないのか、その理由がわからないまま、時間だけが過ぎていく状態が続いていた。

午前4時45分ごろになって、免震棟から、法令の被ばく限度の100ミリシーベルトに近づくとアラームが鳴るようにセットされた線量計が届けられた。ベントを実施する準備は整いつつあった。当直長は、いよいよ誰をベント作業に向かわせるのか決めなければならなかった。

原子炉建屋内の放射線量は上昇し続けている。ベント作業に行く者は、かなりの被ばくを覚悟しなければならなかった。

当直長は、部下たちを見つめながら、口を開いた。

「自分が現場に行く」

この中央制御室で運転のすべての責任を負うトップの自分が、まず行くべきだと思っていた。

しかし、すぐに声があがった。「お前は最後まで指揮をとれ」。

第3章 〝決死隊〟のベント作業

でも 状況がわからないなか 行かせられない
行ったのは ベテランたちだった

1号機のベント作業では2人一組の〝決死隊〟が編成された。経験豊富なベテランの運転員がそれぞれ割り振られた
写真：NHKスペシャル『メルトダウンⅠ～福島第一原発あのとき何が～』の再現ドラマより

当直長の先輩にあたる別の班の50代のベテラン運転員だった。地震の後、1、2号機の中央制御室には、この日の担当とは別の班のベテラン運転員たちが、自ら志願して続々と応援にきていた。このころになると、30人ほどが中央制御室で作業にあたっていた。運転員の多くは、地元の出身だった。高校時代からの先輩、後輩関係にある運転員も少なくなく、互いを思い合う絆は強かった。

「自分が行きます」

一瞬の沈黙の後、今度は、若い運転員が声をあげた。

「自分は独り者で、家族もいないので、自分が行きます」

若い運転員たちが、一人また一人と手をあげた。運転員の誰もが、この危機的状況を救うために自ら現場に行くと志願し始めた。

当直長は、言葉も出なかった。涙が出る思いだった。ただ、頭が下がった。

しかし、放射線量が高く、詳しい状況がわからない現場に、若い運転員を行かせるわけにはいかなかった。現場には、当直長や副長クラスのベテランが行くことになった。

ベントに向かった運転員の一人はこう振り返っている。

「何か起きた時には、当直長クラスのベテランが対応することが昔から運転員の精神としていわれていた。自分も同僚もそのとおりと考えていたし、それを実行した。〝決死隊〟の人選でもめることはなかった」

当直長は、2人一組で3班を編成した。放射線量や余震の強さによっては途中で引き返すことを考慮して、1班ずつ原子炉建屋に入り、中央制御室に戻ってから、次の班が出発することを申し合わせた。

早朝の総理来訪

1号機爆発まで10時間36分

東の空が白み始めていた。

「総理が来るらしい」。免震棟の緊急時対策室脇の廊下で、土屋繁男（62歳）は、東京電力の社員が、囁きあうのを耳にした。

時計は、午前5時をまわったころだった。深夜から未明にかけて、円卓では「ベント」という聞き慣れない単語が頻繁に行き交うようになっていることも気にはなっていた。

「なぜわざわざ総理大臣が来るのだろうか？」

土屋は疑問に思った。

「それほど、原発は緊迫した状態なのだろうか？」

確かに、地震によって免震棟で事故対応にあたるのは初めての事態だった。

ただ、長年、福島第一原発の免震棟の状況は、「統制がとれている」と映っていた。

土屋は、福島第一原発の警備を担当する会社に30年近く勤めていた。地元の工業高校を卒業後、上京し働いていたが、昭和57年、34歳のときに地元に戻って、妻と一緒に今の会社に入社した。土屋が高校を卒業した昭和40年代はじめには、まだ福島第一原発はなかった。その後、1号機が建設され、2号機、3号機と増設されるに伴い、自分の後輩たちは、原発やその関連会社に就職するようになっていた。原発によって働く場が増えたふるさとに、自分もUターンし、原発構内を警備する仕事に就いたのだった。放射線取扱主任者の資格もとり、原発の構造も自分なりに勉強した。土屋は、原発は安全なものだと考えていた。

今回の地震でも、いったんは、原発から5キロ離れた自宅に乗用車で戻ったが、妻と母の無事を確認して避難所の体育館に連れて行った後は、すぐに原発に戻り、徹夜で原発の正門や免震棟で警備にあたる部下の指揮をとっていた。

土屋は、改めて円卓の中央に座る所長の吉田を見つめた。180センチをこえる長身の吉田は、会議などで土屋と接するとき、いつも体をやや斜めに傾け、静かな口調で話しかけてくる落ち着いた雰囲気を持つ男だった。今、円卓で事故対応の指揮をとる吉田も、いつもと同じように、冷静に事にあたっているように見えた。そして、円卓の周りで、マイクを通じて、原子炉の水位や圧力などの数値が定期的にコールされ、担当者が確認し、ホワイトボードに書く様子も、土屋が長年見てきた「統制のとれた」原発の姿と同じように感じた。

免震棟で作業をする東京電力の社員や協力企業の社員の中に

陸上自衛隊の要人輸送ヘリコプター「スーパーピューマ」に乗り込んで、福島第一原発視察に向かう菅直人総理大臣

写真：NHKニュースより

は、顔見知りの地元の人間も多かった。1、2号機の中央制御室の運転の責任を負う当直長も、土屋が卒業した高校の後輩だった。自分がよく知るふるさとのみんなで事故の対応にあたっている。大丈夫。やがて事故はおさまる。土屋はそう思っていた。

「総理大臣が来る」「視察に来るようだ」

午前6時をすぎると、免震棟の中では、総理大臣が来ることが、はっきりと口にされるようになった。

菅直人総理大臣（64歳）は、午前5時44分に福島第一原発から半径10キロ圏内の住民に避難指示を出したあと、ヘリコプターに乗り込み、視察のため福島第一原発に向かっていたのだ。土屋は、免震棟の2階にある緊急時対策室から廊下に出て様子を見ていた。

午前7時20分ごろだった。テレビで見慣れた総理大臣の菅が免震棟の2階に駆け上がってきた。作業着姿の菅は、側近とみられる政治家やSPなど5、6人とともに、まさにダッダッダという感じで、土屋の横を駆け抜け、緊急時対策室の横にある会議室に入っていった。会議室には、吉田もこれまでと同じように作業が続けられていた。

「なぜベントを早くしないのか」。会議室では、菅が厳しい口調で吉田や同席した副社長の武藤らに切り出した。「1号機の

陸上自衛隊の要人輸送ヘリコプター「スーパーピューマ」から降り立って、福島第一原発免震棟に向かう菅直人総理大臣

写真：NHKニュースより

建屋の放射線量が高くなっているのに現場が真っ暗で作業が困難を極めている様子で、ベントができない理由を繰り返し問いただした。
しかし、菅は納得できない様子で、ベントができない理由を繰り返し問いただした。
「決死隊をつくってやります」。吉田は、決死隊という言葉を2回口にして、必ずベントを実施すると言った。決死隊という言葉に合点がいったのか、菅はようやく落ち着いた様子を見せた。やりとりは、およそ20分程度で終わった。
会議室から菅が出てきた。再び、土屋の横を駆け抜けるように、あっという間に1階に降りて行った。硬い表情で、口を結んで無言のまま前を見据え、円卓のある緊急時対策室のほうは、一瞥もしなかった。
緊急時対策室で作業にあたる人たちの労をねぎらってくれるのかと思っていたので、土屋は、拍子抜けしたような気がした。
「なぜ声をかけてくれないのだろう」。残念だった。
気がつくと、円卓の中央には、吉田がこれまでと同じように席についていた。
菅が免震棟から去った後の午前8時3分。吉田は、中央制御室に、午前9時を目標にベントの実施に向けた作業を始めるよう指示を出した。午前8時4分、菅は、ヘリコプターで福島第一原発を後にした。
ベント開始が迫った午前8時27分、免震棟に、避難指示を受けていた地元の大熊町の住民の避難が完了していないという情

セルフエアセット：携帯式の呼吸保護具の一つで、背中に背負う装置（CO_2吸着装置、酸素ボンベ、保冷剤を装備したケース）とマスクがセットになったもの。呼吸空気を浄化・循環させるとともに、酸素ボンベからも純酸素を循環空気に混ぜ込んでマスク内に供給する装置

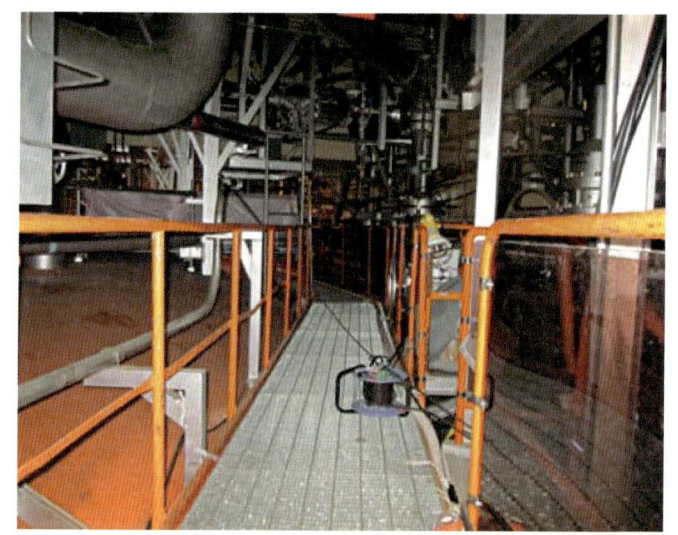

キャットウォークと呼ばれる細い作業用通路（写真は5号機）。1号機のベント弁（AO弁）は、キャットウォークを100メートルほど進んだところにある（下図）。3月12日当時は、照明がなく、真っ暗な中、懐中電灯の明かりを頼りに作業が行われた。決死隊は、半分程度進んだところで、線量が上昇したため、途中で引き返した

写真・図：東京電力報告書より

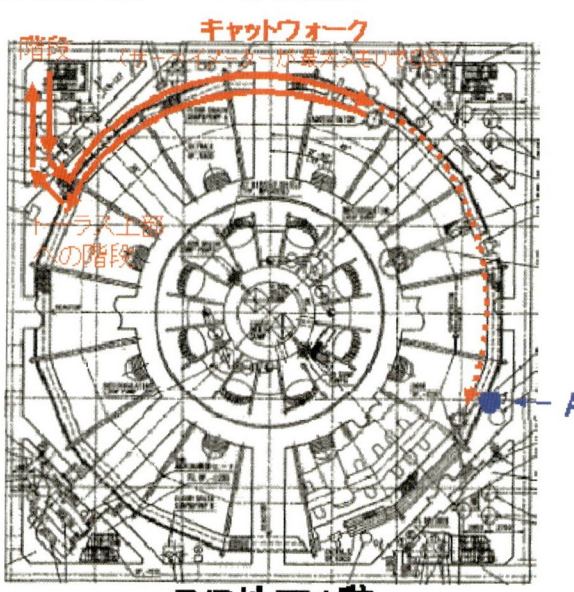

セルフエアセットを着けた福島第一原発の作業員。セルフエアセットを装着するには約10〜15分かかり、作業時間も20分程度に限られていた

写真：東京電力

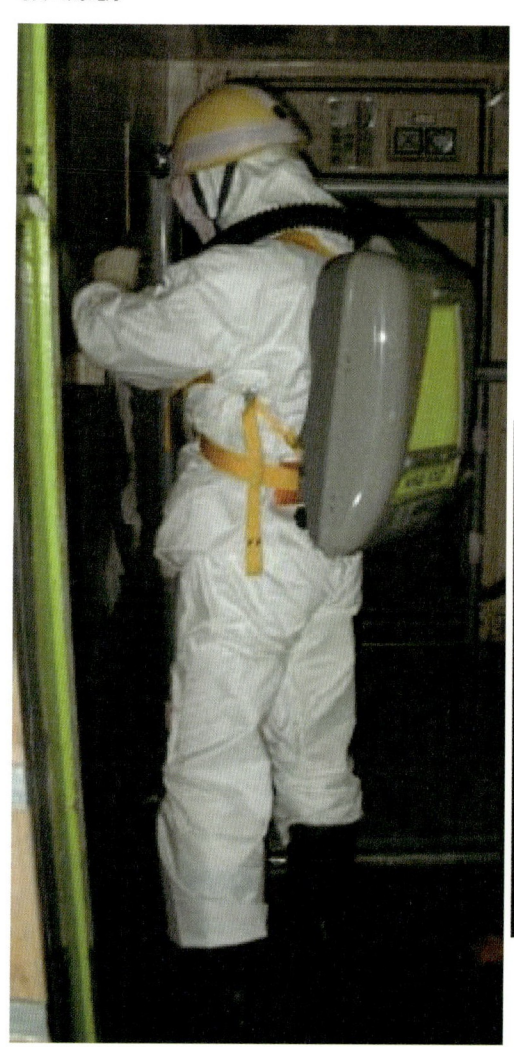

キャットウォーク
階段
トーラス上部への階段
AO弁
R/B地下1階

サービス建屋入り口を建屋内部から撮影したもの。作業員は非常灯のかすかな光を頼りに作業することを強いられた

写真：東京電力

「決死隊」の出動

1号機爆発まで6時間32分

　午前9時4分、中央制御室から2人の男が飛び出した。2人は、全面マスクで顔を覆い、耐火服に身を包み空気ボンベを背負っていた。13キロあまりの重装備にもかかわらず、2人は足早に原子炉建屋に向かった。運転員がみんなで2人を見送った。中央制御室にいた誰もが、二重扉の向こう側が高線量になっていることはわかっていた。

　運転員の一人は「なんともいえない気持ちで見送った。戻ってきたときに、どう声をかけるか。その言葉も思いつかなかった」と振り返っている。

　2人は、出発前に打ち合わせしたとおり、北側に比べ放射線量がやや低い南側の二重扉から原子炉建屋に入った。すぐに階段をあがり、2階フロア南東側、階段すぐ横にある格納容器のMO弁（電動弁）と呼ばれるベント弁をめざした。MO弁は高さ3メートルの位置にあった。2人は、何度も確認したとおりに、鉄板製の小さな階段をあがって、ハンドルを回した。手順

　報が入った。避難完了までどれぐらい待たなければならないのか。免震棟に微妙な空気が流れた。しかし、およそ30分後の午前9時2分、避難が終わったという報告が寄せられた。結果的に、免震棟は、避難完了を目標としていた午前9時すぎに、ベント作業の開始にゴーサインを出した。

どおり25パーセント開くと、急いで中央制御室に戻った。2人の被ばく線量は、午前9時15分、25ミリシーベルト。作業時間は11分だった。

　午前9時24分。第2班が出発した。空気ボンベのエアがもつのは20分。なるべく酸素の消費を抑えたかったが、線量が気になるので、自然と小走りになった。運転員の一人は、二重扉の前に立ったとき、緊張を抑えるように「よし！」と気合を入れた。

　2人は、地下1階のトーラス室に向かった。トーラス室は、格納容器の圧力を調整する圧力抑制室（サプレッションチェンバー）と呼ばれる巨大なドーナツ型の設備を収める施設である。その上部にキャットウォークと呼ばれる1周およそ100メートルの作業用の通路があった。このキャットウォークを半周ほど進んだところに、開けるべき目標のAO弁（空気作動弁）と呼ばれるベント弁があった。

　トーラス室の入り口扉の前で、サーベイメーターの値を示していた。法定限度の100ミリシーベルトに、10分で達してしまう値だった。

　「ここまで来たらいくしかない」

　運転員は、ドアノブに手をかけて、トーラス室の中に入った。懐中電灯の灯りの先にキャットウォークへ続く階段が浮かんだ。ふとサーベイメーターを見ると、900ミリシーベルトから最大目盛りの1000ミリシーベルトの間に針が振れてい

た。
「振り切れるまではなんとかなる」
2人は、左回りにキャットウォークを足早に進んだ。4分の1周ほど進んだときだった。ついにサーベイメーターの針が振り切れた。
「あと半分も残っているのに」。諦めきれなかった。
しかし、放射線量がいくらあるかもわからない状態で、これ以上進むのは危険だった。
撤収せざるを得なかった。全面マスクをして、会話ができないため、2人は、腕を取り合いジェスチャーで、「戻ることを互いに確認しあった。
キャットウォークの帰り道は、走って戻った。午前9時32分、2人は中央制御室に戻った。作業時間は8分だった。法定限度の100ミリシーベルトの壁が、ベント作業を阻むために、高く立ちはだかっているようだった。
当直長は、現場で作業が行えるような放射線量でないと判断。作業を断念すると免震棟に伝えた。第3班の2人が、原子炉建屋に向かっていたが、当直長からの指示で、建屋に入る直前に作業をやめて戻ってきた。ベント作業は中断となった。
ベント作業の断念。中央制御室は、重苦しい空気に覆われた。もうやれることはほとんど残されていない。ベントが成功して、圧力を下げることができなければ、次のステップに進め

ないのだ。多くの運転員たちは床に座り込み、時間が過ぎていくのを待つしかなかった。時折、定期的に計測される圧力や水位のコールが室内にむなしく響くだけだった。重苦しい雰囲気のなかで、思い詰めた若い運転員が声をあげた。
「操作もできず、手も足も出ないのに我々がここにいる意味があるのでしょうか」
「なぜ、ここにいるのでしょうか」
若い運転員からの切実な声が相次いだ。
しばらく経って当直長が重い口を開いた。
「ここに残ってくれ」そして、若い運転員たちに向かって頭を下げた。
すぐに、応援に来ていた別の班の当直長も無言で頭を下げた。運転員たちは、押し黙った。
「若い研修生2人は、免震棟に避難してくれ。みんなそれでいいな」
誰もがうなずき、運転員たちは、その場にとどまり続けた。中央制御室では、原子炉水位や圧力の監視という地道な作業が再び開始された。しかし、原子炉の危機を脱するために不可避のベントをどうすれば実施できるのか。先行きはまったく見えなかった。

東電社員の証言
同時に出発すると連絡が取れないので、1チームずつ行きましょうとなっていた。建屋へは南側の二重扉から入った。すごいモヤがかかっていて、なぜこんな状態なんだと思った。通常は乾燥しているイメージ。南側から水圧制御ユニットの後ろを通って、北西の階段を中地下まで降りた。線量計を持っていてチェックしていたが、トーラス室に入ってすぐにこれはダメだとなって、走って戻った
東京電力報告書より

格納容器ベントのイメージ図。1号機では、第1次〝決死隊〟がMO弁（電動弁）の開放に成功するも、第2次〝決死隊〟が高線量に阻まれ、AO弁（空気作動弁）の手動での開放に失敗し、1、2号機中央制御室は八方ふさがりになる
CG：NHKスペシャル『メルトダウンⅡ 連鎖の真相』

可搬式コンプレッサー
写真：NHKスペシャル『メルトダウンⅡ 連鎖の真相』の再現ドラマより

AO弁

コンプレッサー
空気ボンベ

AO弁（空気作動弁）は、通常は空気ボンベとコンプレッサーを電気で操作することで開閉するが、全電源喪失で操作不能になった。第2次〝決死隊〟による手動による開放に失敗した後、可搬式コンプレッサーで圧縮空気を送り込む窮余の一策で、かろうじてベントに成功する

CG：NHKスペシャル『メルトダウンⅡ 連鎖の真相』

突然襲った衝撃

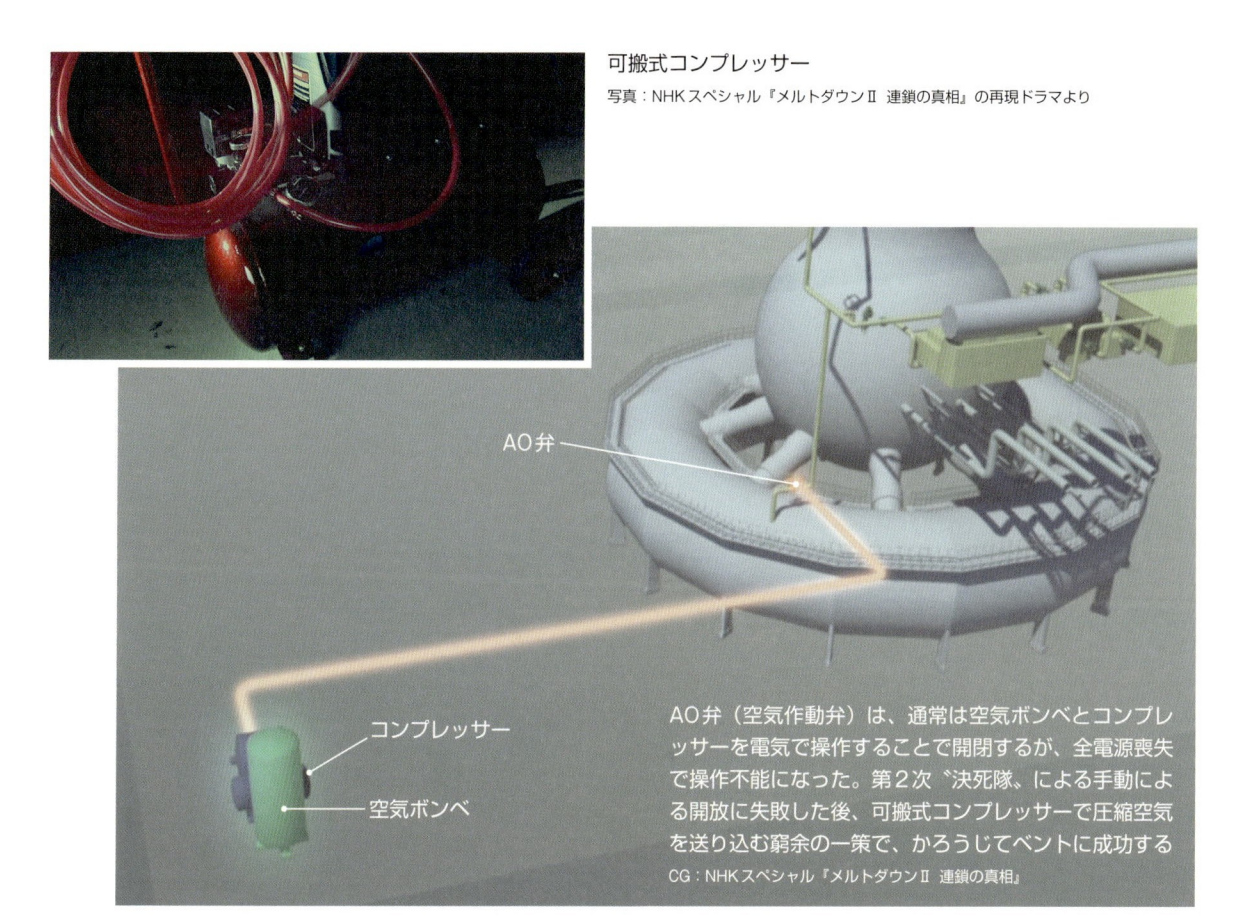

1号機爆発まで1時間36分

免震棟がベントを決断して14時間近くが経った12日午後2時前。1号機の原子炉建屋周辺で動きがあった。

1号機の原子炉建屋の作業が高い放射線量に阻まれ、ベント弁が開けなかったため、復旧班は、原子炉建屋地下にあるAO弁（空気作動弁）に配管を通して空気を入れ込んで、弁を開くことを考えつき、作業を続けていたのだ。

復旧班は、原子炉建屋の大物搬入口と呼ばれる出入り口に、運搬が可能な小型のコンプレッサーを設置していた。東京電力に、小型のコンプレッサーがなかったため、原発構内にあるメーカーや協力企業に手当たり次第に聞いて回って、ようやく確保した1台だった。配管に接続する部品も協力企業からかき集めたものを使っていた。午後2時すぎ、設置が終わったコンプレッサーを起動させ、復旧班が、空気を送り込む。

同時に1、2号機の中央制御室では、持ち込んだ車のバッテリーをつかってベントの弁の開放動作を試みた。果たして成功するのか。中央制御室も免震棟もじりじりとした思いで待ち続けた。

午後2時50分ごろ、中央制御室から格納容器の圧力減少の一報が免震棟に入った。午後2時30分に7.5気圧だった格納容器の圧力が、午後2時50分ごろに5.8気圧まで低下したのだ。

午後3時18分、吉田は「午後2時30分ごろにベントによって放射性物質の放出がなされた」と関係機関に連絡した。当初ベントを予定した午前9時すぎからは、すでに6時間が経過していた。

原子炉や格納容器が壊れて大量の放射性物質が漏れ出す最悪の事態を防ぐために商業用の原発に電力会社に許されたの事態を防ぐために商業用の原発に電力会社に許された放射性物質を含む格納容器内部の気体を、意図的に外部に放出するベント。しかし実施が成功したことがわかった瞬間だった。

震棟にいた発電班の副班長の一人は、「成功した」という気持ちはひとつも感じなかったという。

「ああ、出してしまった。現場は皆、そういう思いでしたね。スタックから出た煙をみたとき、一番してはいけないことをやってしまったと……。3月、震災のこの時期になるとテレビや新聞で仮設住宅で暮らしておられる方の映像や写真を目にします。私の住んでいた町のみなさんは今でも避難していて、その町はいまでも警戒区域にあり、放射性物質があるため帰ってこれない。最善を尽くしても、起きた事実はひとつしか変わらない。町のみなさんに大変なご不便をかけているのを映像で見ると、ベストは尽くしたと思うが、事故調や報告書で、このときにこうできたというのを言われると、事故当時は、ここに余裕があっ

待ちに待った朗報だった。続いてテレビ画面に排気筒から蒸気とおぼしき白い気体が出ていることが確認された。

た、もしかしたらなあと、もっとできたことがあったんじゃないかと、そういう被災者の方の映像をみたとき、ふっと思いますね」

"最後の砦"である格納容器を守る切り札だったベント。同時に、決して放射性物質を漏らさないことを「鉄の掟」として叩き込まれてきた原発の技術者にとって、自らのオペレーションで放射性物質を外部に放出するベントは、これ以上ない苦渋の選択だった。

その直後の午後3時36分のことだった。

突然、中央制御室を揺れが襲った。轟音とともに下から「ど
ん」と突き上げるような縦揺れの衝撃だった。

中央制御室の天井パネルがいっせいに落ち、白い煙が部屋の中に立ちこめる。

いすから転げ落ちる運転員もいた。

「なんだ？ どうした？」

「全面マスクをつけろ！」

怒号が飛び交う。

「格納容器の圧力を確認しろ！」

「圧力、確認できません！」

これまでの地震の揺れとは明らかに異なる揺れだった。運転員の一人は、その瞬間を次のように振り返っている。

「最初に頭をよぎったのは、格納容器が爆発したということ」

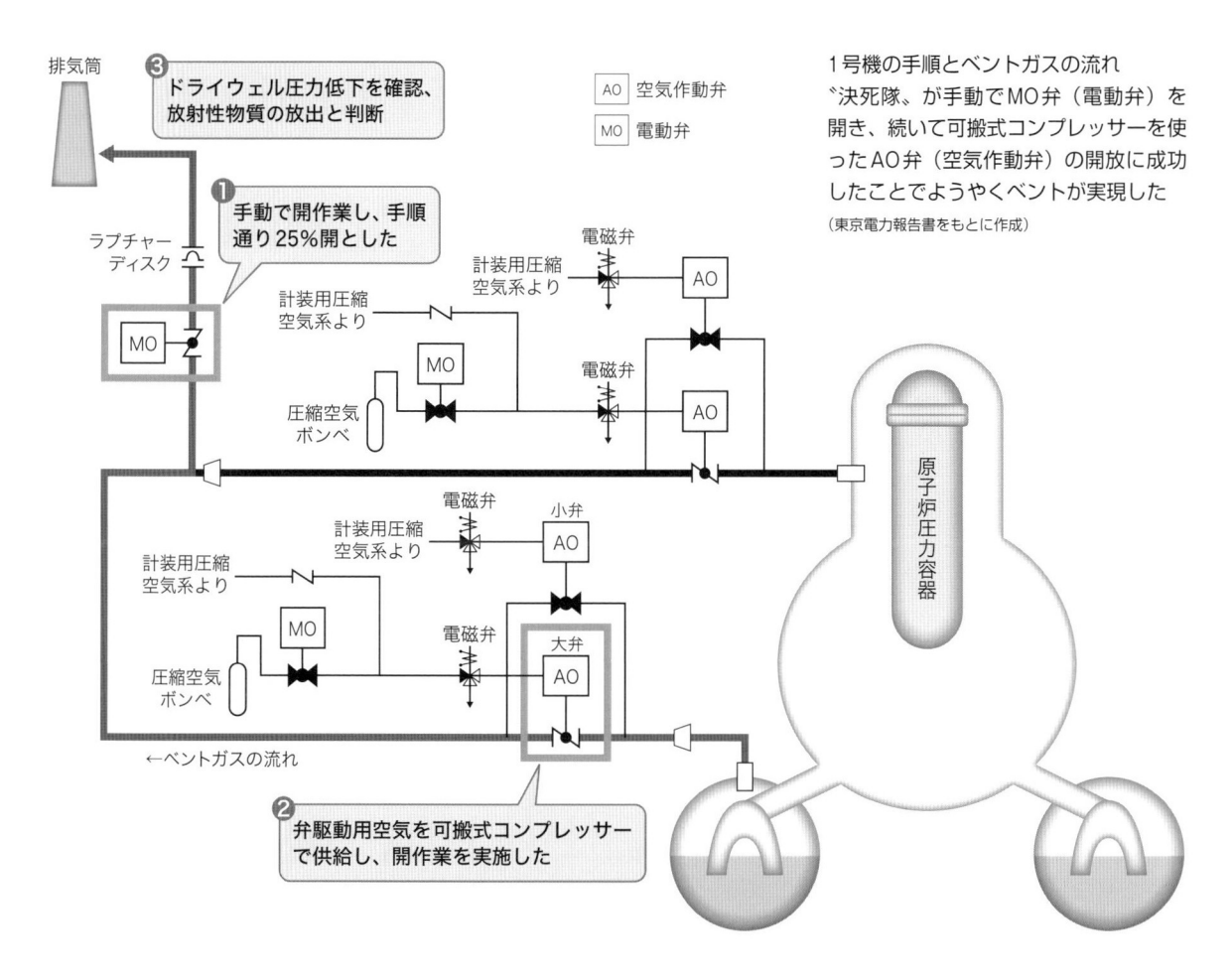

1号機の手順とベントガスの流れ
〝決死隊〟が手動でMO弁（電動弁）を開き、続いて可搬式コンプレッサーを使ったAO弁（空気作動弁）の開放に成功したことでようやくベントが実現した
（東京電力報告書をもとに作成）

- AO 空気作動弁
- MO 電動弁

① 手動で開作業し、手順通り25%開とした
② 弁駆動用空気を可搬式コンプレッサーで供給し、開作業を実施した
③ ドライウェル圧力低下を確認、放射性物質の放出と判断

- 排気筒
- ラプチャーディスク
- 計装用圧縮空気系より
- 電磁弁
- 圧縮空気ボンベ
- 小弁
- 大弁
- 原子炉圧力容器
- ←ベントガスの流れ

ベントを決断して15時間近くが経った12日午後2時50分ごろに、7.5気圧だった格納容器圧力が5.8気圧まで低下した。同じころ、監視カメラでも1号機の排気筒から白い煙が出ているのが確認できた
写真：東京電力

- 5、6号機排気筒
- 3、4号機排気筒
- 1、2号機排気筒
- タービン建屋換気系排気筒（1〜4号機集合ダクト）

1、2号機排気筒から白い煙が出ているのがわかる

1号機爆発直後の中央制御室。揺れにより天井照明の蛇腹が落ち、仮設照明が消えて非常灯のみとなった
写真：東京電力

3月12日午後3時36分、福島第一原発の1号機で起きた水素爆発の瞬間。原発から17km離れた地点で、福島中央テレビの無人カメラが撮影した画像　　写真：福島中央テレビ

「正直、終わったなと思った」

1号機の原子炉で高温となった燃料によって、燃料を覆うジルコニウムという金属が水蒸気と化学反応を起こし大量の水素を発生させていた。水素は原子炉から格納容器へと抜け、地上のどの物質より軽いその性質ゆえ、上へ上へと流れ、格納容器を収める原子炉建屋最上階の5階にたまり続けていた。その充満した水素が、爆発を起こしたのだ。

中央制御室も免震棟も、東京電力本店も総理官邸も、まったくのノーマークの水素爆発だった。原子炉の中で、核のエネルギーが引き起こすさまざまな反応が、ある瞬間に、膨大な力をもって人間に襲いかかる。そのことを誰も読めてはいなかった。

中央制御室には、40人近くの運転員たちが残っていた。しかし、原子炉の状態を確認するのに必要な最小限の人数を残して、退避することになった。残ったのは10数人。いずれもベテランたちだった。退避することになった運転員たちは、後ろ髪を引かれる思いで中央制御室から出て行った。そして、初めて1号機の建屋の外に出て、爆発した姿を目の当たりにした運転員は、そのときの思いをこう振り返っている。

「1号機の建屋が吹き飛んでいるのを見て、愕然とした。とにかく一刻も早く、この場から少しでも遠くに逃げたいと思った」

退避した運転員たちは、放射線管理員を先頭に周辺の線量を測定しながら、全速力で免震棟に向かった。

一方、爆発後の中央制御室では、5分おきにタイマーが鳴るなか、ただ、圧力と水位のデータを読み上げていくだけだった。一人の運転員が呼びかけた。

「写真を撮ろうじゃないか」

中央制御室には、作業の記録をとるために、デジタルカメラが常備されている。

そのカメラを持ち出してきて、写真を撮ることを呼びかけたのだ。嫌がる運転員もいたが、呼びかけた運転員は、なかば強引に写真撮影を進めていった。

「原子炉の状態もわからない。頭がおかしくなりそうだった」

運転員の一人はそう思っていた。

当直長は、「自分は生きて戻れない」と思っていた。残っていた運転員の誰もが、死を覚悟していた。自分たちがここにいたという記録を残そう。そうした思いを抱き、写真におさまった。

荒れ狂う核のエネルギーを抑え、事故を収束へと導く道は、まったく見えなかった。

アメリカからの教訓

事故から1年5ヵ月が経った2012年8月。アメリカの原子力発電運転協会が、報告書を公表した。「福島第一原

水素爆発を起こした福島第一原発の1号機。爆風で原子炉建屋を覆っているパネルが吹き飛び、鉄骨がむき出しになっている　写真：東京電力

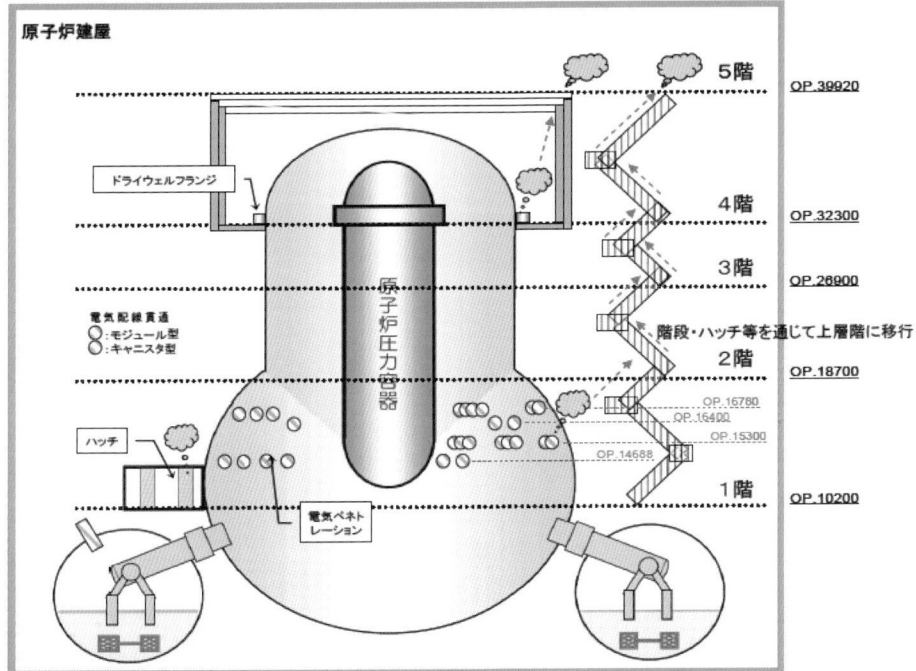

水素の推定漏えい経路
1号機、3号機の原子炉建屋で発生した爆発は、原子炉内の燃料損傷に伴い、水－ジルコニウム反応等により発生した水素が格納容器に移行し、最終的には原子炉建屋に漏えいしたものと考えられる。明確な水素流出経路は不明であるものの、格納容器からの漏えい経路としては、格納容器上蓋の結合部分、機器や人が出入りするハッチの結合部分、電気配線貫通部等が挙げられる。結合部分では漏れ止めとしてシールするためにシリコンゴム等を使用しており、そのシール部分が高温にさらされ、機能低下した可能性があると考えられる。水素は、主として格納容器のこのような場所から直接、原子炉建屋へ漏えい・滞留し、水素爆発に至ったものと推定される

図・解説：東京電力報告書より

1号機爆発直後、爆発の原因およびその影響がわからなかったため、当直副主任以下の若手職員は免震棟に避難した。1、2号機中央制御室に残ったのはベテラン運転員十数人。写真は、その運転員の一人が死を覚悟して撮影した写真　写真：東京電力

東電社員の証言
格納容器のベント弁に治具(じぐ)をかませて開けたままにする作業を復旧班が行おうと思ったが、逃がし安全弁から圧力抑制室へ蒸気が行く音がすごくて、熱もあり、トーラスに入れなかったということで、操作できずに中央制御室に戻ってきた

東電社員の証言
弁を開確認してくれっていわれて、圧力抑制室に行ったら靴が溶けた。目視では確認できなかった。弁が一番上にあるやつだったので。熱さ確認のため、トーラスに足をかけたらずるっと溶けた。やめたほうがいいと判断した

東京電力報告書より

水素爆発直後の福島第一原発の原子炉建屋。白い噴煙が上がっているのがわかる　　　　写真：NHK

電所における原子力事故から得た教訓」と題した報告書は、東京電力の要請で、アメリカの電力会社で作る組織の専門家チームがまとめたものである。調査には、東京電力が全面的に協力し、専門家チームは、事故対応にあたった運転員の聞き取り調査も行っている。

報告書の冒頭には、事故対応にあたった運転員や幹部たちに対して「プロ意識、勇気と熱意、及び一人ひとりの責任感に最大限の敬意を払わせていただく」と最大級の賛辞が贈られている。

報告書では、1号機のベント作業について、詳しく検証されている。

「格納容器を手動でベントする計画は作成されていたが、トーラス室の高線量率のため、運転員がこの戦略を実施するのが妨げられた」

報告書は、そう分析したうえで、次のような教訓を指摘している。

「被ばく線量の限度が、事象対応における柔軟性を認めていなかった」

緊急時の被ばく線量の限度を、100ミリシーベルトに定めただけで、事故の大きさによっては、それを超えても対応できるよう考慮していなかったことを問題視しているのだ。

報告書は、こう論じている。

「事故前にはサイト作業員全員に対して、100ミリシーベル

トの線量限度が定められていたが、必要に応じてこの限度を超えるためのガイダンスは存在しなかった。このことが、運転員が格納容器ベント弁にアクセスする妨げとなり、長時間にわたり格納容器が高い圧力に保たれる直接的要因となったと同時に、原子炉への注水を妨げることとなった」

原発の緊急時の事故対応において、アメリカやヨーロッパでは、緊急時の作業員の被ばく限度は、ICRP（国際放射線防護委員会）が定めている500〜1000ミリシーベルトという指標を原則としたうえで、人命救助に関わる場合はかなりの柔軟性を認めている。日本でも、事故から3日後の3月14日になって、国は、臨時の措置として被ばく限度を100ミリシーベルトから250ミリシーベルトに引き上げた。しかし、事故の初期対応では、100ミリシーベルトという法令限度が、ベント作業を遮る高い壁になっていたのである。報告書は、ベント作業が遅れた最大の要因として、100ミリシーベルトの壁を指摘したうえで、原発の緊急時の対応では、被ばく限度の柔軟性を認め、作業員は、そうした高い線量による急性被ばくに伴う関連リスクについて、教育訓練や説明を受けるべきであると強く訴えている。

膨大な核のエネルギーにさらされる原発の過酷事故への対応は、被ばくとの闘いでもある。

アメリカやヨーロッパの世界標準ともいえる考えでは、事故対応にあたる作業員の被ばく限度は、原則としてかなりの柔軟性を認めている。

ただ、人間の命や健康という側面から見たとき、どこまで被ばく線量の上限を高くできるのか。また社会的にどこまで許容することができるのか。日本では、福島第一原発の事故の後も、その議論は、進んでいるとは言えない。

福島第一原子力発電所1号機原子炉建屋4階を確認する東京電力社員たち（2013年3月28日撮影）
写真：東京電力

屋外電源盤の周辺。巨大なタンクが電源車の行く手を阻む 写真:東京電力

東電社員の証言
死と隣り合わせの作業だった。慣れない全面マスクを着用しての作業、余震や津波のたびに走って逃げた。この繰り返し

東京電力報告書より

免震棟　縦揺れの衝撃

3号機爆発まで43時間25分

12日午後3時36分。免震棟は、激しい縦揺れに襲われた。

所長の吉田やユニット所長の福良以下、円卓の幹部たちは、最初、何が起きたのかわからなかった。電源復旧作業の指揮にあたっていた復旧班長も一瞬地震かと思ったが、これまでの余震とまったく違う揺れに戸惑っていた。電源復旧作業の指揮にあたっていた復旧班長も一瞬地震かと思ったが、これまでの余震は、建物を左右にゆらゆらと揺らすような横揺れだった。ところが、今度はまったく違うズドーンという縦揺れに見舞われたのだ。

「尋常な揺れではない」復旧班長は、そう思った。

しかし、その数分後に、驚くべき光景を目の当たりにする。

地元のテレビ局のニュースを映していた六〇インチのプラズマディスプレイに、建屋上部の壁が吹き飛んだ1号機の様子が映し出されたのだ。

免震棟にいた誰もが、この映像を見て、1号機が爆発したという事実を初めて知らされる。ある社員は、こう振り返る。

「爆発と最初はやっぱりみんなわからなかったので、今の地震は何だ、何だという感じで。で、その後、状況を把握してからは、一気に緊迫しました。みんな顔つきが凍りついたようになり、全然違う空気になっていきました」

1号機が爆発したことを知った瞬間、復旧班長は、部下たちの姿が頭に浮かんだ。1号機の隣の2号機のタービン建屋1階では、自分の部下の復旧班のメンバーやメーカー、協力企業の作業員たちが、夜を徹して電源を復旧するための作業にあたっていたのだ。

無事なのか。気が気でなかった。

しばらくすると、免震棟に、電源復旧作業にあたっていた社員や協力企業の作業員たちが一人、また一人と引き上げて来た。爆風の黒いホコリにまみれ、いったい誰かもわからない。現場から退避してきた車のフロントガラスは蜘蛛の巣状に割れていた。爆発で吹き飛んだ瓦礫があたって作業服に穴が開いている者もいた。命を落とした者はいないのか、安否確認が続いた。現場にいた一人が爆風で激しい耳鳴りを訴え診察を受けたが、幸い大きなけがをした者はいなかった。復旧班長は胸を撫で下ろした。

しかし、それも束の間で、復旧班長を落胆させる報告が届いた。1号機の爆発によって、あとわずかというところまでいた起死回生の策だった電源復旧作業が潰えたという知らせだった。

実は、免震棟では、ベント作業と並行して、電源車によって1号機の電源を復旧させる作業を続けていたのだ。ICが作動していない今、1号機は、電源を復旧させて別の冷却システムを起動させる必要があった。所長の吉田以下、免震棟の幹部は電源復旧作業にかけていた。電源を復旧すれば、一気に事態は好転する。1号機の損傷し

東電社員の証言
爆発した瞬間飛ばされて、免震棟の内扉が爆風でズレた。二重扉が機能しないので、バールをもってきてもらって、レールに戻して開閉できるようにした。そのときは、上から白いものが降ってきた
東京電力報告書より

水素爆発直後の福島第一原発1号機
写真：東京電力

た燃料は、再び水の中に沈めることができるし、なにより2号機、3号機も救える。

免震棟は、電気が復旧し、冷却システムを動かすことができれば、事故の悪化は防げると考えていた。6つの原子炉が並ぶ福島第一原発では、2002年に、シビアアクシデント対策の一環として各号機間の「電源融通工事」が行われていた。それは、他の号機が電源を失った号機を助けることができる仕組みだった。大熊町にある1号機から4号機、そして双葉町にある5号機と6号機は、それぞれ電源を融通することができるようになっていた。

今回の事故で1号機から4号機のどれかの電源盤が生き残っていれば、他の号機の冷却も可能だった。現場は、まずは電源車によって1号機の電源を復旧し、原子炉の冷却システムを再び動かそうとしていたのだ。しかし、それが潰えた今、1号機の原子炉冷却は再び遠のいたことを意味した。

さらに、そのことは、1号機に続くはずだった2号機、3号機の冷却も遠のいてしまったことを意味した。

徹夜の電源復旧作業

実は免震棟が電源の復旧作業に乗り出したのは、津波の襲来からおよそ2時間半が経った11日午後6時とかなり早い時点からだった。1号機爆発にいたるまでのこの後およそ22時間、復

2号機別電源室周辺　写真：東京電力

津波と爆発で破壊された車両　写真：東京電力

2号機別電源室周辺　写真：東京電力

東電社員の証言
１号側の逆洗弁ピットの脇にいた。あまりの衝撃でびっくりした。空を見上げたら、瓦礫が空一面に広がっていて、バラバラ降ってきて、２人で逃げた。瓦礫にあたっていたかもしれない。２人で走って逃げて、あまりに瓦礫が降ってくるので、もう１人の人を突き飛ばして、タービン建屋脇にあるタンクの壁際に沿って瓦礫をよけるような行動を取った。少したってから、逃げようとしたら、もう１人がトラックの脇で立てなくなっていたので、２人で戻って抱えて歩いて逃げた。ひたすら無線で爆発だと叫んで歩いて戻った
東京電力報告書より

復旧班は、想定外の事態に翻弄されながらも、懸命に作業を進めていた。

復旧班がまず始めたのは、津波によってほとんどが水没した1号機から4号機のタービン建屋にある電源盤の確認作業だった。暗闇の中、津波で浸水した建屋に向かったのは復旧班の5人。福島第一原発に長く勤め、現場をよく知るベテランの社員ばかりだった。5人は、復旧班長に自ら志願して、危険と見られていた現場に出向いた。

5人は、免震棟を出て坂を下り、海側に車を走らせた。すぐ脇に道路をふさぐように、大型の重油タンクが流れ着いているのが目に飛び込んできた。津波の被害の大きさを思い知らされた。同時に5人は思った。「これだけの威力の津波がいつまた襲ってくるかわからない」福島沖では大津波警報が解除されていなかった。

車が1号機のタービン建屋に到着した。建屋の大物搬入口のシャッターが津波の力で大きくゆがみ、壊れていた。その壊れたシャッターの隙間から、5人はタービン建屋に入った。足下にはまだ水があった。

1号機の電源盤を懐中電灯で照らしたとき、誰もが目を疑った。

「電源盤に海草や砂が大量に付着している。なんだこれは」

高さ2メートルほどの電源盤は津波ですべてやられていた。電源盤に「テスター」と呼ばれる電気の抵抗を測る計器をつな

ぎ、計測する。いずれも反応はまったくなかった。5人は、免震棟に一報を入れた。

「1号機、いずれの電源盤も、電気抵抗を確認できません」

免震棟の円卓では、所長の吉田の右隣で、ユニット所長の福良が電源復旧作業の指揮をとっていた。現場と連絡を取り合っていた復旧班長に何度も大声で問い合わせていた。

"生き残っている電源盤はないか"と。

「どれか電源盤が生き残っていてくれ」

復旧班長は、祈るような思いで現場からの報告を待っていた。

1号機から3号機の原子炉には、ICやRCICといった非常用の冷却装置以外にも、電動ポンプを使う高圧の注水システムが備えられていた。SLC＝Standby Liquid Control system、ホウ酸水注入系と呼ばれるシステムや、CRD＝Control Rod Drive、制御棒駆動機構と呼ばれるシステムだ。

これらの高圧注水系は、建屋の中にあるタンクの水を水源に、原子炉より高い圧力を出すことができる電動ポンプを使って、原子炉に注水するシステムだった。

電源さえ復旧すれば、SLCやCRDという高圧の注水システムを使って原子炉を冷やし、事態悪化を食い止めることができるはずだった。

復旧班長は振り返る。

津波で流されて作業用道路をふさいだ重油タンク。直径11.7メートル×高さ9.2メートルの巨大なタンクが、津波により1号機タービン建屋北側脇まで漂流した（写真枠内左）

写真：東京電力

福島第二原発4号機海水熱交換器建屋地下1階にある補機冷却系海水ポンプの被水状況

写真：東京電力

6号機電気品室の浸水状況
写真：東京電力

東電社員の証言
電気品室は水があった。長靴での作業。電気がきていないとは思っているが、感電の可能性もあり、死ぬかもしれないと思いながらの作業であった
東京電力報告書より

乾式貯蔵キャスク保管庫建屋の状況
写真：東京電力

「ただ、電源盤がすべてやられてしまっていては、もう手の施しようがない。だから、現場からあがってくる情報をひたすら待っている状態でした」

1号機から4号機の電源盤が、すべて浸水していた。今回の事故で明らかにされた福島第一原発の致命的な弱点だった。

1号機は津波が浸入した1階にメタクラと呼ばれる高圧系電源盤やパワーセンターと呼ばれる低圧系電源盤が集中していた。これは、津波が襲ってくると同時にすべての電源盤が被害を受けることを意味していた。

原子力の世界では、重要な機器は、万が一の危機に備え、分散して配置するのが、安全対策上重要だということは、常識のはずだった。しかし、福島第一原発では、そうした分散配置がなされていなかった。しかも、配置されていたのは、海に近いタービン建屋だった。同じ東京電力の原発でも、柏崎刈羽原発や福島第二原発は、浸水に対して水密扉を備えた原子炉建屋に電源盤が配置されていた。ところが、福島第一原発は、"古い"原発ゆえに、そうした改良工事がなされていなかった。

こうした備えの甘さから、1号機の電源盤はすべて津波によって使用不能に陥っていたのだ。

次に5人が向かったのは、2号機だった。再び津波に襲われる危険と向き合いながら、海側にある2号機の大物搬入口へ車を横付けし、懐中電灯で足下を照らしながら、一つひとつ電源盤の状況を確認する。津波で破れた大物搬入口から100メートル。電源盤が並ぶ"電気品室"の手前にはまだ床から40センチほどの水が残っていた。

「2号機もだめか」

1号機と同様、2号機もすべての電源盤が浸水していた。絶望的な状況のなか、一つひとつ電源盤に「テスター」をあてていく。

作業を始めておよそ1時間がたった午後7時すぎ。「テスター」が初めて反応した。

2号機のサービス建屋1階にあるパワーセンターと呼ばれる電源盤の一つだった。

パワーセンターは、480ボルトの電圧を変換し、原発構内のさまざまな施設や機器に電気を送るための電源盤だった。高さ2メートルほどあるこの電源盤は、1メートルほどは津波に浸水しながらも、浸水を免れた上半分が「テスター」に反応したのだ。

このときのことを、福良はこう語っている。

「事故後、初めて希望が見えた瞬間でした。思わず、おお！本当か、という声が免震棟でもあがりました。これで何とかなるかもしれないと。それまでに高圧注水のための設備の確認も行っていたんですが、電気さえあれば動かせる状況だと。あとは電源車から2号機のパワーセンターに電気を送り込めれば、1号機も2号機も3号機も、すべて状況は好転するはずだと思ったんです」

東電社員の証言
地震で家族がやられている人もいるし、涙を流しながら会社に勤めていた人もいた。みんな電話がつながらないから、生きているか死んでいるかも分からない状態だった　　　　　　東京電力報告書より

福島第一原発２号機電源室内部
写真：東京電力

２号機地下電源室内部
写真：東京電力

東電社員の証言
低圧電源盤があるところは堰があって、その中に水がいっぱいたまっていた。長靴でないとパワーセンターまでいけない状態で、作業をやるにも工具を下に置けない。明かりを照らしたり、道具を持ったりする人が必要だった　東京電力報告書より

免震棟は、1号機については、電気さえあれば、SLCと呼ばれる高圧注水系を動かすことができることを確認していた。さらに2号機も、SLCとCRD。2号機のパワーセンター。ここに480ボルトの電気を送り込めれば、既存の冷却システムを使って、事態は一気に改善する。

復旧班長は振り返る。

「高圧注水系のシステムが津波後も、電気さえあれば使える状況だというのは確認できていました。あとは電気だけ。しかし、これが簡単ではなかった」

この言葉どおり、ここからの作業は容易ではなかった。

届かない電源車

事態改善に光が見え始めた電源復旧作業。しかし、作業は予想以上に時間がかかっていく。

最初の躓きは、電源車だった。電気を復旧させるためには、電源車を使って外部から電源を確保するしかなかった。福島第一原発には電源車はなかった。福島第二原発にも電源車はなかった。全電源喪失を想定していなかったため、原発構内に電源車を配備しておく発想もなかったのだ。

津波に襲われ全電源喪失となったおよそ30分後の11日午後4時すぎ。東京電力本店は、全国各地の支店から電源車を福島第一原発に派遣するよう指示を出すとともに、東北電力にも協力を求めていた。

しかし、地震による道路の被害や激しい渋滞で、電源車は思うように集まらなかった。

午後5時50分ごろ、東京電力本店は自衛隊のヘリコプターで電源車を空輸できないか総理官邸に検討を依頼した。

官邸では、電源車を自衛隊のヘリで福島第一原発に空輸しようという作戦の検討が進められていた。その情報は現地にも伝わっていた。

福島第一原発では、敷地内にあるグラウンドに、社員や協力企業の車およそ30台を集め、ライトを照らして、簡易のヘリポートを作って電源車を待ち構えていた。

免震棟や簡易ヘリポートの周辺では、自衛隊のヘリコプターが福島第一原発に駆けつけるという未確認情報が駆け巡っていた。あと15分で到着するという情報が流れて、「やった!」という声が上がった直後に、まだこないという情報が入って、落胆するといったことが繰り返されていた。

午後8時50分、結局、電源車が重すぎたため、ヘリコプターによる空輸は断念したという連絡が東京電力本店から入る。

復旧班長が振り返る。

「自衛隊のヘリコプターが今飛び立った。間もなくくるという情報が繰り返されたが、結局、重量オーバーでこなかった。これが、最初の肩透かしでした」

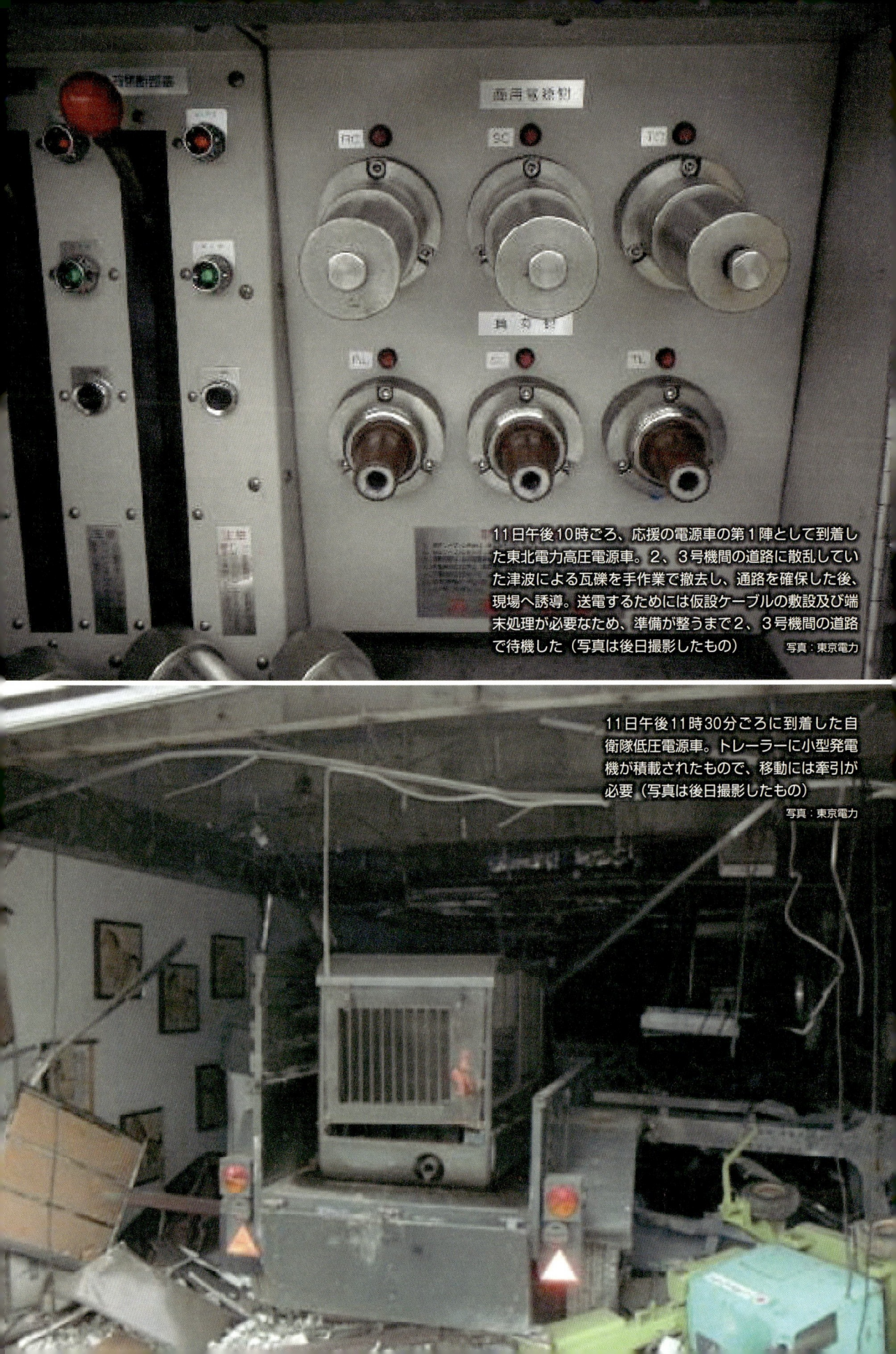

11日午後10時ごろ、応援の電源車の第1陣として到着した東北電力高圧電源車。2、3号機間の道路に散乱していた津波による瓦礫を手作業で撤去し、通路を確保した後、現場へ誘導。送電するためには仮設ケーブルの敷設及び端末処理が必要なため、準備が整うまで2、3号機間の道路で待機した（写真は後日撮影したもの）

写真：東京電力

11日午後11時30分ごろに到着した自衛隊低圧電源車。トレーラーに小型発電機が積載されたもので、移動には牽引が必要（写真は後日撮影したもの）

写真：東京電力

午後10時ごろ。待ちかねていた最初の電源車が到着した。しかし、東北電力が支援のために派遣してくれた電源車を見て、復旧班は失望を隠せなかった。

電源車は6900ボルトの高圧電源車だった。接続すべきパワーセンターの電圧は480ボルト。規格が違ったのだ。

午後11時30分ごろ。続いて自衛隊の電源車が到着した。今度こそと待ち構えていた電源車の電圧は低圧の100ボルトだった。

復旧班は、振り返る。

「パワーセンターで使うために本来欲しいのは480ボルトの電源車。でも来たのは100ボルトのやつで、しかも接続もすごく特殊で、助けてくれようという気持ちは非常にありがたくて、謙虚にありがたいんですけど、正直いって使うっていうことには、ほとんどいたらなかったっていうのが現実でした」

12日午前3時までに、福島第一原発に到着した電源車は20台。

そのうち12台が6900ボルトの高圧電源車だった。残る8台は100ボルトの低圧電源車だった。現場が喉から手が出るほど欲しかった480ボルトの電源車は、1台もこなかった。そもそも480ボルトの電源車は、一般にはほとんど配備されていない特殊な車両だったのだ。

余震との闘い

復旧班は、到着する当てのない480ボルトの電源車を諦め、6900ボルトの高圧電源車から高圧用のケーブルを敷設し、480ボルトに変換する動力変圧器につなげて、パワーセンターに接続することにした。高圧電源車から動力変圧器の間にかなりの距離があるため、高圧ケーブルを数百メートルにわたって敷設する作業を行う必要が出てきた。

最前線でこの作業を担ったのは、日立グループの熟練作業員たちだった。折しも4号機の定期検査で、日立は大量の社員を現地に送り込んでいた。この部隊が力を発揮した。普段から福島第一原発でメンテナンス作業にあたる彼らは、誰よりも現場を熟知していた。日立の福島第一原発の事務所長の河合秀郎（56歳）が振り返る。

「うちの事務所に、6900ボルト用のぶっといケーブルがあることはわかっていた。急いで事務所に戻ってケーブルを200メートル分切り出して、運ぼうということになったんです」

事務所にあった高圧ケーブルの直径は、およそ15センチ。ケーブルの重さは1メートルでおよそ6キロあった。200メートル分を切り出すと、重さは1・2トンに上った。

河合ら日立グループの社員と東京電力の社員が福島第一原発

仮設ケーブル敷設作業の訓練
写真：東京電力

東電社員の証言
通常であればケーブル敷設作業は1～2ヵ月かかる。数時間でやったのは破格のスピードだと思う。暗闇の中、敷設のための貫通部を見つけたり、端末処理を行ったりする必要もある。高圧ケーブルの端末処理は特殊技能で、ていねいにやる必要がある。それだけで通常は4～5時間程度かかる。また、通常なら機械を使ってケーブルを敷設するが、今回は人力でやっている。ケーブルは15センチくらいのケーブルが3本集まっているもので、重量がある

東京電力報告書より

福島第二原子力発電所における緊急安全対策訓練　電源ケーブルの接続（2号機）写真：東京電力

福島第一原発1号機計器（燃料域水位計A）を点検する作業員

写真：東京電力

東電社員の証言
電源がなくてPHS、ページングとかが使えないなかで、負荷をケーブルボルト室で落とす際に、連絡手段として人を中央制御室からケーブルボルト室まで何人か配置してやりとりした。中央制御室入り口、食堂、現場控え室、ケーブルボルト室でだいたい5人ぐらい配置した。多いときはタービン建屋を一人50メートルぐらい何回も往復した
東京電力報告書より

1. 当直長の許可なく立入を禁止する
2. ラック廻りに機材の仮置を禁止する。

当直長

構内近くの日立グループの事務所から、200メートル分のケーブルを車両に載せて、原発構内に入るゲートを通過しようとしたときだった。いつもは通れるゲートが、電源がない状態でまったく開かない。

「おい、どうする」日立グループの社員が言った。

「いいからゲートを壊してください」同行していた東京電力の社員が必死の形相で叫ぶように言った。もちろん上司の許可などはとっていなかった。

河合は、驚いた。普段から東京電力の社員は『ルールは絶対守る』人間たちだった。その社員が迷いもなく「ゲートを壊してください」と言い放つ。

「相当な切迫感だ」河合は改めて、電源復旧にかける必死の思いを感じた。

高圧ケーブルを載せた車両と、6900ボルトの高圧電源車が、2号機のタービン建屋の南側に横付けされた。計画では、2号機のタービン建屋の南側にある搬入口からケーブルを入れて、タービン建屋1階の床に200メートルほど敷設して、建屋の北側にあるパワーセンターに接続しようとしていた。

しかし、搬入口のシャッターは閉まったままだ。電気がなければシャッターも開かない。今度は、協力企業の重機でシャッターを壊した。壊れたシャッターの隙間から切り出した高圧ケーブルを建屋に入れるルートを確保する。最新のシステムで制御する原発のイメージからはかけ離れた作業が現場では行われていた。

作業で、最も注意しなくてはならないのは、津波で建屋に浸入した〝水〟だった。

ケーブルの先端が水に触れれば、漏電で命を落とすかもしれない。電気で動くウィンチなども、全電源喪失のためまったく使えない。ケーブルの敷設作業は、すべて手作業で行わなければならなかった。

重さ1・2トンに上るケーブルを東京電力や日立グループ、それに協力企業のおよそ40人の作業員が運び込んだ。200メートルから4メートルおきに作業員が配置され、200メートルに及ぶケーブルを抱えながら移動した。重さは、一人あたり20キロから30キロに上る。40人の作業員は、数時間にわたって、ケーブルを抱え続けた。

マニュアルにはない変圧作業を、余震が続く暗闇の中で強いられる。

免震棟の復旧班長も、一刻も早い電源復旧を期待していた。自分自身も夜通し指揮をとり続け、一睡もしていない。急遽、連絡手段で使うことになった旧式のトランシーバーを通じて、復旧班長の席の後ろに座る担当者から連絡が届く。通常なら発電所内で使う連絡手段のPHSも使えない。現場から緊張した声が送られてきた。

「再び津波の恐れあり。電源車の配置の検討を願います」

作業を阻んだのは余震だった。一刻を争う電源の復旧作業、一方で確保しなくてはならない部下の安全。復旧班長は苦渋の判断を強いられる。

「津波がくる可能性に対して、作業員いかせていいんですかっていうのは複数回電気グループから聞かれました。正直、答えはないですよ。当時、大津波警報は出続けていましたから」

「管理する立場からすれば、状態がよっぽど落ち着いていなければ人は海側には出せない。もし、海が落ち着いたとしても、見張りをつけていざとなったら大声で〝逃げろ〟という形でしか出せない。そうなると夜間はもう非常に危険な状態でした」

免震棟は、最初、6900ボルトの高圧電源車を津波が浸水したエリアに配置していた。最短のケーブルルートを確保するためだ。しかし、余震が続いていた。次にまたあの津波がくるかもわからない。そして暗闇。監視のため、社員を建屋の屋上に送り込み、懐中電灯で海を照らしながら、下で作業をするケーブル部隊に大声で状況を伝える。しかし、それも限界だった。

「タービン建屋の上に人を立たせて、海のほうを見させていたんです。それでライトで海を照らして状況を見ながら、下の人間に伝える。次にいつ津波がくるかわからない。その真下では、電源復旧作業。連絡手段は、もう大声で叫ぶしかないですよね。揺れたぞー！とか、海はどうなっているとか」

免震棟は次の津波を恐れていた。免震棟には4号機で地震の

あと建屋で機器の確認を行っていた2名の社員が行方不明になっているという情報が届いていた。

「津波に巻き込まれたのではないか」

所長の吉田以下、社員たちは、仲間が津波で命を落としたかもしれないという不安を抱きながらずっと対応を続けていた。余震がおさまる見通しはまったく立たない。福島県沖には、「大津波警報」が出続けている。そこへ日が変わった12日午前1時前、やや大きな余震がくり返し福島第一原発を襲った。

「電源車を高台に移せ！」

復旧班長は決断する。電源車を移動させれば、それだけ、電源盤へのケーブルルートは長くなり、復旧作業が遅れるのはわかっていた。ここで1時間半の時間をロスしての決断だった。しかし、現場の作業員の〝命〟を第一に考えていったん電源車からケーブルを外し、2号機と3号機の間にいったん電源車を移動し福島第一原発を襲った。そして、電源盤へのケーブルルートを変更する。

その間にも1号機のメルトダウンは進んでいた。

12日午前4時すぎから、敷地全体の放射線量が上昇し、作業環境は急速に悪化していく。全面マスクをつけていなかった電源復旧グループはいったん免震棟への退避を余儀なくされる。防護服と全面マスクを身につけ、再び現場に出る。ここでも時間をロスした。作業を再開したのは、あたりがすっかり明るくなった午前7時。折しも、菅総理大臣が福島第一原発に到着し

津波と原子炉建屋の水素爆発で大破した車両
写真：東京電力

東電社員の証言
いつも見ていた発電所は文字どおり「変わり果てた姿」となっていた。爆発した原子炉建屋だけでなく、視界に入るありとあらゆるものが損傷し、おびただしい瓦礫が広範囲に散乱していた。また、海面から10メートルの高さの敷地まで重油タンクが流され道路を塞ぎ、何台もの車がひっくり返っていた。夜間は暗闇で不気味なほど静かだった

東京電力報告書より

たところだった。

全面マスクを装着しての作業は息苦しい。通常であれば全面マスクをして1時間も作業をすれば、体力的には限界だ。しかし、休みをとる余裕はない。

1号機のベント作業開始が12日午前9時4分。その後も、ずっと電源復旧作業は続けられていた。復旧班のベテラン社員や熟練のメーカーの技術者およそ40人が、通常なら数日かかる変圧作業を数時間でやってのけた。

ついに電源車を動かすときがきた。

免震棟に一報が入る。

「原子炉への注水、電源回復、ベント、免震棟で対応が錯綜するなかで、津波以降、初めて"ああやっと一段落"という空気が流れました。そのときは、まだ"笑顔"も出るような感じでした。対策本部の中では、まさか爆発するなんて思っていないですから。

現場で夜通し対応にあたった作業員たちも、手応えを感じていた。

パワーセンターへの変圧器やケーブルの接続がすべて完了していた。

「12日の午後、3時半ごろだったと思います。電源盤にランプが点灯したんです。やった、これで冷却システムが動かせる」

復旧班長がそう思った6分後に、悪夢が訪れた。

午後3時36分、1号機が水素爆発。

ケーブルと電源車が激しい爆風に見舞われた。電源復旧作業にあたっていた者は、即座に全員避難しなければならなかった。

いったん起動した電源車からも離れなければならない。電源車は手動で停止せざるを得なかった。徹夜で敷設したケーブルも大きく損傷していた。全電源喪失から24時間を経て、すぐ目の前にまできていた1号機の電源復旧が、遠のいた瞬間だった。

それは、膨大な核のエネルギーによる事故進展のスピードに、人間の懸命の作業が追いつくことが極めて難しいことを思い知らされる瞬間でもあった。

残された細い糸"消防注水"

爆発によって被害を受けたのは、電源車だけではなかった。

1号機のタービン建屋の海側で、消防車による注水作業の準備をしていた東京電力の社員や協力企業の作業員は、衝撃を感じて、その場にしゃがみこんだ。上を見ると、瓦礫が空一面に広がり、バラバラと降ってきた。

2号機のタービン建屋と3号機のタービン建屋の間では、自衛隊の消防車が移動していた。その瞬間、爆風で窓ガラスが砕け散った。消防車の中に瓦礫が飛び込んできた。

免震棟に知らせが入る。

第4章 幻の電源復旧

「消防車の窓ガラスが割れ、中にいた協力企業の作業員が2名負傷！」

1号機の水素爆発によって、外部から原子炉へ注水作業を続けていた消防車が、激しい爆風に巻き込まれた。負傷者と、爆発によって飛散した瓦礫にまみれた作業員たちが免震棟に運び込まれる。

消防車による注水作業は、ICが停止し、すべての冷却装置が使えなくなった1号機の原子炉を冷やす唯一の手段だった。電源が復旧し、高圧注水系による冷却が可能になるまで、消防車による注水でメルトダウンまでの時間を先延ばしするという免震棟の戦略は、1号機の水素爆発でもろくも崩れ去った。全力を挙げて取り組んできた電源復旧の試みがあと一歩のところで潰え、頼みの綱だった消防車による注水も中断。事態は一気に緊迫していく。

消防車による外部注水は、マニュアルにも記載されていない、ぶっつけ本番のやり方だった。アクロバティックな手法にもかかわらず、所長の吉田は、津波ですべての電源を失った1時間半後の11日午後5時12分に、所員に準備に取りかかるよう指示していた。まだICが動いていると思われていた段階である。事態悪化に備えて、いちはやく代替手段を準備する。"保修屋"として福島第一原発を知り尽くした吉田らしいやり方だった。

消防車用マニュアルにあった対策は、タービン建屋地下1階にある消防用ポンプを動かして、構内にある防火水槽の水を原子炉に注水するというものだった。しかし、ディーゼル発電機で動く消防用ポンプの圧力が低く、原子炉圧力に届かなかったうえ、ポンプを待機状態にしている間に、燃料が切れて、12日午前1時48分に動かなくなってしまう。

津波の発生から2時間も経たないうちに、消防車による注水の準備作業をしていたことは、あとで大きな意味を持ってくる。

中央制御室の運転員たちは、放射線量がまだ高くなっていない11日午後9時前までに、原子炉建屋やタービン建屋に入り込み、原発内に張り巡らされた複雑な配管の弁を手動で開けて、原子炉へ水を流し込む1本のラインを作っていた。

もし吉田や1、2号機の中央制御室の判断が遅れていたら、高い放射線量に阻まれて、消防注水のラインは構築できなかったはずだ。結果的にいえば、消防車による注水は、1号機原子炉を冷やす唯一の冷却手段となった。暴走する原子炉に立ち向かうために、吉田たちに残された、たった一つの"武器"が消防車だった。

11日深夜から12日未明にかけて、1号機原子炉は猛スピードでメルトダウンに突き進んでいた。このころには、免震棟もICが正常に機能していないことを把握し、12日午前2時すぎ、免震棟は、消防車による注水作業に乗り出す。消防車のホース

瓦礫が散乱する中、消防車による注水作業が行われた

写真：東京電力

東電社員の証言
消防車の窓が爆風で割れて、それからスポーンと（瓦礫が）とんできた。あの辺ガスが充満していたんだと思う。それで一瞬ゆがんで見えた。そしたらものすごい音で、爆音とともに、中が浮いたみたいな感じになった。そのときに、ロケットのように正面から飛んできた。瓦礫が

東京電力報告書より

をタービン建屋の送水口に接続すれば、一本道となった水のラインを通って、消防車から注ぎ込まれた水は、原子炉へと送り込まれるはずだった。

しかし、マニュアルにもなく、訓練もまったくしていない対策だったため、作業は思いのほか難航した。そもそも免震棟には、配備されていた消防車の運転操作ができるものが誰もいなかったのである。免震棟の幹部は、消防車を運用していた協力企業の南明興産（現・東電フュエル）に頼み込み、消防車を操作して注水してほしいと求めたのである。南明興産にとっては、高い放射線量の中で社員に消防車を操作させるのは危険であり、委託業務からはずれる作業だったが、非常事態だけに、求めに応じた。

免震棟の防災班の社員と南明興産の社員が1号機に向かったが、消防ホースを接続するタービン建屋の送水口がどこにあるか正確に知らなかったため、暗闇の中で送水口を探すのに手間取り、結局、消防車による注水作業が始まったのは、午前4時すぎだった。

当初、消防車のタンクにあった1.3トンほどの水を注水していたが、すぐに水はなくなった。この後、1号機のタービン建屋の海側にある防火水槽近くに消防車を横付けして、水を汲み上げ、別の消防ホースをタービン建屋の送水口までのばして接続し、午前5時46分、ようやく継続的に消防車による注水作業が、断続的に行われていたのである。

しかし、12日午後3時36分。1号機の水素爆発によって、その頼みの綱の消防車が、激しい爆風に巻き込まれたかのように見えた。

水素爆発

3号機爆発まで43時間4分

免震棟は、1号機の爆発直後、格納容器や原子炉が壊れたのではないか、と疑っていた。大量の放射性物質が漏れ出しているのではないか。しかし、思ったほど放射線量は上昇していない。

「建屋の内部はどうなっているのか？」

爆発から21分後の午後3時57分だった。

中央制御室に残った運転員から免震棟発電班に一報が入る。

「原子炉水位、確認できました！」

原子炉は壊れていない。緊迫した免震棟の空気がわずかに緩んだ。

復旧班長が言う。

「原子炉への注水は絶対ですから。残された手段は消防車しかありませんでした。しかし、爆発後に消防車や注水のためのホースがどういう状況になっているかわからない。つまり人を派遣しなくてはならないわけです。危険な状態が続いている。じゃあ、誰がいくんだと」

水素爆発後の事務本館　　　　　　　　　　　　　　　　　　　　　　　　　　　　　　　写真：東京電力

爆発からわずか44分後、復旧班長は、再び東京電力の社員と南明興産の社員を現場に向かわせることを決断する。南明興産には、再三にわたって無理をお願いしている。発電所幹部が再び頼み込んだ。

「消防車による作業を続けてください」

土下座をする思いだった。

南明興産からの了解が得られた。

12日午後5時20分。消防車が再び現場に向かった。このころ、1号機と2号機の間では1時間あたり30から40ミリシーベルトという一般の人が1年間に浴びて差しつかえないとされる1ミリシーベルトという放射線量にわずか2分足らずで達してしまうほどの、高い線量の瓦礫が散乱していた。水素爆発で散乱した高い線量の瓦礫は、この後、建屋の外で事故対応のための作業を行う際に大きな妨げになっていく。

所内にある消火栓から新たなホースをかき集める。しかし、注水するための真水はなかった。

所長の吉田は、1号機の爆発前から真水が枯渇することを見越し、「海水注入」の準備を進めていた。3号機のタービン建屋の海側にある「逆洗弁ピット」と呼ばれる貯水溝を水源として考えていた。

貯水溝から1号機まではおよそ500メートルあった。このため所内の消防車1台と自衛隊の消防車2台のあわせて3台を500メートルの間に配置し、消防ホースを長々と敷設する作

1号機付近に散乱した放射線量の高い瓦礫。その後の原子炉への消防車による注水作業の妨げとなった
写真：東京電力

業を進めた。2時間後、ようやく注水ラインが完成した。爆発からおよそ3時間半が経過した12日午後7時4分、海水注入を開始した。かろうじて1号機の原子炉の冷却は継続された。

しかし、起死回生の策だった1号機の電源復旧作業は頓挫してしまった。2号機、3号機へと続くはずだった電源復旧に向けた作業を再開する見通しはまったく立っていない。1号機の水素爆発はその後の福島第一原発の事態の悪化を決定づけた。ここから事態は連鎖的に悪化していく。

第5章 忍び寄る連鎖

原子炉冷却の鍵をにぎるSR弁開放に失敗したことを免震重要棟に報告する3号機当直長
写真：NHKスペシャル『メルトダウンⅢ 原子炉〝冷却〟の死角』

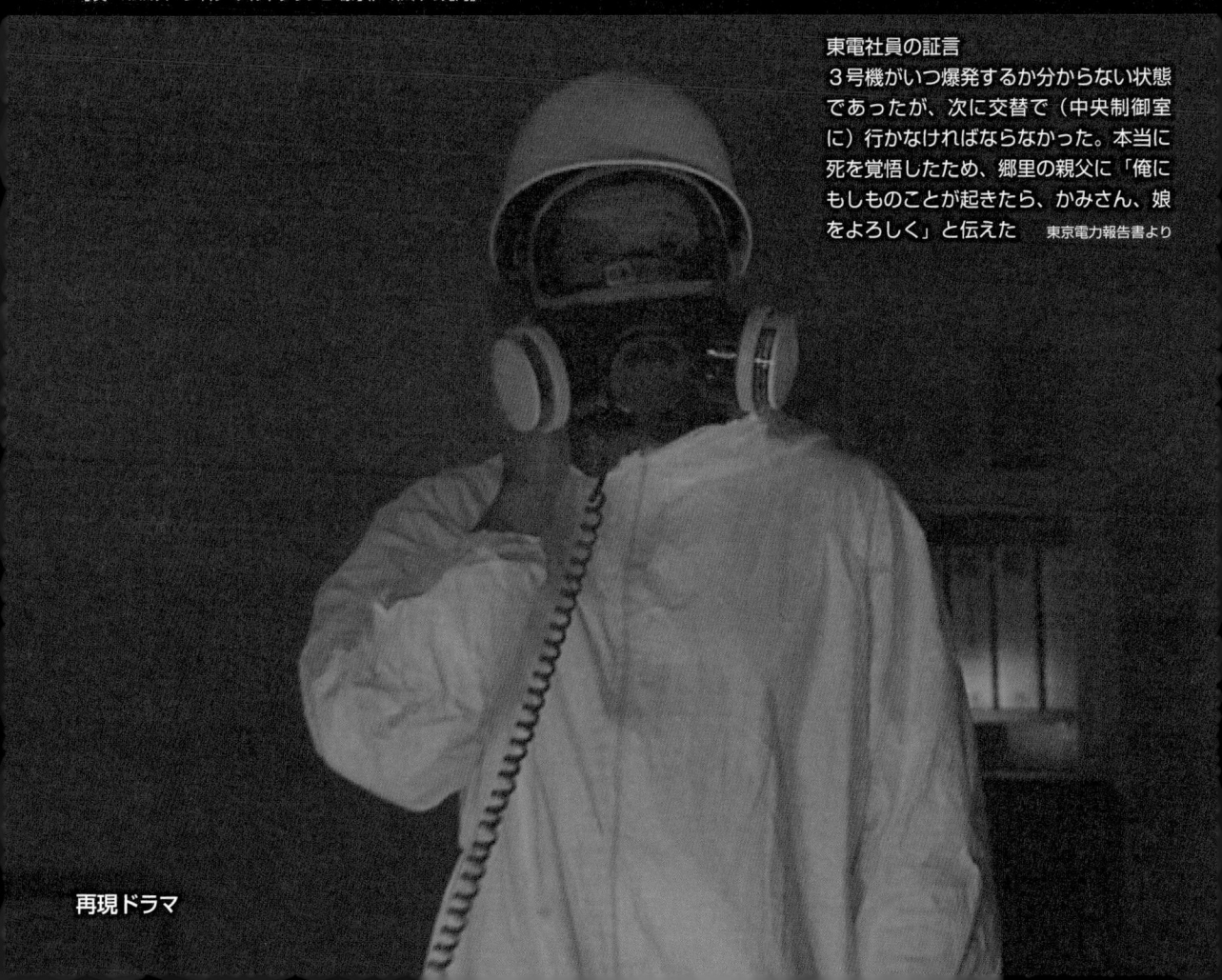

東電社員の証言
3号機がいつ爆発するか分からない状態であったが、次に交替で（中央制御室に）行かなければならなかった。本当に死を覚悟したため、郷里の親父に「俺にもしものことが起きたら、かみさん、娘をよろしく」と伝えた　東京電力報告書より

再現ドラマ

連鎖の悪夢　3号機の異変

3号機爆発まで約35時間

全電源喪失からほぼ1日半が経過した3月13日未明。3、4号機の中央制御室で異変が起きていた。

3号機の高圧注水系・HPCI（High Pressure Coolant Injection system）と呼ばれる冷却システムを動かすタービンの回転数が減ってきたのだ。3号機は、1号機や2号機と異なり、バッテリーが中地下室に設置されていたため、津波の被害を免れていた。最初に起動させたRCICという冷却システムからHPCIに切り替え、生き残ったバッテリーで制御しながら、原子炉に注水を続けていた。ところが、ここにきてHPCIの動きが不安定になってきたのだ。津波で電源が失われてすでに1日半。この間、中央制御室では、照明や計器盤の照明をこまめに切ってバッテリーの節約に努めてきたが、いよいよ容量が枯渇してきたことが考えられた。

12日午後3時36分に1号機が水素爆発して、一昼夜にわたって作業員が懸命に続けてきた電源復旧作業が潰えてしまった。免震棟の狙いどおり、津波の被害を免れていた2号機のパワーセンターと呼ばれる電源盤に電源車からの電気を供給できれば、1号機と2号機の電源が復旧するはずだった。その後は、各号機間に電源を融通しあえるシステムを使って、3号機にも電気が供給されてくるはずだった。しかし、1号機の水素爆発によって、その構想は崩れ去った。3号機の電源復旧が遠のくなかで、ここまでなんとか持たせ続けてきたバッテリーの容量がいよいよ残り少なくなり、冷却装置が動かなくなる危機が間近に迫ってきたのだ。

タービンの回転数が不安定になったHPCIをこのまま動かすと故障する恐れもあった。当直長は、HPCIを停止し、タービン建屋地下にあるディーゼル発電機で動く消防用ポンプを起動させて、消防用ポンプによる注水システムに切り替えることを考えた。

消防用ポンプのディーゼル発電機は軽油で動くため、電源がなくても、起動させることができるはずだった。

3号機でも、1号機と同じように、すでに過酷事故のマニュアルに沿って原子炉建屋やタービン建屋に張り巡らされた配管の弁を開け閉めして、原子炉に流れ込む水のラインが作られていた。

電源復旧が遠のき、バッテリーの容量が少なくなってきた今、当直長は、構内にある防火水槽を水源として、消防用ポンプによって原子炉に水を流し込むほうが、HPCIによる注水より、安定して原子炉を冷却できると考えたのである。

午前2時42分。運転員が、HPCIを手動で停止した。そして、すぐさま原子炉の圧力を格納容器に逃がすため、SR弁と呼ばれる主蒸気逃がし安全弁を開けようとレバーをひねった。HPCIは、高圧注水系と呼ばれるその名のとおり、70気圧

HPCI＝High Pressure Coolant Injection system／高圧注水系　非常用炉心冷却系のうちのひとつで、配管などの破断のリスクが比較的小さく、蒸気タービン駆動の高圧ポンプで、原子炉に冷却水を注入できる装置。ポンプの流量（＝能力）は原子炉隔離時冷却系（RCIC）に比べて約10倍大きいが、原子炉停止時冷却系（SHC：1F1）に比べると小さい。福島第一原発1〜5号機に設置されている（東京電力資料より）

第5章　忍び寄る連鎖

高圧注水系タービン
（5号機原子炉建屋地下2階）
写真：東京電力

から10気圧までの高い圧力で水を注ぐシステムだ。一方、消防用ポンプは、5気圧前後の低い圧力でしか注水できなかった。

このころ、3号機の原子炉圧力は6気圧から9気圧で推移していた。消防用ポンプによる注水に切り替えるためには、SR弁と呼ばれる主蒸気逃がし安全弁を開いて、原子炉内の高圧の水蒸気を格納容器に逃がし、原子炉の圧力を少なくとも5気圧程度まで下げる必要があった。ところが、ここで、思いがけない事態が起きた。

「SR弁、開を確認できません！」

中央制御室に運転員の大声が響いた。当直長がすぐに「他のSR弁は？」と聞く。

SR弁は、全部で8つある。8つあるSR弁をすべて開くと、原子炉圧力は一気に下がる。ただ、当時の9気圧程度の原子炉圧力であれば、8つあるSR弁のうち1つでも開けば、消防用ポンプで注水できる5気圧程度まで圧力を下げることは十分可能だった。しかし運転員が他のSR弁についても次々と開操作を行うものの、いずれも開かない。

中央制御室の運転員たちに、一気に緊張が走る。

運転員は「SR弁開操作不能。減圧できません！」と叫んだ。SR弁が作動しなければ、原子炉の減圧はできず、注水もできない。

SR弁が動かない原因も、バッテリー不足が濃厚だった。SR弁を開け閉めする制御盤もバッテリーで動く。そのバッテリ

143

ーが枯渇してきた所で事態を悪化させてきた可能性が高かった。バッテリー不足が、いたる所で事態を悪化させてきた。

3号機の原子炉圧力が上昇し始めた。HPCIが停止して原子炉が冷却されないため、原子炉圧力が高まってきたのだ。HPCIが停止した直後の午前2時44分、原子炉圧力は5・8気圧だった。16分後の午前3時、原子炉圧力は、7・7気圧に上がっていた。減圧どころか、原子炉圧力は刻々と上がっていく。

圧力計をコールする運転員の声が緊迫してくる。午前3時44分には、41気圧まで上がっていた。中央制御室では、再びHPCIを起動させようとした。しかし、動かない。これまたバッテリー不足が原因とみられた。HPCIは停止させるときはわずかの量のバッテリーで止まるが、起動させるときは一定のバッテリーの容量が必要だった。

HPCIの停止から、すでに1時間もの時間が過ぎていた。停止したが起動できないということは、バッテリー不足の負の連鎖によって、3号機は原子炉の減圧もできない。注水もできない。危機的状況に陥った。

バッテリーに翻弄される免震棟

<small>3号機爆発まで31時間</small>

午前4時前、免震棟と東京本店を結ぶテレビ会議で、所長の吉田が、あわてた様子で本店の担当者を繰り返し呼び出した。

「本店さん。本店？ 本店？」

本店の担当者が「はい。本店です」と応じた。

吉田がすぐに本題を切り出した。

「HPCIが、2時44分にいったん停止しました」

まもなく午前4時だった。午前2時44分とは、1時間以上前のことである。しかも3号機の原子炉を冷却していたHPCIが止まったという重要な情報について、あまりにも遅すぎる報告だった。

実は、HPCIが止まったという報告が吉田のもとに届いたのも、つい今しがたの午前3時55分だった。この間、3、4号機の中央制御室の当直長は、HPCIから消防用ポンプによる注水に切り替えることについての相談や、HPCIが停止した後、SR弁の開操作に失敗したことも、その都度、免震棟の発電班に報告を入れていた。

ところが、報告を受けた発電班の担当者は、次に中央制御室に向かう交代要員だったこともあって、当直長への助言や相談に気をとられて、免震棟の発電班長に事態を報告していなかったのだ。このため、1時間以上にわたって、吉田以下、免震棟の幹部は、3号機のHPCIが停止し、その後、原子炉圧力が急上昇していることを知らなかったのだ。このとき、免震棟の幹部が最も把握しておかなければならなかった情報の共有がまったくできていなかったのである。

SR弁

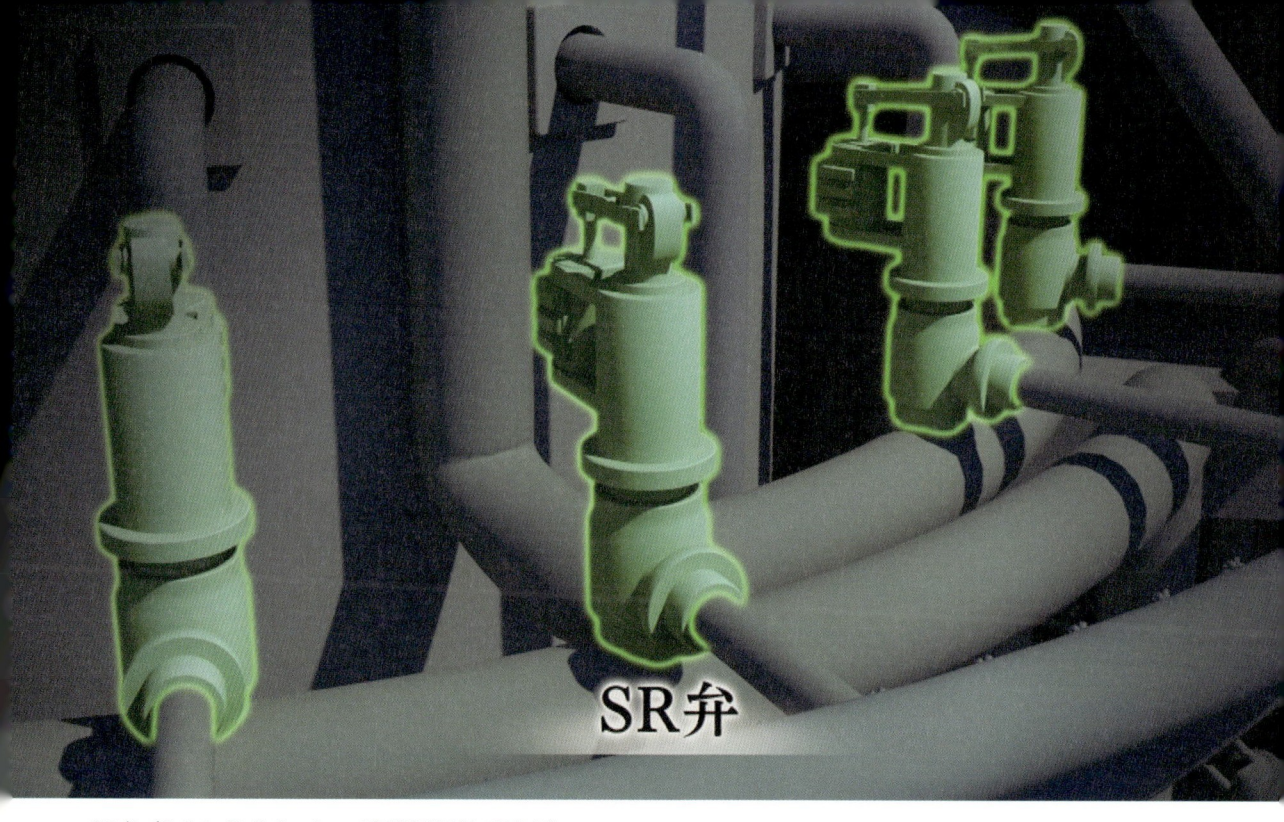

SR弁（Safety Relief valve／主蒸気逃がし安全弁）
原子炉圧力が異常上昇した場合、原子炉圧力容器保護のため、自動または中央制御室で手動により蒸気をサプレッションチェンバー（圧力抑制室）に逃がす弁。逃がした蒸気はサプレッションチェンバーで冷やされ凝縮する
CG：NHKスペシャル『メルトダウンⅢ 原子炉〝冷却〟の死角』 用語解説：東京電力資料より

　吉田が本店に口早に説明した。
「HPCIが停止した後で、炉圧が7気圧から41気圧まで5倍以上あがっているんですよ。これがどういうことなのか、今確認しているんですけど、ちょっと3号機がトランジェントの状態です」
　英語で過渡的や一時的という意味のトランジェントは、原発関係者の間では、プラントが変化しているという意味で使われる。吉田は、3号機は、原子炉圧力が急上昇し、急激に変化しているとと伝えたのである。
　免震棟は騒然としていた。
　原子炉圧力はどんどん上昇している。とにかく早く減圧して注水しなければならない。吉田は、SR弁を開いて減圧するとともに消防車による注水を準備するよう指示した。
　3、4号機の中央制御室が行おうとしていた消防用ポンプによる注水の圧力は5気圧前後。これに対して消防車による注水は9気圧前後はあった。圧力は高ければ高いほどいいはずだった。
　さらに吉田は、消防用ポンプによる注水では、水源となる防火水槽の水量に限りがあると考えていた。防火水槽からタービン建屋にのびる配管は、地震の影響で破断している恐れもあった。これに対して、消防車ならば、3号機のタービン建屋の海側にある「逆洗弁ピット」と呼ばれる貯水溝にたまった海水を汲み上げることが可能だった。それは、1号機の消防注水で、

すでに実証済みだった。1号機は、今この時間も、貯水溝にたまる海水を消防車で汲み上げ原子炉に注水しているのだ。マニュアルになく、事故対応に苦しむなかで吉田が編み出した消防車による注水が、今や原子炉を冷やす最後の砦になろうとしていた。

しかし、そのためにも、どこからかバッテリーを開くには、新たに調達したバッテリーを中央制御室に持ち込んで、操作盤に接続するしか道はなかった。

福島第一原発では、全電源喪失を想定していなかったため、予備のバッテリーはどこにも備蓄されていなかった。SR弁を開くには、120ボルトの電圧が必要だった。

吉田は、すでにバッテリーを調達するよう指示をしていた。

ところが、このときまでに福島第一原発に、東京本店や福島第一原発に近い広野火力発電所から届けられていたのは、2ボルトのバッテリーばかりだった。軽いものでも1個10キロあまり。中には140キロの重さのものもあり、重機がないと移動できないため、まったく使えないものもあった。それでも計器類を復活させるために必要な電圧は24ボルトだったため、これまでは2ボルトを12個直列につなぐことで、なんとかしのぐことができた。しかし、SR弁に必要なのは120ボルト。2ボルトのバッテリーでは、60個も直列に接続しなければならない。現実には難しい作業だった。

復旧班長は振り返る。

「バッテリーはなかなか届かなかったですし、届いても、我々のニーズと、本店なり他の発電所で考えていることと、やはり多少ミスマッチしてしまうところがあって、非常に大きいバッテリーが送られてくることが多くて。我々は当然エレベーターも何も動きませんので、これを運んでセットアップするのは至難の業でした」

ユニット所長の福良は、こう答えている。

「バッテリーのどういう仕様のものが必要かっていうのは送った先で考えてもらえればよいということで、とにかく片っ端から送ってくれという状態でした。届いたかどうかも、免震棟の円卓で逐一確認していたわけではないのです。どういうものが現場で使われていたのかさえ、調べるのが難しかったのです」

実は、東京本店は、11日深夜から12日朝にかけて、メーカーに対して、12ボルトのバッテリーを1000個発注していた。しかし、福島第一原発に運び込まれたのは、14日の日中以降だった。最も必要とされた13日の時点で、12ボルトのバッテリーは、原発から50キロ以上も離れた、小名浜コールセンターと呼ばれる石炭備蓄基地にあった。バッテリー以外に、小型のポンプや発電機もここで足止めになっていた。地震や津波による道路の被害や、震災当初の渋滞の影響で、すぐに届けられなかったのだ。さらに支援を阻んだのが、放射線量の壁だった。12日の早朝以降、原発敷地内の放射線量は上昇。福島第一原

所内で収集したバッテリーの確保状況

確保元	確保日	バッテリー仕様	個数
構内企業バスから取り外し	3月11日	12ボルト（車両用）	2
構内企業から収集	3月11日	6ボルト（通信・制御用）	4
東電業務車から取り外し	3月11日	12ボルト（車両用）	3
個人所有車から取り外し	3月13日	12ボルト（車両用）	20

購入によるバッテリーの確保状況

確保元	確保日	確保先	バッテリー仕様	個数
A. 本店手配	3月14日	小名浜コールセンター	12ボルト（車両用）	1000
	3月14日	小名浜コールセンター	12ボルト（車両用）	20
B. 発電所手配	3月13日	発電所（いわき市で購入）	12ボルト（車両用）	8
C. 柏崎刈羽原発手配	3月14日	発電所（柏崎市内で購入）	12ボルト（車両用）	20

※3月14日に本店が手配し、小名浜コールセンターへ納品された1000個は、同日中に約320個が発電所へ、15日にも個数は不明だが発電所へ運び込まれている

自社設備からのバッテリーの確保状況

確保元	確保日	確保先	バッテリー仕様	個数
A. 広野火力発電所	3月12日	発電所	2ボルト	50
B. 川崎火力発電所	3月12日	Jヴィレッジ（16個を13日に発電所へ）	2ボルト	100
C. 東京支店	3月12日	Jヴィレッジ	2ボルト	132
D. 新いわき変電所	3月12日	Jヴィレッジ	2ボルト	52

表：東京電力資料より

　全電源喪失した福島第一原発において特に必要とされた機材はバッテリーだった。バッテリーは計測器の復活や各種冷却系の操作、SR弁やベント弁を開く操作などで用いられる。そのため、本店非常災害対策室においても仕様を限定せず、できる限りのバッテリー収集に動いた。
　バッテリー確保の方法は、所内での収集、購入、自社設備からの流用などがあったが、現場で最も必要とされた12ボルトのバッテリーはなかなか届かず、調達できても輸送手段が確保できずJヴィレッジや小名浜コールセンターなどの物流拠点で足止めになった。そのため、福島第一原発では、所員の自家用車のバッテリーを取り外したり、いわき市内のホームセンターで調達するなど涙ぐましい努力をしたが、もっともバッテリーが必要とされた13日までに確保できた12ボルトのバッテリーはわずかに33個にとどまった

12ボルトバッテリー（写真上）と2ボルトバッテリー（写真左）。SR弁開放のために必要とされたのは12ボルトバッテリーだった。12ボルトバッテリーは、持ち運びが容易で、10個つなげば、SR弁を開けることができる。しかし、バッテリーがもっとも必要とされた13日までに自衛隊によって届けられたのは2ボルトバッテリーだった。2ボルトバッテリーは重いうえに60個も直列に接続する必要があり、ほとんど使われなかった

写真：NHKスペシャル『メルトダウンⅢ 原子炉〝冷却〟の死角』

発の正門付近で計測された放射線量は、12日の午前10時30分の時点で、最大で1時間あたり385マイクロシーベルト、2時間半あまりで、一般の人が1年間で浴びて差しつかえないとされる被ばく限度量の1ミリシーベルトに達する値だった。12日の午前7時半ごろには、原発の放射線量が上昇し、バッテリー輸送のヘリが近づけないことや、午前8時半に到着予定だったヘリが、搭乗していた東電社員が近づくのは危険と判断したことで、引き返したという記録が残っている。

12日の朝からは、放射線に対する防護装備を持った特殊部隊CNBC（中央特殊武器防護隊）も含めて自衛隊の部隊が、給水車などの資材を伴って原発や近くのオフサイトセンターに次々と集結していたのだった。取材に対して自衛隊は、原発への救援物資の運搬や注水などの作業はあくまでも命令に基づいて緊急避難的に行われたもので、もともと事故時に原発の注水を支援するなど、原発敷地内で活動する計画はなかったとしている。

支援態勢を統括した吉澤厚文ユニット所長（52歳）は、次のように振り返っている。

「地域全体がダメージを受けるような事象のなかで、ものを運んでくること一つとっても、運ぶ機材、機材を動かす人、こういうものがすべて組み合わさって初めて現場にものが届くわけです。具体的にどういうところにまだ改善の余地があるのかと

148

事故対応にあたった福島第一原発幹部たち。普段は冷静沈着な吉田所長も1号機の水素爆発以降、連鎖的に発生するトラブル対応で徐々に余裕を失っていく

写真：東京電力

いうことについては、今回の事象を含めていろいろ評価をしていく必要があると思っています」

バッテリー作戦

HPCIが停止して2時間あまりが経過した13日午前5時ごろ、免震棟の円卓では、3号機のバッテリーをどう確保するか、復旧班を中心に議論が続いていた。

福島第一原発に長く勤めてきた叩き上げのベテラン社員から、120ボルトの電圧を作るためには12ボルトのバッテリーを直列に10個並べるのが最も現実的ではないかという声があがった。手作業で配線さえできれば、バッテリーを10個直列にすることは可能なはずだというのだ。古くから発電所の電源機器や計器類と格闘してきた現場に強い社員ならではの発想だった。

これまでにも復旧班は、水位計などの計器類を見るために必要な24ボルトの電圧を作るために、東京電力や協力企業の業務用の車から12ボルトのバッテリーを取り外しては、中央制御室に持ち込んでいた。車のバッテリーは12ボルトだ。構内にある車からバッテリーを外して10個集めるという案が急浮上する。復旧班長が振り返る。

「自分たちの持っている車から10台を出して直列につなげば、もしかしたらいけるかもしれないと。本当に追い詰められたと

3号機爆発まで30時間

ころでひらめいたといいますか。我々が停めていた車からバッテリーを集めようというふうに急遽話がなって、そこからガーッと取り組んだというのが実態かと思います」

復旧班は、免震棟の駐車場に停まっている社員の自家用車のバッテリーを提供してもらうことにした。

午前6時ごろ、免震棟の中に緊迫した声で館内放送が響き渡った。

「社員ならびに協力企業の方で、マイカーのバッテリーを貸していただける方は、復旧班のほうへ集まってください。バッテリーの提供をお願いします」

並行して、復旧班のメンバーが、免震棟や廊下で雑魚寝している社員や協力企業の作業員のもとを訪れ、車のバッテリーを提供してくれないかと次々と声をかけた。

声をかけられた一人はこう振り返っている。

「今、車の鍵を持っている方から、バッテリーをいただきたいので、ちょっと貸してもらえないかと募集をかけていました。事務本館はもう地震の影響で立ち入りが危ないということもあったし、放射線量も相当高くなっているので、免震棟の前に停めている車からバッテリーを抜き取ると言っていっせいにとりにいって、バッテリーをかき集めていました」それで復旧班は、社員や協力企業の作業員たちの自家用車から20個のバッテリーを確保した。

危機脱却への模索

HPCIが停止して3時間あまりが経過した午前6時すぎ。3、4号機の中央制御室の運転員は、もはややるべきことがなかった。120ボルト分のバッテリーがなくては、SR弁を開くことはできない。HPCIを再起動することもできない。

午前6時台には、3号機の原子炉圧力は70気圧程度まで上昇していた。しかし、とるべき対応はなかった。

原子炉の圧力を下げられないまま、いたずらに時間がすぎていく状況を、当時、中央制御室に居合わせた東京電力の社員の一人は次のように証言している。

「運転員たちがぐったりしていた。みんな、なす術がなくじっとしている状態。バッテリーをつないで計器を復旧させ、主任が10分おきに読み上げて指示を記録。それを当直長が発電班にホットラインで伝える。そのくらいのことしかしてなかった」

そのさなかに、免震棟から、車から集めた12ボルトのバッテリーを中央制御室に持ち込み、直列に10個つなげてSR弁を動かすという連絡が入った。中央制御室に希望の灯が灯った。

午前8時すぎ、復旧班のメンバーは、マイカーから集められたバッテリーが運び込まれた。復旧班のメンバーは、全面マスクで顔を覆い、懐中電灯のわずかな灯りを頼りに、細かな配線の接続作業を続けた。手にはゴム手袋を装着していた。とにかく感電が怖かった。

3号機爆発まで29時間

150

SR弁の作動に必要な直流電源を供給するために、12ボルトのバッテリーを10個直列に接続した（写真上）。写真右は、2号機電源室内でのバッテリー接続作業の様子
写真：東京電力

ビニールテープを使ってバッテリーをつないでいくたびに、バチバチと音を立てて火花が散った。120ボルトに近くなるにつれて、バチバチという音はさらに大きくなった。
なんとか10個を直列につなぎ、SR弁の制御盤に接続した。
午前9時過ぎ、免震棟と東京本店を結ぶテレビ会議では、所長の吉田が本店の幹部たちに、3号機の対応を説明していた。
吉田が「もう原子炉はギリギリの状態になっているから、ギリギリすぎているんだけど、水を注入したいということが一番重要なので早めにSR弁を開いて水を注入したいと思っているんだけれど、いかがでしょう」と言った直後だった。
福島第一原発の担当者から急遽報告が入った。
「すいません。ちょっと緊急でよろしいですか？ プラントの情報です。今、減圧されまして炉圧は、70気圧台から50気圧……5気圧までできちゃったので」
SR弁を開くために、自家用車10台のバッテリーをSR弁の制御盤に接続する作業が功を奏したのか、原子炉圧力が急速に下がってきた。
3号機の原子炉圧力は、午前9時10分に4・6気圧。午前9時25分には、3・5気圧まで下がった。減圧に成功したのだ。
吉田がすかさず「OK。注入指示」と声をあげた。消防車による注入開始の指示だった。
すでに消防車は、3号機のタービン建屋近くに待機し、防火水槽の水をホースで汲み上げ、タービン建屋にある送水口に送

原子炉を冷却する消防注水を行うには、SR弁を開放して原子炉圧力容器を減圧する必要があったが、3号機ではバッテリー切れでSR弁を操作できない。苦肉の策として、復旧班、発電所内から自動車用の12ボルトのバッテリーを10個集めて接続し、SR弁を開放する作業に取りかかる

写真：NHKスペシャル『メルトダウンⅡ 連鎖の真相』

東電社員の証言
SR弁を開けるためのケーブルの接続処理も苦労した。ワイヤーストリッパーもない状況で、かなり長い長さのワイヤー端末処理（心線出し）を傷つけないように気をつけながらペンチでやり、10個直列でバッテリーとつけるために行うのは大変な作業。中央制御室は暗く、難しい。ゴム手袋でビニールテープでバッテリーに線を付けるときに、ゴム手袋にべたべたついて大変だった

東電社員の証言
バッテリーをつないでいき、120ボルトくらいになると、バチバチで恐ろしい状態。つないでいく際には火花がバチバチとなった。24ボルトでさえ、手が滑って火花が大きく出てバッテリーの端子が溶けたときもあった
東京電力報告書より

再現ドラマ

り込む準備は整っていた。

福島第一原発の担当者が報告した。

「消防車のポンプによる注入可能ですので、ポンプのほうから只今より注入いたします。プラント情報は随時ご報告します」

本店にいた常務の小森が「まず、それ急いでやってください」と声をかけた。

オフサイトセンターにいる副社長の武藤も「早くやったほうがいい」と発言した。

午前9時25分。消防車による3号機への注水が開始された。HPCIが停止してから6時間半あまりが経っていた。水はタービン建屋の送水口から一本道のラインを通って原子炉へと流れ込み始めた。

中央制御室にも免震棟にも安堵の空気が流れた。

この後、防火水槽の水が枯渇し始めたが、午後1時すぎ、水源を3号機のタービン建屋海側にある貯水溝にたまっている海水に切り替えて、3号機への消防注水は続けられた。消防車による注水は、消防車やホースを移動させて、水源を自由に切り替えることができるのが強みだった。

1号機に続いて3号機も、吉田が編み出した消防注水が原子炉冷却の最後の砦として機能し始めた。3号機の危機はいったん去ったかのように見えた。しかし、この後、3号機は消防注水が継続されても原子炉の状態は決して改善されず、免震棟も東京本店も翻弄されていくことになる。

燃料プールへの懸念

3号機爆発まで27時間

3号機への対応を追われる免震棟では、もう一つ新たな懸案が浮上していた。

3、4号機の中央制御室にバッテリーが持ち込まれ、SR弁の制御盤に接続する作業が進んでいたさなかの13日午前8時すぎ、免震棟と東京本店と結んだテレビ会議で吉田が新たな問題について相談をもちかけていた。

「ちょっとまた別の問題が一点あがってきて、これちょっとうちで対応する余力ないので、なんとかフォローアップしてほしいんだけど」

本店の常務の小森がひきとった。

「言ってください」

吉田が新たな懸案事項を説明した。

「1号機の燃料プール、今むき出しています。そこからですね。ちょっと湯気が出ているという話が出てきていて。プールがあの状態じゃちょっとまずいので、手を打ちたいんだけども、水源もないので知恵が出てこない」

1号機の燃料プールから原子炉建屋上部が崩壊し、むき出しになった1号機の燃料プールから湯気が立ち上っているという報告だった。全電源喪失からすでに1日半が経っていたが、燃料プールも冷却が停止

していたのだ。原子炉建屋最上階の５階にある１号機の燃料プールは、幅12メートル、長さ7・2メートル、深さ11・8メートルあり、およそ1000トンの水の中に、まだ使われていない新しい100体の燃料と、292体の使用済み燃料がおさめられていた。使用済み燃料は熱を帯びている。冷却機能を失ったプールの水は、使用済み燃料によってじわじわと温度を上げ、そこから湯気があがるまでになっていたのだ。このとき初めて、免震棟と東京本店の間で、燃料プールの問題が新たな懸案事項として浮上したのだ。

小森が答えた。

「わかりました。といっても簡単にちょっとあれですけども……ちょっと消防で水を突っ込むっていうのが一つあれか」

吉田が「だけど、場所に近寄れないんで」と改めて、この問題の難しさを確認するように言った。燃料プールはどの号機も原子炉建屋５階にあるが、水素爆発を起こした１号機の原子炉建屋は放射線量が高くて中に入れない。小森も唸るように「近寄れないなあ」と応じた。

小森がさらに言った。

「近寄れないんですよ。だから極端なこと言うと……」

小森が「ヘリコプター」と吉田の言いたいことを先取りした。

吉田が「ヘリか何かで上から水を噴射するとかね」と応じる。

小森は「課題はわかりました。ちょっとこちらで、頭整理して……」ととりあえず問題を先送りしようとしたときだった。やりとりを聞いていたオフサイトセンターにいる担当者が追い打ちをかけるように発言した。

「今の１F１のプールの話は他のプラントの話もみんな同じだと思う。冷却がない状態が続いているのだから。残りの他のプラントについても何か入れる方法がないのか。頭の体操をしなければいけないのでは」

燃料プールは１号機だけではない。冷却機能を失った２号機から４号機でも、同じようにプールの水温が上がっているはずだ。今のうちに対策を考えておかなければ手遅れになるという問題提起だった。

吉田が「おっしゃるとおりだと思う」と同意した直後に、オフサイトセンターにいる担当者は、思わぬ対策を口にした。

「氷をぶちこむ」

プールに氷を入れて冷やすという案だった。本店の担当者も「氷とかドライアイスとか何でもぶちこむ」と同様の意見を言い始めた。

吉田は、１号機の燃料プールは近づけないので氷を入れることは難しいと説明したが、本店やオフサイトセンターにいる担当者から、燃料プールに近づくことができる号機については氷

を入れることは可能ではないかという意見が相次いで出された。

吉田は、最終的に氷を入れる案を受け入れた。

吉田が「OK。氷を手配」と同意したことを受けて、本店の小森が指示を出した。

「本店資材班。氷を調達する必要があるかもしれない。製氷会社から1トンか2トンかわからないが、できる範囲で調達したい。それと、運搬する冷凍車を手配する準備に入ってもらえます？ いつどう運ぶかは現場の状況を見てから」

このとき、真剣に議論された氷を燃料プールに入れるという作戦は、この後、東京本店が製氷業者から3・5トンの氷を手配し、福島第二原発まで空輸することになる。しかし1号機上空の放射線量が高く、ヘリコプターが近づけないことや、上空から氷を投下してもおよそ1000トンあるプールの水を冷やす効果が薄いのではないかという意見が出て、結局、実現しない。吉田が懸念したように、この後、どの号機も原子炉建屋5階にある燃料プールに近づくことが、いかに難しいかということを嫌というほど思い知らされることになる。これが、免震棟と東京本店を長期間苦しめることになる使用済み燃料問題の始まりだった。

このころ、免震棟にいた警備会社幹部の土屋繁男は、メモをとるようになっていた。

作業着の胸のポケットに入っていた手のひらほどのA6サイズのメモ帳に、ボールペンで気がついたことを書き留めていた。

未明から3号機が危機的状況に陥っているのが、傍目にもはっきりとわかり、何かを記録せずにはいられなくなったのだ。

「05 動き慌ただしい。3Uも？」

「3U 損傷まで2時間？」

「09：25 3U 注水＋ホウ酸」

メモ帳に目を落とすと、3号機を意味する3Uという文字がいたるところに記されていた。3号機に異変が続いていることが改めて窺えた。

正午前、免震棟の中で定期的に原子炉の圧力や温度がコールされたときだった。

「4号機の燃料プールの温度78℃です」

「えっ!?」。土屋はそのコールに驚いた。通常、燃料プールの温度は30℃前後のはずだ。なぜこんなに上がっているのか。そ れも4号機。4号機の原子炉は定期検査で動いていなかったはずだ。

使用済み燃料の問題は刻々とその深刻さを増してきていた。定期検査中で原子炉の中のシュラウドと呼ばれる装置の交換工事をしていた4号機は、原子炉のすべての燃料を燃料プールに移動させていたため、各号機の中で最も多い1331体の使用済み燃料がおさめられていた。冷却が止まった4号機のプール

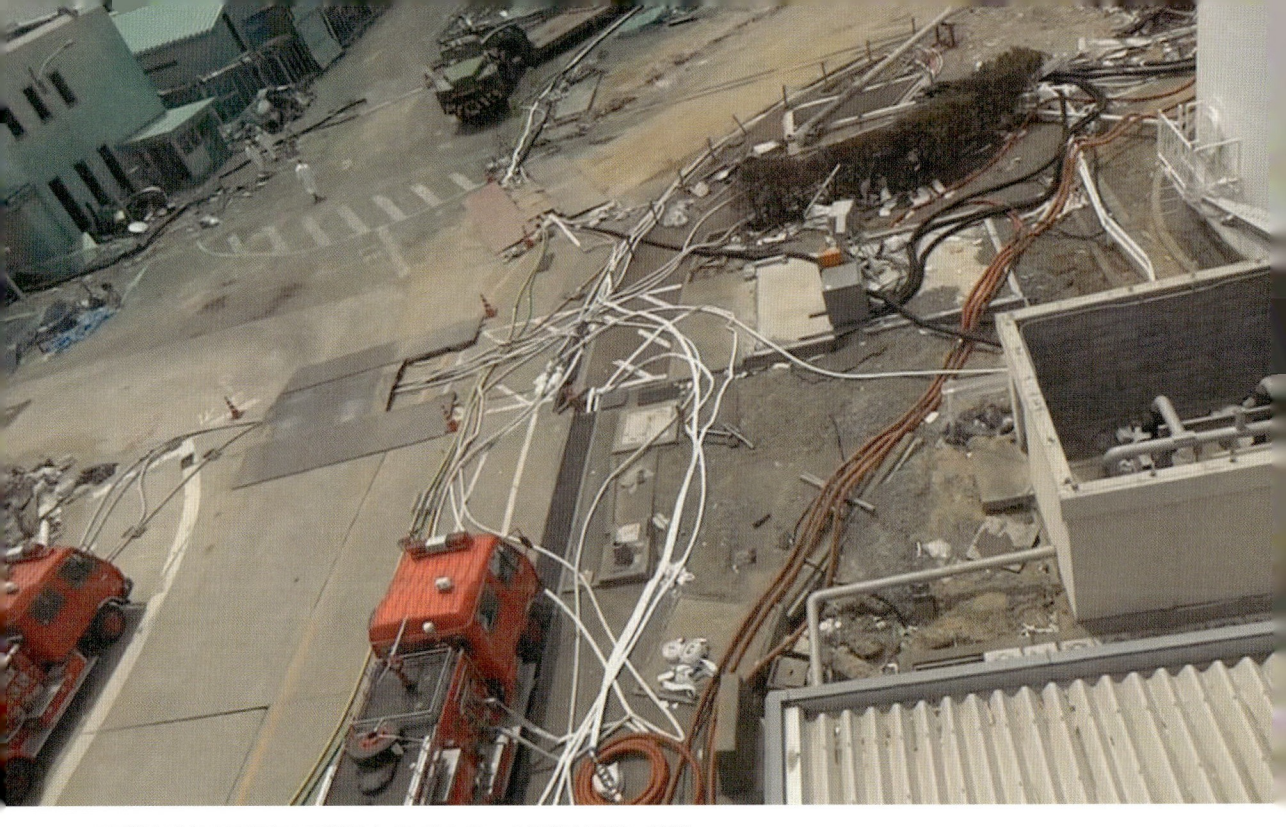

3号機を冷却する既存の手段はすべて失われ、1号機と同様、前例のない消防車による注水作業をぶっつけ本番で行うことになった

写真：NHKスペシャル『メルトダウンIII 原子炉〝冷却〟の死角』

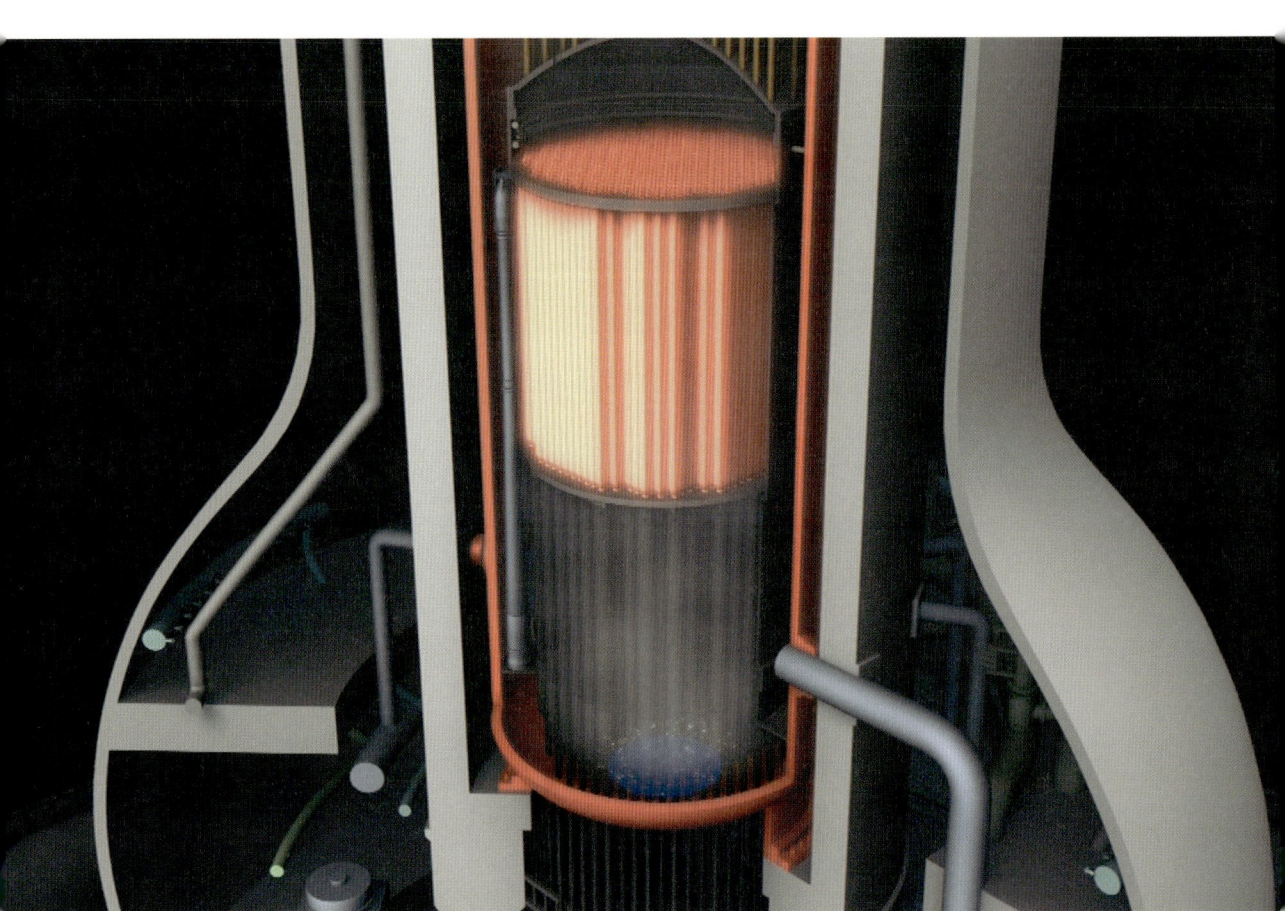

3号機原子炉では、高圧注水系による冷却から消火ポンプによる注水システムへの切り替えに失敗し、6時間半近く注水が中断したことで、原子炉が過熱して大量の水素が発生した

CG：NHKスペシャル『メルトダウンIII 原子炉〝冷却〟の死角』

は、熱を帯びた燃料によって、どの号機より早く温度が上昇していたのである。

1号機の燃料プールから湯気が上がっているという報告を受け、免震棟では、まずは使用済み燃料が最も多い4号機の燃料プールの温度を確認しようと、3、4号機の中央制御室で、水温計の計器盤に持ち込んだバッテリーを接続して、プールの水温計を復活させようと試みたのだ。その結果、13日午前11時50分の時点ですでに温度は78℃に達していたのである。通常30℃ほどの水温が、全電源喪失で冷却装置が停止し44時間あまり経過する間に40℃以上も上昇していたのである。

13日の朝方、免震棟と東京本店の間で、冷却が止まった1号機から4号機の燃料プールの水温が上昇していることへの対応を一度協議し、製氷会社に氷を発注する対策も東京で進んでいるはずだったが、それ以上の対応は行う余裕がなかった。まずは3号機の対応が先だった。電源復旧が遠のいた今、即座に有効な手を打つことはできない。燃料プールの温度上昇は当面見守るしかなかった。

危機が新たな号機へと静かに連鎖していた。

「11:50 4Uの燃料プール78℃に上がっている?」

新たな記述をメモ帳に書き留めながら、土屋は、胸がざわつくのを抑えられなかった。

午後1時半になって、総務班からようやく朝昼兼用の食事が配付された。この日は、クラッカー1袋と牛肉の缶詰が1個だった。そして、2リットルのミネラルウォーター入りのペットボトルが1本渡された。これで1日のすべてを賄わなければならない。水は全員1日2リットルと決められていた。

土屋は血圧が高い傾向があり、薬も服用し、医師から水分を十分とるように言われていた。水分不足が心配だったため、総務班にもう少し水をもらえないかと尋ねたが、水が足りないと拒まれた。水不足のため水洗トイレも使えなくなっていた。トイレは1階奥に簡易トイレを設置し、そこで用を足していた。

事故から3日目となり、円卓周辺では、担当する席で机に突っ伏して仮眠をとる社員が目立ってきた。協力企業の社員が、対策室周辺の廊下や空き部屋で体を横にして仮眠をとる姿も目についてきた。誰もが疲労の色を濃くしていた。円卓中央の吉田が苛立って声を荒げる場面も出てきた。質問したことに、担当する幹部が答えられないと「ちゃんと把握するんだよ!」「これぐらいちゃんとやってくれよ!」と叱責していた。

ホワイトボードに描かれた系統図を担当者が説明しようとしたとき、系統図が遠くて見えなかったのか、「そこじゃあ、見えないだろ!」といらついた声で、怒鳴ることもあった。

あの冷静な吉田が、落ち着きを失っている。土屋には免震棟が統制を失いかねない状態になっているように見えた。不安は募るばかりだった。

忍び寄る水素爆発

3号機爆発まで25時間20分

3号機への注水が再開した直後の13日午前9時40分すぎ。免震棟と東京本店を結んだテレビ会議で、所長の吉田が口を開いた。

「水素がきのうの原因かははっきりわからないけど、1号機のような爆発を引き起こさないようにするのが非常に重要なポイントだと思います。本店も含めて知恵を出してほしいんです」

吉田以下、免震棟の幹部は、1号機の水素爆発を受けて、3号機の水素爆発をどう防ぐかが喫緊の課題だと考えていた。ひとたび水素爆発が起きると連鎖的に事態が悪化することを、吉田ら免震棟の幹部は嫌というほど思い知らされていた。1号機の水素爆発によって、一昼夜にわたる電源復旧の懸命の作業は、水泡に帰してしまった。もはや各号機の電源復旧は、はるか先へと遠のいた。1号機に続いて3号機もメルトダウンにいたり、水素爆発を起こしてしまったら、取り返しのつかないことになる。なんとしてもそれは避けなければならなかった。

吉田のこの発言以降、この日のテレビ会議では断続的に水素爆発対策が検討される。最初に本店から提案されたのは、ブローアウトパネルと呼ばれる原子炉建屋の壁に取り付けられたパネルを開放するという案だった。しかし、免震棟の復旧班は、放射線量が上昇している原子炉建屋に近づいて作業することは安全上難しいと回答する。

テレビ会議で、今度は復旧班から新たな案が提示される。

「ブローアウトパネルは無理なので、上のほうから天井、ヘリコプターで来て、何か突き破らせる。そちらのほうも選択する余地もあるかと思いますヘリコプターから物を落下させることで穴を開けるという案」

すぐに本店から疑問の声があがる。

「本店でも同じ意見ありましたけど、結局、火花が出て引火して爆発しても同じじゃないかと、それ心配しています」

最大の懸念は、何らかの方法で建屋に穴を開ける際に火花が出て水素に引火することだった。有効な対策が見いだせないまま時間ばかりが経っていった。

午後2時31分。3号機の原子炉建屋の二重扉の内側で、1時間あたり300ミリシーベルト程度の高い放射線量が測定された。燃料が損傷し、放射性物質が放出されている可能性が濃厚だった。消防車による注水は続いていたが、原子炉が悪化していく事態を食い止めることができているのか疑問符がつく状況だった。

吉田は、1号機と同様に3号機でも水素爆発が起きる可能性があると考え、午後2時45分に中央制御室の一部の運転員と屋外の作業員をいったん退避させる指示を出す。午後3時28分には、3、4号機の中央制御室で3号機側の放

ブローアウトパネルを取り外した状態　　　　　　　　　　　　　　　　写真：東京電力

射線量が高くなり、運転員が3号機側を避けて4号機側に集まる事態になった。早く対策をとらなければならなかった。

午後3時47分、本店とのテレビ会議で、吉田は待ちかねたように本店に尋ねた。

「それで今、対策のほうはどんな状況なの？」

本店の担当者が答える。

「原子炉建屋の給気ファンがタービン建屋にあるから、そこに電源をつないで、そこから強制的に送り込むことで水素をパージ（排出）する。なかなか決め手という案はないですけれど、今、それで進めています」

建屋にある換気装置を動かして空気を送り込み、水素を追い出すという新たな提案だった。しかし、換気装置を動かすためには、電源が必要だ。

吉田が苛立ったような声を出した。

「ちょっとそれをやるにしても、すぐにできるぐらいじゃないと。電源車はあるのかな？」

「ちょっとなかなか時間がかかりそうですね」

頼りなさそうな本店の回答に、吉田は、我慢できなくなったように語気を荒らげた。

「時間がかかりそう？　こんな悠長なことでいいのかということだよな。他に手はないのか？」

しかし、有効な答えはない。結局、この案も電源車からケーブルを接続するだけで5時間がかかるうえ、作業に危険が伴う

3号機冷却のために大量の海水が原子炉に注水されたが、目に見える効果はなかなか現れなかった

写真：NHKスペシャル『メルトダウンⅢ 原子炉〝冷却〟の死角』

ことから、断念することになる。再び、ブローアウトパネルを開放する案が検討されたが、3号機に足場を組むのに時間がかかることがわかり、現実的ではないという結論になった。

深夜まで断続的に続く議論のなかで、「ウォータージェット」と呼ばれる装置を使うことが急浮上する。「ウォータージェット」は高圧の水で壁に穴を開ける装置で、引火の心配がなかった。しかし、「ウォータージェット」を所持している企業は少ない。日付が変わった14日の午前0時すぎ、本店は装置を所持する会社をようやく見つけ、「ウォータージェット」を発注した。「ウォータージェット」は、14日の午前中には、福島県いわき市にあるこの会社の工場に搬送される見通しになった。その後、福島第一原発から50キロ以上南にある小名浜コールセンターと呼ばれる石炭備蓄基地を経由して、福島第一原発に納入されることになった。HPCIが停止して22時間が経ち、ようやく水素爆発を防ぐ具体策が動き出した。

水素爆発の危機

3号機爆発まで11時間

水素爆発を防ぐ具体策が動き出した14日午前0時すぎ。このころから3号機の格納容器の圧力が上昇してくる。午前0時に2・4気圧だった格納容器の圧力は、午前5時には3・6気圧、

161

午前6時20分には4・7気圧と、通常の4倍以上に達した。メルトダウンした燃料が放出する放射性物質を含む水蒸気が、原子炉から格納容器に抜けて、圧力を上昇させていたとみられる。

事故後の解析、NHK取材班が専門家と解析した原子炉のシミュレーションでは、3号機は、HPCIの動きが不安定になっていた3月13日午前0時8分の時点で、すでに水位は燃料の先端に達していたと推定されている。その後、消防注水が開始された13日午前9時25分の1時間19分後の午前10時44分には、燃料の温度が1200℃を超えて、燃料の損傷が開始。燃料を覆う金属のジルコニウムが熱によって劣化し、水との化学反応で大量の水素が発生し始めたと推測されている。

3号機では、注水が再開された以降も、メルトダウンを食い止めることはできず、高温になった燃料と水が化学反応して大量の水素が発生し続け、原子炉建屋に充満していったとみられているのだ（消防注水がなぜメルトダウンを止められなかったかについては第8章で検証する）。

14日午前6時30分ごろ、吉田は、水素爆発の可能性があるとして、現場で復旧作業にあたっていた作業員に再び退避するよう指示する。

しかし、この後、オフサイトセンターにいた東京電力の原子力部門トップ・副社長の武藤がテレビ会議を通じて吉田に語りかけた。

「吉田さん。少しここ落ち着いているようなので、現場の作業をどうするかってことも含めて、もう一回ちょっと考えませんか？」

現場の復旧作業を再開することも考えなければならないのではないか。武藤の問いかけだった。

このころ、消防注水の水源となっていた3号機のタービン建屋海側の貯水溝にたまっていた海水が、いよいよ残り少なくなっていた。このため、貯水溝から200メートルほど北にある原発の専用港から消防車で海水を汲み上げ、別の消防車を経由して長々とホースをつないで、貯水溝に補給するラインを作る必要に迫られていた。3号機の原子炉を冷却する最後の砦となっている消防注水をなんとしても続けなければならないのもまた事実だった。

自分の上司である武藤に対し、言葉を選びながら吉田は、苦渋に満ちた声で答えた。

「はい。ただ、格納容器のあれはともかくとして、1号のような可能性は十分ありますので、この格納容器圧力ということは、水素の発生、そういう意味で、放射能というよりも、危険作業という意味で言えば、ヤード（現場敷地）に人を配するというのは、きわめて難しいと思うのですけど」

吉田は、水素爆発の可能性が捨てきれないなかで、作業を行うことの危険性を訴えた。

上昇を続けていた格納容器の圧力は午前7時ごろにやや下が

第5章 忍び寄る連鎖

り、その後5気圧前後で安定的に推移し始めた。免震棟と東京本店はテレビ会議で協議し、消防注水を続けるために海水補給ラインを作る作業を急ぐ必要があることから、午前7時35分ごろ、退避指示を解除した。免震棟から再び復旧班の社員や消防車を運用する南明興産の社員たちが3号機に向かった。3号機の周辺で、消防注水の命綱ともいえる海水を補給するラインを作る作業が再開された。

しかし、このおよそ3時間後、メルトダウンへと突き進む3号機の原子炉の中で放たれている膨大な核のエネルギーが、巨大な破壊力をもって福島第一原発に牙をむく。吉田が最も恐れる事態が現実のものとなって襲いかかってくることになる。

海側エリアに延々と延びるホース　　　　　　　　　　　　　　　　　　　　　　　写真：東京電力

津波と水素爆発で吹き飛ばされた自動車　　　　　　　　　　　　　　　　　　　写真：東京電力

第6章 加速する連鎖

水素爆発を起こした3号機
写真：東京電力

東電社員の証言
3号機の爆発のときは2号機の松の廊下（原子炉建屋とタービン建屋をつなぐ通路）にいた。すさまじい爆発音とともに、埃が舞って真っ白になった。乗ってきた協力企業の車が吹っ飛んでいたので、本当に恐怖だった

東京電力報告書より

4号機高線量の謎

3号機爆発まで2時間

福島第一原発に出されていた退避命令が解除されて1時間半が経った14日午前9時すぎ。5人の男がトラックに乗って4号機に向けて出発した。4号機の使用済み燃料を保管するプールの水温の上昇を抑えるためだった。燃料プールの温度は、通常30℃前後だ。それが、13日午前11時50分に78℃まで上昇し、14日午前4時8分には、84℃まで上がっていた。

4号機は、シュラウドと呼ばれる原子炉の中にある巨大な構造物の交換工事が行われていたため、原子炉からすべての燃料を取り出し、プールに入れていた。プールにおさめられていたのは、使用済み燃料が1331体、まだ使っていない新しい燃料が204体、あわせて1535体あった。その数は2号機や3号機の3倍近くに上った。使用済み燃料は、熱を帯びている。免震棟の技術班が解析した発熱量は、4号機の場合、226万ワットに上ると推定されていた。家庭で使われる炬燵は、およそ600ワット。換算すると、4号機の使用済み燃料は、炬燵3800台近くに上る発熱量を持っていた。熱を帯びた使用済み燃料の発熱によって、プールの水温は、じわじわと上がり、全電源喪失から60時間あまりの間に、およそ50℃も上昇していたのだ。

トラックの荷台には、発電機2台とポンプ2台が積まれてい

た。5人は、4号機の燃料プールと接している交換機器の貯蔵用のプールに満たされている水をポンプで汲み上げて、燃料プールに注ぐよう指示されていた。4号機の燃料プールは、幅12・2メートル、長さ9・9メートル、深さ11・8メートル。その中に、およそ1400トンの水が満たされていた。

この燃料プールの隣には、プールゲートと呼ばれる仕切り板に区切られて原子炉ウェルと呼ばれる円筒型のプールがあった。さらにその隣に機器貯蔵プールが接している。原子炉ウェルは、直径11メートル、深さ7・6メートル。機器貯蔵プールは、幅6メートル、長さ15・5メートル、深さ7・6メートルあった。通常は、水が入っていないこのスペースに、このときは、燃料プールとほぼ同じ1400トンもの水が満たされていた。定期検査中だったからである。原発は、定期検査の際、原子炉ウェルや機器貯蔵プールにも水が満たされる。その中に交換用の機器をおさめるためだ。

このことに目をつけた免震棟は、燃料プールから最も離れた機器貯蔵プールの水なら、水温が低いとみられるため、燃料を冷やすのに有効ではないかと考え、ポンプで汲み上げて、燃料プールに注ぐことを考えたのだ。しかし、仕切り板で区切られているとはいえ、燃料プールの水と接している水を冷却用に使うのは、まったくの対症療法である。苦肉の策といえたが、他に対策がなかったのだ。本格的に燃料プールを冷却するためは、原子炉の注水と同じように消防車を使って、海水を注入す

4号機使用済燃料プール周辺の状況

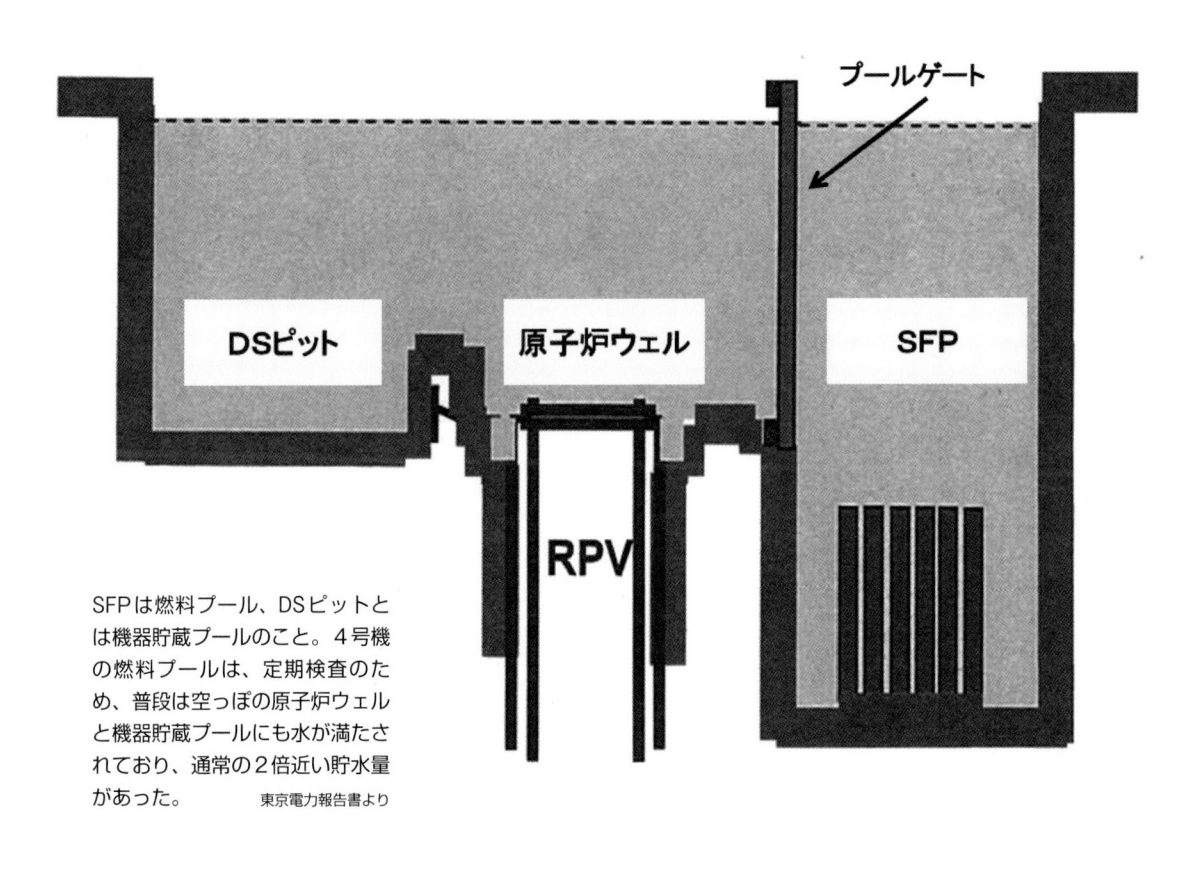

プールゲート

DSピット　原子炉ウェル　SFP

RPV

SFPは燃料プール、DSピットとは機器貯蔵プールのこと。4号機の燃料プールは、定期検査のため、普段は空っぽの原子炉ウェルと機器貯蔵プールにも水が満たされており、通常の2倍近い貯水量があった。
東京電力報告書より

　る必要があったが、原発にある消防車は1号機から3号炉を冷やすのに使われていたため、4号機プールの冷却用には残されていなかった。
　「仕方がない」4号機に向かう作業員の一人は、そう思っていた。4号機の燃料プールの水温が異常上昇しているとはいえ、原子炉が冷却できない1号機から3号機の危機に比べると、危機対応の優先順位は、一段低くならざるを得なかった。点検のため運転停止中の4号機原子炉には燃料はなく、メルトダウンの恐れがないのだ。車に積まれた発電機2台とポンプ2台を見つめながら「この機材が、今、免震棟が出すことができる最大限なのだ」と自分を納得させていた。
　全面マスクをかぶり、防護服に身を包んだ5人は、4号機に到着すると、事前の計画どおりタービン建屋の入り口から原子炉建屋へと向かった。燃料プールは原子炉建屋最上階の5階にある。二重扉から原子炉建屋1階に入り、階段を上って5階へと進む予定だった。5人のポケット線量計は、8ミリシーベルトを超えるとまずアラームが鳴るようにセットされていた。その後は、4ミリシーベルトを超えるごとにアラームが鳴り、最大80ミリシーベルトまで計測できるよう設定されていた。作業は線量との闘いだったが、原子炉に燃料がない4号機は、メルトダウンの危機にある他の号機に比べ、放射線量は、それほど高くないと想定していた。
　しかし、5人が二重扉を開けた途端、すぐに最初のアラーム

167

東電社員の証言
　1号機爆発により3、4号中央制御室の線量が急上昇。当初1号機の原子炉建屋内の水素が爆発したものと認識しており、なぜ屋外の線量が上がるのかよく分からなかった。通信手段が当直長席のホットラインのみで、中央制御室の状況や情報がほとんど分からず、とても不安だった
東京電力報告書より

湯気を立てる福島第一原発4号機原子炉建屋5階使用済みの燃料プール
写真：東京電力

東京電力福島第二原発4号機の原子炉から取り出され、使用済み核燃料プールに移される燃料集合体　写真：共同通信社

が鳴った。

作業員は「えっ？」と思った。なぜ、こんなに放射線量が高いのか。4号機は原子炉が動いていないはずだ。いくら燃料プールの水温が高いといっても、100℃もいっていない。燃料が溶けて放射性物質が発生するような高温では、とてもない。4号機で放射線量があがる理由がわからなかった。しかし、1分も経たないうちに、さらに次のアラームが鳴った。5人は足を止めざるを得なかった。プールの水に高い放射性物質が含まれているはずはない。原因不明の高い放射線量の中で作業はとてもできない。撤退せざるを得なくなった。5人は、トラックで運んできた発電機やポンプなどの機材を建屋の脇に置き、再びトラックに乗って、免震棟に向かった。プールの水温上昇を防ぐための対策は、何一つ打てないままの撤退だった。

作業員の一人は、後の取材に「普段ではあり得ない高い線量を計測したことに衝撃を受けた。しかし、なぜ高いのか理由がさっぱりわからなかった。4号機の燃料プールを見つめてきた我々からみても思い当たる節がまったくなかった」と振り返っている。

4号機の中が高い放射線量にある理由は、重大な危機が4号機に連鎖していることを示す重要な兆しだった。しかし、この時点で、その理由について、免震棟も東京本店も誰一人として気がつく者はいなかった。

2号機消防注水の危機

3号機爆発まで約1時間

14日午前10時すぎ。2号機のタービン建屋の近くでは、東京電力と南明興産の社員たちが作業を続けていた。2号機の原子炉を冷却する消防車による注水に向けた準備作業だった。

2号機は、津波ですべての電源が失われる直前に起動したRCICと呼ばれる冷却システムによって、事故から4日目となったこの時点でも原子炉への注水が続けられていた。しかし、バッテリーがなくRCICを制御できないため、注水量が不安定になって、いつ停止してもおかしくない状態だった。このため、2号機でも、RCICが機能しなくなる前に、1号機や3号機と同様に消防車による注水に切り替える必要があったのだ。

このころ、1号機や3号機に注水するための水源が少なくなってきていた。水源は、3号機のタービン建屋海側にある逆洗弁ピットと呼ばれる貯水溝にたまっていた海水だった。汲み上げているうちに、いよいよ底をついてきたのだ。

このため、東京電力は、貯水溝から200メートルほど北にある原発の専用港から消防車のポンプによって水を汲み上げ、さらにもう1台の消防車を経由して長々と接続された消火ホースによって貯水溝に海水を注ごうとしていた。そして、その貯水溝からすでに配備されている消防車によって1号機から3号

水素爆発を起こして、白煙を上げる福島第一原発3号機
写真：福島中央テレビ

機の原子炉に注水する計画だった。

午前5時ごろに千葉と横浜の火力発電所から到着した消防車が、専用港のすぐ近くに、専用港と貯水溝の中間地点にそれぞれ配備され、作業員たちは海と原発を結ぶ200メートルあまりの注水ラインを作る作業にあたっていた。

そのさなかの午前11時1分だった。すさまじい爆発音があたり一面に響いた。耳元で風船が割れたようなバンという轟音だった。空が真っ白になり、次の瞬間、ガラガラとコンクリートの破片のようなものが空から降ってきた。

作業員たちは死にものぐるいで消防車や建物の陰に隠れた。気がつくと、2号機と3号機の間は大量の瓦礫で覆われていた。

もはや車は動かせない状態だった。作業していた者は互いに助け合いながら降り積もった瓦礫の上を歩いて免震棟へと避難を始めた。

電源復旧作業のため、2号機のタービン建屋の中にいた日立グループの福島第一原発事務所長の河合秀郎も爆発音とともに激しい振動に見舞われた。その直後、何かが次々と地面に落ちたような衝撃音が響き渡った。

河合が、タービン建屋の搬入口から顔を出して見ると、あたり一面が瓦礫で覆われ、周囲は舞い上がった埃で真っ白になり、何も見えなかった。

河合は電源ケーブルを敷設しようと同僚や東京電力の社員ら

東電社員の証言
この先どうなるんだろうと途方にくれるなか、突然「ドガーン」とものすごい音とともに天井のルーバーが外れ中ぶらりんとなり直感的に「あっ、格納容器が爆発した」と思った。さらに「死」も頭をよぎった。誰かがとっさに線量計をかざし指示値を確認していたが、大きな変動がなく「あれ上がっていない」と思った。「大丈夫かな」「中央制御室の天井はそんなに頑丈にできてないよな」「早く非常扉を閉めて養生し外気が入らないように」など、（みんな）瞬時に何がおきたのか分からなかった

東京電力報告書より

水蒸気を上げる３号機原子炉建屋
写真：東京電力

水素爆発で激しく損壊した３号機原子炉建屋
写真：東京電力

第6章　加速する連鎖

免震棟に続々と作業員たちが戻ってくる。40人といわれた行方不明者の数は、徐々に減っていった。

結局、消防注水の準備作業をしていた自衛隊員のあわせて11人が、吹き飛んできた瓦礫が体にあたってけがをしていた。幸いにも、いずれもけがの程度は軽かった。

しかし、安心している暇はなかった。

1号機の水素爆発から43時間あまり。さらなるメルトダウンを食い止めようと、現場は懸命の作業を続けてきたが、3号機は爆発した。この後、つるべ落としのように事態は悪化していく。1号機、3号機に続いて、2号機にもメルトダウンの危機が迫ってきたのだ。

3号機の爆発からおよそ1時間半が経過した午後0時30分ごろ、2号機の原子炉水位の低下が続いているRCICによる注水が減ってきたのだ。事故後、奇跡的に続いていたRCICが何らかの原因で機能を失い始めている。

免震棟の幹部は、RCICが停止するのは時間の問題だと考えた。

技術班は、午後4時ごろに水位は燃料の先端に到達するという予測をはじき出した。このままでは、あと3時間半ほどで2号機もメルトダウンにいたってしまう。なんとか原子炉を冷却しなければならない。その方法は、今や一つしか残されていなかった。それは、消防車による注水だった。ところが、3号機の爆発の影響で、消防車やホースの状態を確かめ、今や誰かが現場にいって、その注水に向けた作業は止まったままだ。最後に残された命綱ともいえる200メートルにわたる注水ラインを作らなければならない。

吉田がマイクで呼びかけた。

「本当に申し訳ないが、もう一度頑張ってほしい」

現場にもう一度行ってほしいという懇願だった。

免震棟に戻ってきた作業員たちに、動揺が走った。1号機、3号機と2号機と2度にわたる爆発を経験していた。2号機もいつ爆発するかわからない。今回、たまたま無事に戻ることができても、次はどうなるか、もはやわからなかった。

復旧班長が「いける者はいないか？」と声をかける。作業員の誰もが顔を強ばらせた。

そのときだった。それまで免震棟で指揮をとっていた副班長が手をあげた。

「自分がいきます」

躊躇はなかった。これまで部下や協力企業の社員が現場にいって、自分が前面に出ていないことに負い目もあった。副班長が振り返る。

「恐怖心はありました。けど、やらなければならないから。これ以上状況を悪くす

円卓中央に陣取る所長の吉田は、立ち上がって、本店に怒鳴っていた。

「本店、本店、大変です、大変です。3号機、爆発が起こりました。11時1分です。免震棟ではわからないんですが、地震のような後揺れが来て、地震とは明らかに違う揺れが来て、免震棟ではわからないんですが、地震のような後揺れが来て、それを確認して、多分これは1号機と同じ爆発だと思います」

3号機の水素爆発だった。

吉田が医療班に大声で指示を出していた。

「負傷者が必ず出てくるのでその受け入れを確認して！」

各班とも安否確認を急ぐが、現場の作業員と連絡がとれない。

情報を集約する総務班のコールが響いた。

「今、40人くらいが行方不明。現状でわかっているのは、1名が脇腹を押さえてうずくまっている。他は見あたりません！」

40人が行方不明。免震棟は殺気立った。

消防注水の準備作業の指揮をしていた復旧班では、副班長が必死になって部下と連絡をとっていた。しかし、PHSもトランシーバーもつながらない。焦燥感にかられた。とにかく無事で帰ってきてほしい。ひたすらPHSにむかって部下たちの名前を呼び続け、30分がすぎたころだったろうか。部下たちが免震棟に戻ってきた。一人も欠けずに全員が戻ってきたことがわかると、副班長は思わず大きく息をはいた。

20数人で作業をしていた。爆発のほんの10数分前に、ケーブルの端末の接続作業のため、建屋に入ったばかりだった。建屋のすぐ近くでは、自分たちが乗ってきた車が、瓦礫でぺしゃんこになっていた。

「もし外にいたら」

河合は身震いした。20数人が全員死んでいただろう。危機一髪だった。

一緒にいた東京電力の放射線管理員が、周辺の放射線量を測り、「山のほうに逃げましょう」と呼びかけてきた。同僚とともに山に向かって駆け出し、あたりを見渡すと、現場にいた自衛隊員や東京電力の社員たちも、道路に積もった瓦礫をかき分けるように山に向かって走り出していた。

途中、キーがかかったままのトラックを同僚が見つけ、若い自衛隊員に運転を頼んで、けが人を乗せ、免震棟に向かってただひたすら逃げた。

河合はこう振り返る。

「2つの意味で、『ああ、終わったな』と思った。『これ以上仕事ができない』という意味と、もしかしたら『死んでしまうかもしれない』という思いがあった」

同じころ、免震棟も激しい爆発音とともに強い縦揺れが襲った。誰もがすぐに水素爆発の再来だと感じた。ついに来るべきものが来た。

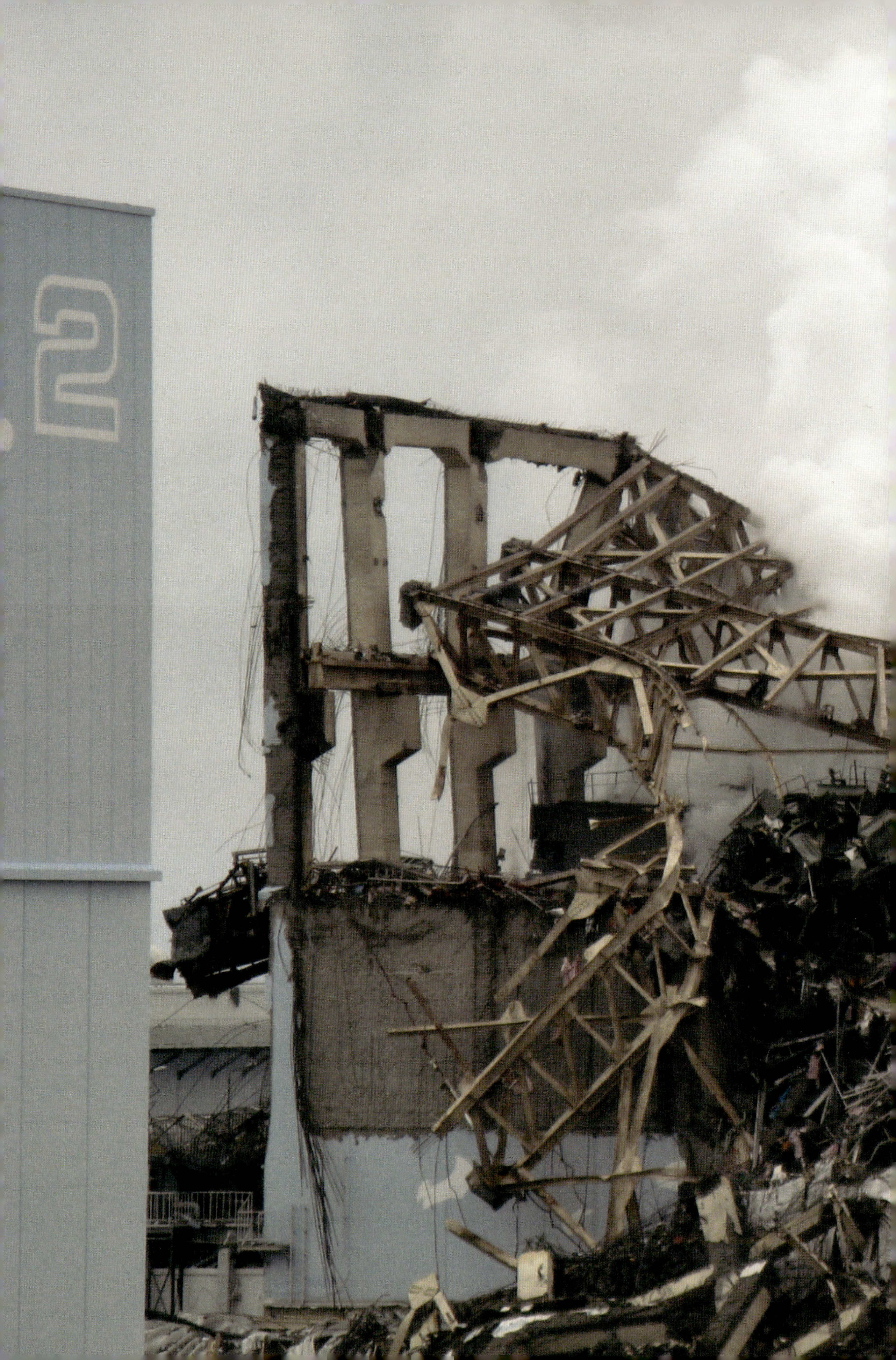
2

東電社員の証言
　1号機水素爆発後にケーブルを引きなおしたが、3号機で水素爆発がおこった。メンバーは走って免震棟の緊急時対策室に戻ってきた。作業員はパニックだった

東京電力報告書より

ることはできない。とにかくいこうとすぐ手をあげました」

副班長は、消防車による注水の重要性が痛いほどわかっていた。1号機のIC、2号機のRCIC、3号機のHPCI。いずれの冷却装置ももはや動かない。原子炉を冷やすには消防車による注水しかないのだ。消防注水は、事故が起きた11日夕方に吉田が思いつき、各班に指示を出した対策だった。

11日深夜から1号機近くに消防車を配置し、作業員が苦労に苦労を重ねてポンプやホースを移動し、ようやく原子炉に届く配管にホースを接続した。1号機の水素爆発で、いったんは作業が中断したが、すぐに作業を再開し、海水を注入することに成功したのだ。

その後、HPCIが停止した3号機も消防注水に切り替え、2号機も切り替えようとしていた。他の冷却手段が、ことごとく潰えた今、消防注水は最後に残った砦なのだ。

その砦が、3号機の爆発によって使えなくなっている。作業の指揮にあたってきた自分こそ、現場にいって守らなければならない。

気がつくと、復旧班の同僚と自分の部下も手をあげていた。

音のない世界

4号機爆発まで約17時間

午後1時すぎ、副班長は、志願した仲間と一緒に免震棟を出た。防護服を着込んで、全面マスクをかぶって、外に出た瞬間、変わりはてた光景が目の前に広がった。毎日通っていた事務所館は、窓ガラスが吹き飛び、壁が崩れ落ちていた。駐車場では何台もの乗用車がひっくり返り、道路は至る所で陥没し、巨大なタンクが流れ着いていた。しばらくして、その理由に気がつい妙に現実感がなかった。

音がない。そうか。電源がないので、音がまったくしないのだ。全面マスクをしているので、余計に何も聞こえない。昼間なのにやけに静かだ。いつもは、原発構内を歩くと、何らかの音が耳に入った。行き交う車両のエンジン音、工事に伴う音響、それに作業員の話し声。しかし、今、音はまったく聞こえない。音がないことが現実感を失わせているのだ。

その音のない世界の中で1号機と3号機が無残な姿をさらしていた。原子炉建屋の上半分が吹き飛び、ぐにゃりと曲がった鉄骨がむき出しになっている。あたり一面に爆発で吹き飛んできた瓦礫やコンクリートの破片が散乱していた。

ふいに思った。まるで戦場のようだ。そこらじゅうが壊れている。原子炉建屋が空爆されたら、こんな状況になるのではないか。自分は、今、戦場に立っているのではないか。

3号機タービン建屋近くにある貯水溝の周りに配備されていた福島第一原発や柏崎刈羽原発から派遣されていた3台の消防車は、いずれも停止していた。長くのびたホースの上には、至

第6章　加速する連鎖

る所に瓦礫が重なり落ちて破損していた。とても使える状態ではなかった。さらに、注水用の水瓶となっていた貯水溝の中にも瓦礫が降り積もり、海水がほとんどなくなっていた。もはやここから注水はできなかった。

幸いにも、専用港近くで海水を汲み上げていた千葉火力発電所の消防車と、貯水溝との中間地点に配備していた南横浜火力発電所の消防車は3号機から離れていたため、瓦礫の被害を免れていた。

副班長らは、無事だった千葉火力発電所の消防車で専用港から汲み上げた海水を、南横浜火力発電所の消防車を経由して2号機と3号機に送り込むことにした。専用港からホースを2号機と3号機に送り込む200メートルあまりのばし、2号機と3号機のタービン建屋にある消火用送水口に直接接続すれば可能だった。

瓦礫を除去しながら使えるホースを接続する作業が繰り返し行われた。作業を始めておよそ2時間半。専用港の海水を直接2号機と3号機に送り込む200メートルあまりの注水ラインが完成した。午後3時30分、副班長らは、消防車を起動させた。2号機の原子炉圧力を減圧すれば、消防車のポンプを動かし、注水できる態勢が整えられた。

副班長が携帯していた線量計は、作業開始から累積で40ミリシーベルトを超えていることを示していた。放射能を帯びた瓦礫が放出する高い放射線量にさらされ続けた結果だった。しかし、屋外での作業を続けるうちに、副班長の胸の中に、高い放

射線よりも恐ろしさを感じるものが現れていた。

それは、目の前にそびえ立つ2号機だった。

2号機は、原子炉建屋の壁についているブローアウトパネルが外れ、白い蒸気のようなものが立ち上っている他は、爆発した1号機や3号機と違って、事故前とさほど変わらない姿のまま、そこにたっていた。

その姿が目に入るたびに、爆発するのではないかという不安にさいなまれるようになっていった。副班長は作業中、次第に、2号機が爆発したら、どうすべきか真剣に考えるようになっていた。2号機が爆発したら、止まったままの消防車に飛び移って、そこに隠れる。今爆発したら、物陰から物陰にダッシュして走る。今爆発したら……。

副班長は振り返る。

「壊れていない2号機が不気味でした。線量は線量計を持っているので、ある意味コントロールできる。しかし、爆発となると、いつどこで、どうなるかわからない。その恐怖感ですね。そして記憶としては音がない。気持ち悪いほどに。それが本当に怖かった」

2号機のジレンマ

2号機への注水ラインが整った午後3時半すぎ。免震棟はジレンマに陥っていた。

4号機爆発まで14時間44分

179

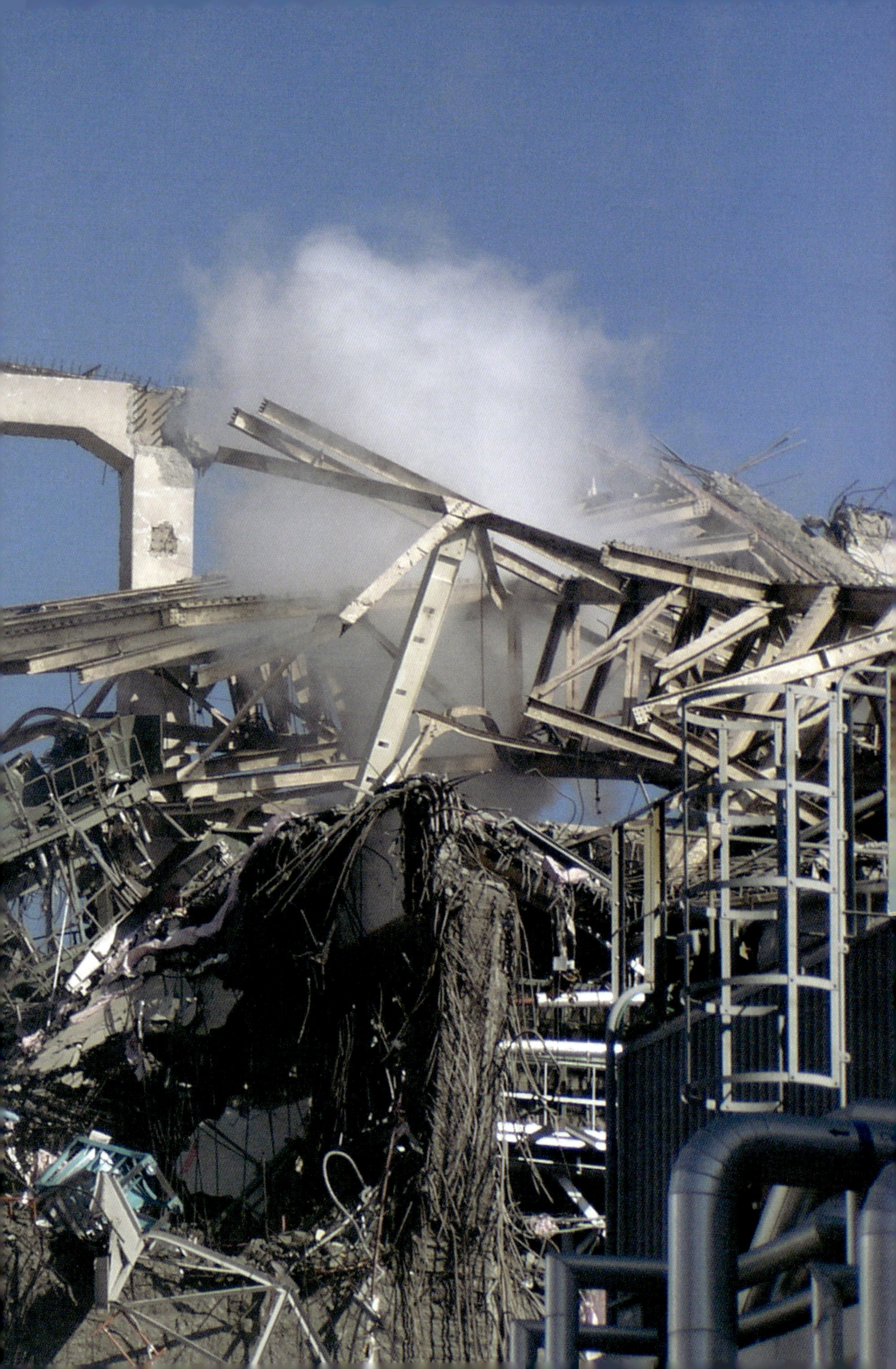

東電社員の証言
２号タービン大物搬入口にいた。ケーブル引きをやっていた。ドンと音がして揺れた。爆発だと思った。状況を確認するために搬入口の外に出て、煙を測ったら線量が50ミリシーベルトくらいと高かったので、煙がなくなってから避難することにした。１号側のゲートは通れないことがわかっていたので、２号機と３号機の間のゲートを通って逃げた。２号と３号の間は爆発の瓦礫があって、瓦礫をよけながら走って逃げた。線量は100ミリシーベルトのところもあった　　東京電力報告書より

最終的には放水しか３号機の燃料プールを冷却する手段はなかった
写真：東京電力

待ちに待った注水ラインが完成し、吉田以下免震棟の誰もが、一刻も早く2号機への消防注水を開始したかった。そのためには、原子炉の圧力を下げなければいけないところが、その減圧作業にすぐに入れない問題が生じていたのだ。

原子炉は通常70気圧ある。これに対して、消防車のポンプは9気圧前後のため、原子炉の圧力を大幅に下げなければならない。そのために、SR弁と呼ばれる主蒸気逃がし安全弁を開いて、原子炉の高圧の水蒸気を格納容器に逃がしてやる必要があった。通常、SR弁が開くと、原子炉から抜けた高温の水蒸気は、格納容器の下部にあるサプレッションチェンバー（圧力抑制室）と呼ばれる巨大なドーナツ型の設備にたまる、およそ3000トンもの冷却水によって冷やされ、水に凝縮される。高温高圧の水蒸気を格納容器に流れ込んでも、格納容器の温度を一定に保ち、圧力を維持するための仕組みだった。

しかし、このとき、2号機のサプレッションチェンバーに異変が起きていた。想定外の運用を続けてきた結果、水温149℃、圧力4・8気圧と、設計段階の最高想定を超える異常な高温高圧状態になっていたのだ。

実は、2号機は12日午前2時55分にRCICが作動していることが確認できた際、運転員が、水源をサプレッションチェンバーに切り替えていた。本来の水源である冷却水タンクの水が残り少なかったためだった。それから実に2日半にわたってR

CICが作動し続けたことで、原子炉からもたらされる水蒸気によって、サプレッションチェンバーが異常な高温高圧状態になっていたのだ。このうえに、SR弁から一気に水蒸気がサプレッションチェンバーに流れ込むと、その温度と圧力をさらに上昇させ、破損する恐れさえあった。

吉田は、本店とのテレビ会議の中で、まずは格納容器から気体を外部に放出するベントを行って、サプレッションチェンバーの圧力を下げてから、原子炉を減圧して注水する方向で協議していた。

技術班の机では、"安全屋"と呼ばれる解析担当者たちが、吉田の指示を受けて、2号機の原子炉水位の予測やサプレッションチェンバーの温度や圧力の予測をパソコンを駆使して懸命に試算していた。

午後4時をまわったころだった。テレビ会議で本店と議論していた吉田の携帯電話が鳴った。ちょうど同じころテレビ会議では、本店の高橋明男フェロー（58歳）が吉田に呼びかけた。

「吉田所長」

呼ばれた吉田は、誰かと電話で会話を続けていた。福島第一原発の担当者が「吉田さん今電話に出ています」と伝えた。

高橋がややうんざりといった様子で発言する。

「いまね、官邸からね、注入開始しろという電話がいっているはずなんですよ。それ言おうと思ったんだけど」

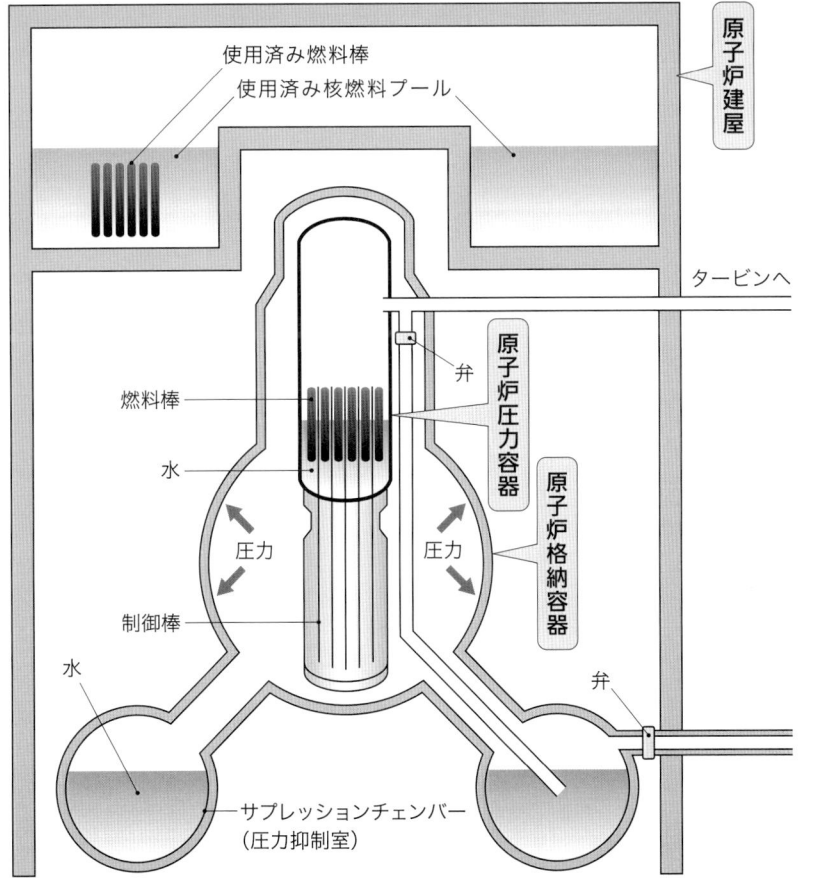

2、3号機の間にある西側高台から
撮影した2号機原子炉建屋外観
写真：東京電力

原子炉建屋の構造

※原子炉建屋：原子炉一次格納容器及び原子炉補助施設を収納する建屋で、事故時に一次格納容器から放射性物質が漏れても建屋外に出さないよう建屋内部を負圧に維持している。別名原子炉二次格納容器ともいう

※原子炉圧力容器：原子力発電所の心臓部。ウラン燃料と水を入れる容器で、蒸気をつくるところ。圧力容器は厚さ約16センチの鋼鉄製で、カプセルのような形をしており、その容器の中で核分裂のエネルギーを発生させる。高い圧力に耐えることができ、放射性物質をその中に封じ込めている

※原子炉格納容器：原子炉圧力容器など重要な機器をすっぽりと覆っている鋼鉄製（厚さ約3.8センチ）の容器。原子炉から出てきた放射性物質を閉じ込める重要な働きがある

（解説は東京電力ホームページより引用、一部改変）

高橋は、総理官邸に電話がかかるはずだと伝えようとしたのだが、すでに吉田に電話がかかっていた。吉田が、電話をいったん置いて、テレビ会議の出席者に呼びかけた。
「えっと、みなさん聞いてください。今、安全委員長の班目先生から電話が来まして、格納容器のベントラインを活かすよりも注水を先にすべきではないかと。要するに減圧すると水が入っていくんだから。一刻も早く水を入れるべきだというサジェスチョンが安全委員長から来たんですが……」
　吉田と電話をしていたのは、原子力安全委員会の班目春樹委員長（62歳）だった。
　前日の13日未明から総理大臣官邸5階に集まった海江田万里経済産業大臣や細野豪志総理大臣補佐官（39歳）らが、班目委員長とともに、しばしば吉田所長に電話をかけて、福島第一原発の状況を聞いていた。そして、時折、事故対応についても意見を言ってきていた。
　今回は、班目が、すぐにSR弁を開けて2号機を減圧して注水すべきだと提案してきたのだった。吉田は、電話をつないだまま、免震棟にいる技術班に向かって聞いた。
「そのサジェスチョンに対して、安全屋さんそれでいいかしら？　そういう判断で」
　吉田から返答をふられた技術班の解析担当者は、すぐに答えた。

「サプレッションチェンバーの水温が130℃を超えていますす」
　サプレッションチェンバーが高温高圧だから、SR弁を開きたくても開けないのだ。解析担当者は、この状態でSR弁を開いても、サプレッションチェンバーが高温高圧のため減圧できない恐れがあることを説明した。
　吉田は、再び班目と話す。
「先生、安全屋に聞いたら、サプレッションチェンバーの水温がもう100℃を超えてるというんですよ。おそらく入らない可能性が高いと言っている。そこは、安全屋と話をさせますんで……」
　吉田が回してきた班目からの電話は、すぐ近くにいた社長の清水以下本店の幹部も、SR弁の開放よりまずはベントを優先すべきという見解に異論はなかった。格納容器から圧を抜き、高温高圧になっているサプレッションチェンバーを守ることが先決だと考えていた。
「もしもし、お電話かわりました……」
　テレビ会議で一部始終を見聞きしていた社長の清水以下本店の幹部も、SR弁の開放よりまずはベントを優先すべきという見解に異論はなかった。
　解析担当者は、安堵した。その一方で、SR弁を開いて減圧しなければならないと思っていた。ベントしたあとは、SR弁を開いて原子炉圧力を減圧して、水を流し込まなければならないのだ。

184

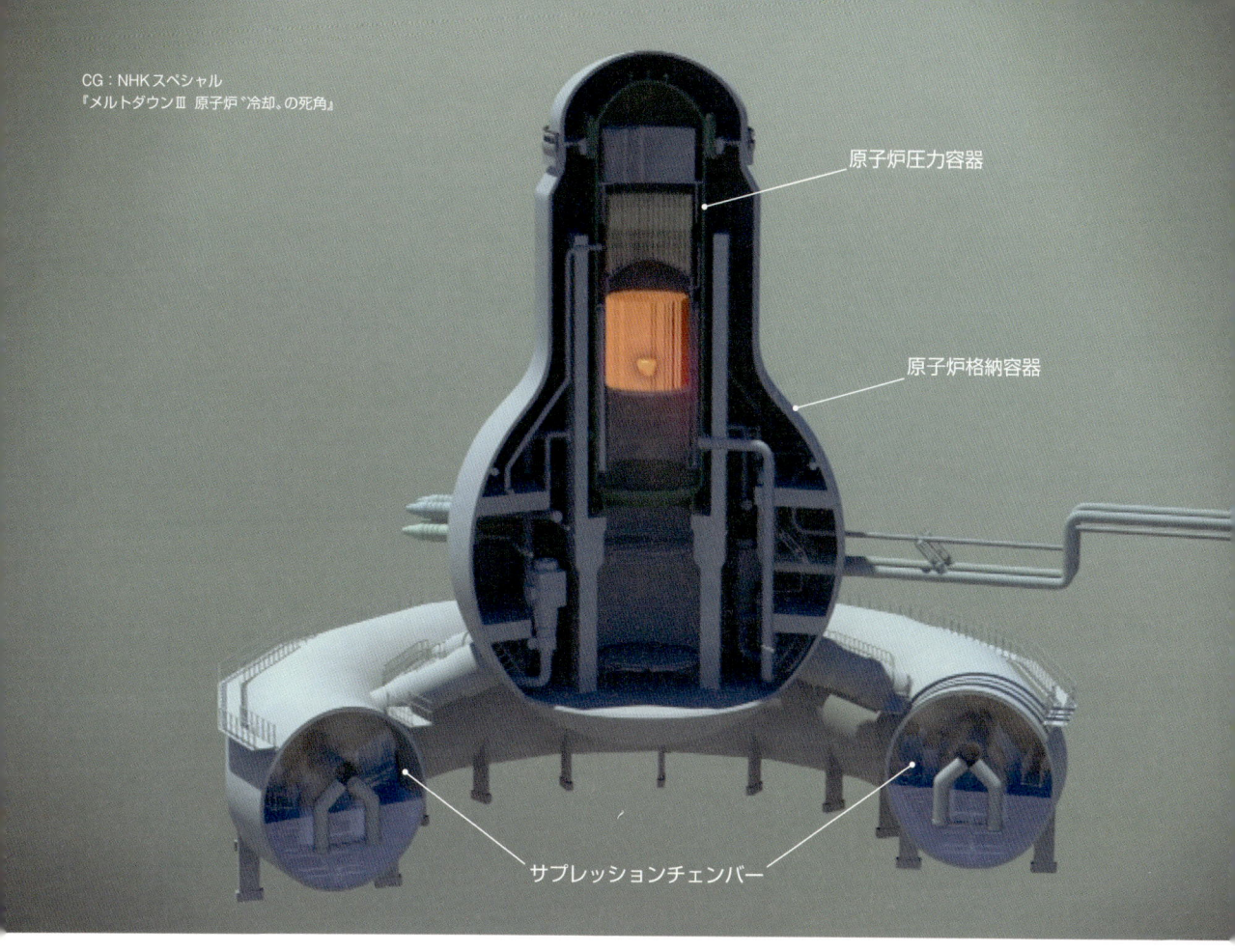

CG：NHKスペシャル
『メルトダウンⅢ 原子炉"冷却"の死角』

原子炉圧力容器

原子炉格納容器

サプレッションチェンバー

サプレッションチェンバー（圧力抑制室）
沸騰水型炉（BWR）だけにある装置で、常時約3000立方㎝（福島第一原発2〜5号機の場合）の冷却水を保有しており、万一、圧力容器内の冷却水が何らかの事故で減少し、蒸気圧が高くなった場合、この蒸気をベント管等により圧力抑制室に導いて冷却し、圧力容器内の圧力を低下させる設備。また、非常用炉心冷却系（ECCS）の水源としても使用する

東京電力ホームページの解説を一部改変

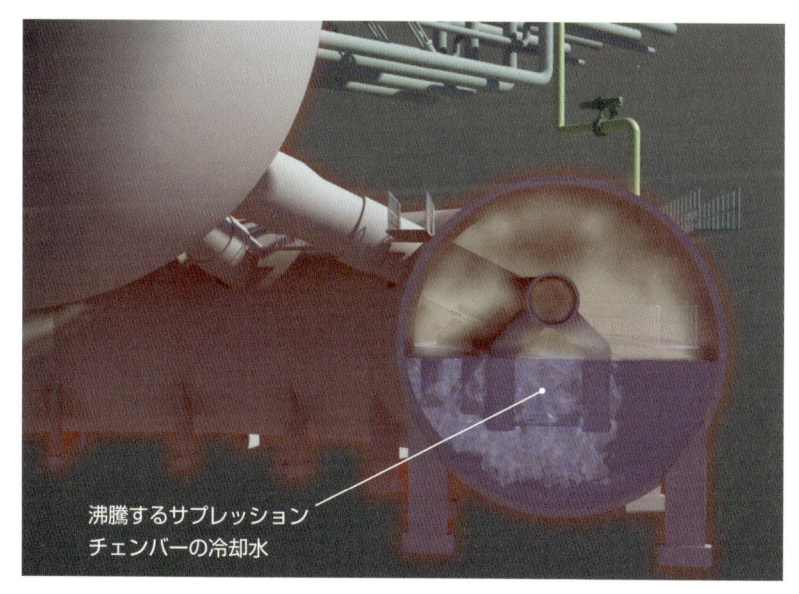

沸騰するサプレッションチェンバーの冷却水

2号機のサプレッションチェンバー（圧力抑制室）には3000トンの冷却水がたまっている。RCIC冷却水の水源として流用したため、2日半にわたる原子炉の冷却作業の結果、サプレッションチェンバーは通常の運転ではありえない高温高圧の状態にあった。この状態でSR弁を開放すると、圧力容器から高温高圧の水蒸気がさらに流れ込み、サプレッションチェンバーを破壊する恐れがあった。同時に、消防車による注水を行うためには、SR弁を開放して原子炉の圧力を開放する必要があった。吉田所長以下、東京電力の技術者たちは難しい判断を迫られることになった

2号機のサプレッションチェンバーは危機的な状況にあった
CG：NHKスペシャル『メルトダウンⅢ 原子炉"冷却"の死角』

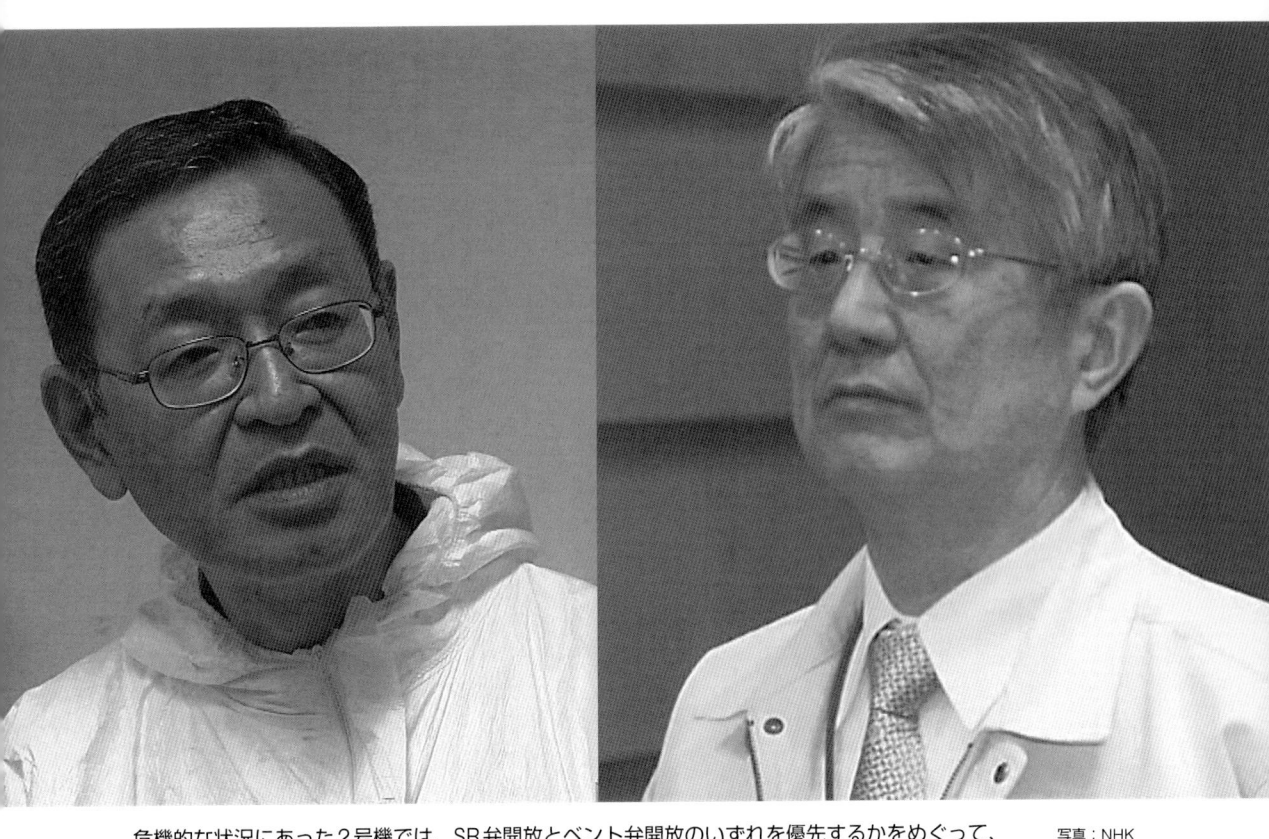

危機的な状況にあった２号機では、SR弁開放とベント弁開放のいずれを優先するかをめぐって、吉田所長（写真左）と班目春樹原子力安全委員会委員長の間で意見の相違があった　　写真：NHK

そもそも、こうしている間にも原子炉水位はじわじわと下がっている。

恐いのは、サプレッションチェンバーの破損だけではなかった。免震棟は、SR弁を開けたら、原子炉から高圧の水蒸気があっという間に格納容器に抜け、原子炉の水位が急激に下がることを憂慮していた。原子炉を減圧すると、中の水が沸騰して、水が一気に減る「減圧沸騰」という現象である。このため、すぐに注水しないと、原子炉の燃料がむきだしになり、メルトダウンに至ってしまうのだ。

免震棟と東京本店は、ベントを午後５時に行うことを決めた。吉田が改めて確認する。

「５時ということですが、ベントラインが動作できれば、可及的速やかに５時を待たずにやるということも視野に入れてやるということでよいですか」

「それでやってください」

社長の清水が最終的なゴーサインを出した。

紆余曲折の末、格納容器のベントに向かって動き出したが、作業はのっけからつまずく。吉田は、いずれRCICが停止することを見越して、仮設照明用小型発電機を使って電気で動くベント弁を開く準備を整えていた。しかし、肝心の発電機が過電流により停止してしまったのだ。

そこで、空気圧で動くAO弁と呼ばれるベント弁を開く作業に取りかかる。

186

第6章 加速する連鎖

「ウェットウェルベント。AO弁、開にします」

「ドライウェル圧力低下、確認できません」

「ベントができているのか？」

「空気が足りないと思われます」

「2号機、中央制御室、ベントできていません」

既設の空気ボンベでは、ベント弁を開く十分な空気圧が得られなかったのだ。相次ぐトラブルに免震棟にいる幹部も動揺を隠せない。

「格納容器の圧力は？」

「急速に上昇。現在700キロパスカル。さらに格納容器内の線量も上昇。FP（消火系ライン）が格納容器内にたまっています」

「ベントを急ぐしかない！」

窮地に陥った復旧班は、既設の空気ボンベに加えて、2号機のタービン建屋の大物搬入口付近に配備した可搬式のコンプレッサーを配管に接続して、空気を入れ込もうとした。ベント弁につながる配管がタービン建屋の入り口までのびていることに目をつけ、その配管にコンプレッサーを接続して、空気を送り込もうというのだ。

可搬式コンプレッサーの空気圧でベント弁を開ける作戦は、1号機が水素爆発を起こす1時間半前の3月12日午後2時すぎに行われ、成功したものだった。このときの実績から復旧班は、今度もこの作戦を進めたのである。

しかし、今回はなぜかコンプレッサーを起動しても、ベント弁が開く気配がない。1号機で通じた作戦が2号機では通用しない。復旧班は混乱した。

「ドライウェル圧力740キロパスカル。高止まりしています」

「2号機、まだベント実施できておりません」

「格納容器内の線量も上昇。29ミリシーベルト」

午後4時20分すぎ、ベント作業にあたっていた復旧班から「すぐにはベントができない」という報告が吉田にあがる。即座に原因はわからない。復旧班は、何らかの原因で空気圧が十分でなく、確認しなければならないと説明した。

「それは、どれくらいのスピードでやるの？」

すかさず吉田が聞く。

「これは圧が見えないので、動くまで待つしかないですね」確認に時間がかかるという見通しだった。

「それじゃあだめだよ」失望を隠せない様子で、吉田が言った。

にわかにベントに暗雲がたちこめてきた。そのときだった。テレビ会議のやりとりを聞いていた社長の清水が、突然発言した。「吉田さん、班目先生の方式で行ってください」ベントを優先するのではなく、班目が言っていたようにただ

慶応大卒の清水は資材畑が長く、原子力については専門外だったが、2号機の危機に際して現場の判断よりも班目春樹原子力安全委員会委員長の判断を優先した

写真：NHK

ちに2号機のSR弁を開いて原子炉を減圧し、消防車による注水を開始しろと指示を出したのだ。社長が示した突然の方針転換だった。

吉田が、とっさに「はい。わかりました」と答える。

「それでやってください」。清水は重ねて言った。

しかし、清水は会社トップの社長とは言え、資材畑が長く、原子力は専門外である。さすがに吉田は原子力部門の意見を聞こうとした。

「本店の社長の指示が出ましたけど、技術的に武藤さん、大丈夫ですか？」

しかし、このとき、原子力部門トップである副社長の武藤は、オフサイトセンターからヘリコプターで本店に移動中で、不在だった。回答はない。

清水が念を押す。「大丈夫だね？」

結局、吉田はベントの準備も並行して行うことを確認したうえで、SR弁を開いて減圧することを決めた。

技術班の解析担当者は、身震いした。SR弁を開いた途端に原子炉の水はあっという間に減ってしまう。それだけにタイミングを見計らってすぐに注水しなければならない。注水できないと、2号機の原子炉の水位が急激に下がって、燃料がむき出しになり、一気にメルトダウンに突き進む。電源も水源もある普通の状態でも難しいオペレーションだった。それを何もかも普通どおりにできない状態でやらなければならないのだ。

再現ドラマ

3号機では、構内の車からかき集められた12ボルトバッテリー10個を直列につないでSR弁の制御盤に繋げるというアクロバティックな手法で、SR弁を開くことに成功した。しかし3号機では成功した方法が2号機ではなぜかうまくいかない。格納容器の圧力は上がり、消防車による注水も進まない。事態は危機的な状況にあった

写真：NHKスペシャル『メルトダウンⅡ 連鎖の真相』

「失敗したら地獄のようなことになる」そう思った。ベント作業を指揮していた復旧班長は、方針転換もやむなしと思っていた。

「これ以上待っていると燃料が損傷してしまう。とにかく減圧して水を入れないとかえってひどいことになる」

そう振り返っている。

午後4時34分。1、2号機の中央制御室は2号機のSR弁を開く作業に入った。中央制御室には、前日の13日朝に、構内の車からかき集められた12ボルトバッテリー10個が運び込まれていた。3号機に運んだときに、2号機にも運び込んでいたのだ。直列に10個並べたバッテリーをSR弁の制御盤に接続した。3号機のSR弁を開いた秘策を2号機でも行ったのだ。

しかし、SR弁は開かない。何度試してみても、SR弁は開かず、原子炉圧力は70気圧のままだった。原因はわからなかった。

1号機のベント弁を開けるために可搬式コンプレッサーを配管に接続して空気を注入する作戦。バッテリーが枯渇した3号機で直列に10個バッテリーを並べて、SR弁を開ける方法。いずれも事故対応に苦しむなかで福島第一原発のたたき上げの社員や復旧班のベテラン社員たちが知恵を絞り出して編み出した方法だった。その最後の手段を使って、1号機や3号機でなんとか修羅場を乗り越えてきた。しかし、今、危機が迫る2号機では1号機や3号機で通じた最後の手段さえ通用しない。

189

ベントもできない。SR弁も開かない。なす術がなかった。こうしている間にも、原子炉の水位は刻一刻と下がっている。
なぜ開かないんだ。復旧班長は気が動転した。「まるでお腹の中に鉛が入ったようだ」。胃に痛みが走った。
そう思った。
解析担当者の頭には、最悪の事態がよぎった。このままいったら、やがては格納容器が高圧破損して、本当に壊れることになる。そうしたら、チェルノブイリ事故のように壊れることになる。そこらじゅうを汚染してしまい、自分たちも生きてはここを出られない。それは地獄だ。
吉田の隣で指揮をしていたユニット所長の福良はこう振り返っている。
「それはもう切迫感があった。2号機が減圧して、次のステップにいけなければ大変な事態になる。大量の放射性物質が外に出ることになりかねない。そうなれば、外に出られなくなり、いずれ1号機、3号機も注水できなくなる。2号機を減圧して、水を入れられるような状態にしなければならないというのは、全員がそう思っていました」
もし、2号機が減圧できずに格納容器が壊れ、大量の放射性物質が外部にまき散らされたとしたら。それは取り返しのつかないことを意味した。
1986年のチェルノブイリ原発事故では、メルトダウンし

た核燃料によって原子炉が爆発し、大量の放射性物質が外部にまき散らされた。事故対応にあたった作業員や消防士などおよそ30人が急性放射線障害で亡くなっている。人は6000ミリシーベルト以上の放射線量を全身に浴びるとほぼ全員が死に至る。
1999年、茨城県東海村で起きたJCOの臨界事故では、35歳と40歳の男性作業員が1万ミリシーベルト以上の放射線を浴び、全身の皮膚が炎症し、内臓の機能が失われ、亡くなった。それは絶対にあってはならないことだった。

復旧班は、SR弁をなんとか開こうと考え得る限りの策を試みた。SR弁は格納容器に8つついている。最初に開かなかった弁の制御盤からバッテリーをはずして、次々と別の弁の制御盤にバッテリーを接続したり、バッテリーの配線をいったんすべてはずして、つなぎ直したりしていた。さらに電圧を上げるため、10個のバッテリーを11個に増やすことにも挑んだ。
「電磁弁に直接つなごう」
「SR弁(電磁弁に)直接バッテリーをつなぎました!」
「了解。原子炉減圧確認」
「了解。原子炉圧力……。低下を確認できません。さらに上昇傾向」
「なんで減圧できないんだ!」
じりじりと時間がすぎていった。

喫煙室の吉田

重苦しい空気に包まれた免震棟の円卓を、警備会社幹部の土屋は、呆然と見つめていた。もはやそこには、見慣れた統制のとれた原発の姿は微塵もなかった。

14日午前11時すぎに3号機が爆発して以降、土屋のメモには、それまでの3号機から一転して2号機の記述が目立つようになった。

「13：05　2Uへ対策開始」
「14：15　2Uのリミット近く　総動員で現状把握」
「16：00　情報のサクソウ　リミット　後1H」

午後4時ごろには、円卓周辺から、2号機の燃料の先端に到達するのは、あと1時間というコールが聞こえた。それまでには、なんとか注水をしなければならないはずだ。

しかし、土屋にも、2号機の減圧がまったく進まず、水を入れられない状態に陥っていることがわかった。円卓中央に座る所長の吉田が幹部らに指示を出していたが、その顔は疲労が色濃くなっていた。

担当者に「あれはどうなっているんだ？」と尋ねた際、担当者が一瞬答えられなくなり、吉田は、こらえきれなくなったように「そんなことぐらい把握して説明しろよ！」と怒鳴っていた。しかし、このころになると、吉田が大声を出して怒鳴る場面は、3号機が危機を迎えた13日にくらべ、めっきりと少なくなっていた。むしろ、疲労が隠せない様子だった。

吉田はヘビースモーカーで、事故対応に追われながらも煙草を吸っていた。免震棟2階の緊急時対策室から階段を降りたところにある1階の喫煙室に煙草を吸いに行く姿を、土屋はしばしば目撃していた。吉田は一度に4、5本を連続して吸う時も少なくなかった。

土屋には、その数分の喫煙の時間こそ、吉田が自らを落ち着かせ、次から次へと襲いかかる危機に対応するために考えをまとめる貴重な時間のように思えてならなかった。

2号機が膠着状態に陥って1時間近くが経った午後5時30分ごろ、吉田が円卓から喫煙室に向かったことに気がついた。

「せめて煙草を吸って気をやすめ、また元気に指揮をとってほしい」土屋はそう思った。

ところが、このとき、吉田は煙草を吸い終わった後、円卓に戻らずに、2階廊下の脇にある小部屋に入ったまま出てこなくなってしまった。

心配した土屋がのぞくと、吉田が部屋に長身をごろんと転がすように横にして目をつむっていた。疲れ果てた表情だった。その表情は6000人あまりが働く福島第一原発を率いるトップの苦渋と、3日3晩ほとんど眠らずに走り続けてきた56歳の中年男性の極限の疲労をないまぜにしたように見えた。このま

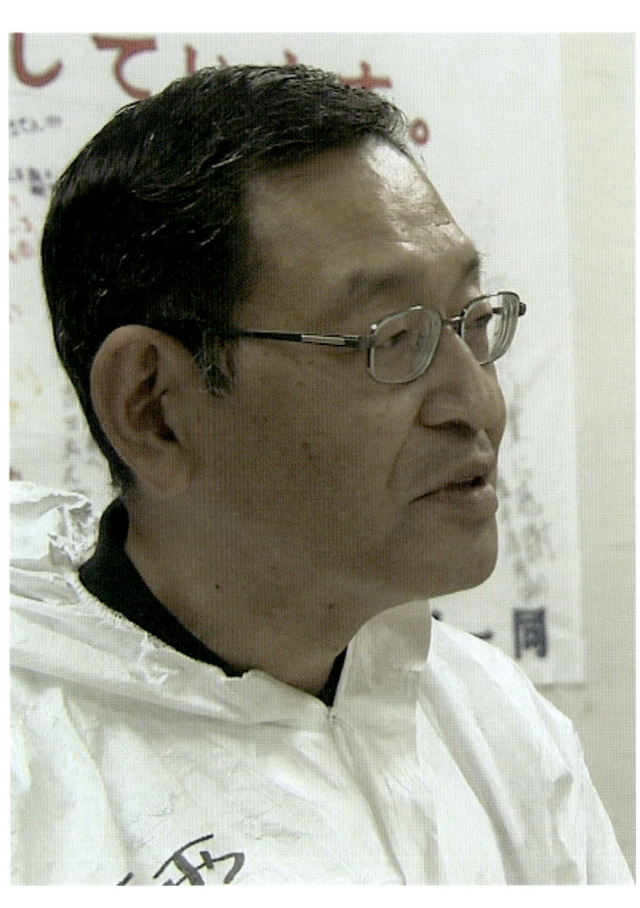

事故発生以来、ほぼ不眠不休で陣頭指揮にあたってきた吉田昌郎・福島第一原発所長だが、2号機が危機的な状況になった14日午後以降は、精神的・肉体的な極限状態にあることをうかがわせる場面もあった
写真：NHK

4号機爆発まで約12時間

減圧の攻防

　SR弁の開放作業が始まって1時間半が経った午後6時すぎだった。膠着状態を破るように免震棟の円卓中央から、吉田の声が響いた。

「減圧開始したみたいです」

　バッテリーの接続位置の変更や配線をし直す作業の何が功を奏したかはわからなかった。ただ、復旧班の懸命の作業の結果、SR弁を開くまで70気圧だった2号機の原子炉の圧力が徐々に下がり始めたのだ。

　本店の高橋フェローが抑えきれないように、弾んだ声で聞く。

「よし！ ポンプは？」「注入も開始したの？」

　免震棟から減圧が開始しただけだという応答が来た。高橋は自らを諫（いさ）めるように「減圧開始か。まだ入んないか。あわてちゃいかんな」とつぶやいた。

　午後6時3分、2号機の原子炉圧力は、60気圧まで下がった。「午後6時6分、54気圧」「午後6時12分、24・77気圧」

　ま起き上がれないのではないか。土屋は吉田の顔を見つめていた。10分ほど経っただろうか。吉田は、目を開けて体を起こした。そしてゆっくりと長身を揺らしながら、再び円卓へと歩き始めた。

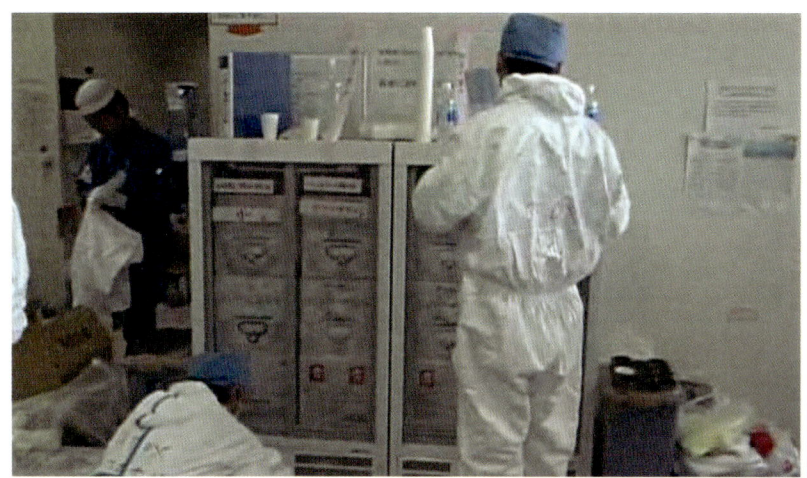

東電社員の証言
汚染覚悟で保管されていた非常食の乾パンを食べたり、飲料水のミネラルウォーターを飲む際は、全面マスクを外さざるを得なかった

東電社員の証言
生きていく（操作＆監視）には食べるしかなく、身体のことが心配だった
東京電力報告書より

免震棟内の給水コーナー（写真上）と免震棟内での生活物資のバケツリレーの様子
写真：東京電力

　免震棟では、原子炉圧力が下がっていることを知らせるコールが続く。減圧ができた。

　復旧班長は、安堵と脱力感で、いすにへたり込んだ。

　午後6時すぎ、免震棟にいた土屋は、「線量を食っていない者は誰だ？」という大声が復旧班の机の周辺で響くのを聞いた。復旧班の何人かが手をあげていた。手をあげた者には、すぐに全面マスクと防護服が手渡されていた。誰かが1、2号機の中央制御室に行って、免震棟で見ることができないデータを取ってくる必要が出てきたという話だった。免震棟の外や1、2号機の中央制御室の放射線量は、どれほど高くなっているのだろうか。放射線取扱主任者の資格を持つ土屋にも、もはや想像もつかなかった。

　装備を装着しようとする復旧班のメンバーの周りには、同僚たちが集まっていた。口々に「頑張ってこい」「必ず帰ってこい」と声をかけ、肩をたたき、手を握っていた。

　1、2号機の中央制御室に向かうメンバーに、自分のペットボトルの水を飲ませている者もいた。このころ、ペットボトルの水は残りわずかになっていた。いつ支給されなくなるかもわからず、みな大切に飲みついでいた。その貴重な水を惜しみなく与え、励ましている。土屋は目頭が熱くなってきた。これは〝決死隊〟なのだ。勇気ある〝決死隊〟を、仲間みんなで励まし、送り出しているのだ。

しかし、次の瞬間、土屋は不思議な既視感に襲われた。

それは、ずっと昔、映画かテレビか、あるいは、自分の夢か何かで見たようなシーンだった。みんなが頑張っている。だけど、トップが倒れてしまい、ナンバー2以下で物事を進めようとするのだが、なかなか進展しない。そんなシーンだった。

吉田が倒れたように寝ている姿を見たために、そんな既視感に襲われたのか。それとも、どんなに頑張っても、もはや誰も制御できないこの危機的状況への恐怖が疲労のたまった頭の中に既視感となって現れたのか。

土屋は、事故以降、免震棟が懸命の対応にあたっても、1号機の爆発、3号機の爆発と、決して制御できない原発の恐ろしさを身にしみて感じていた。そして、今また、続く2号機との格闘は、これまで以上の最大の危機になっていた。

土屋は、ふいに思った。魔物を起こしてしまったのではないか。人が制御できない魔物を起こしてしまったのではないか。かつて自分には統制がとれた姿に見えていた原子力というものが、今は、心の底から怖かった。

免震棟の遺書

<small>4号機爆発まで11時間14分</small>

2号機の原子炉圧力は、午後7時すぎに6・3気圧を示した。9気圧前後ある消防車のポンプで注水できるまでに下がってきたのだ。

一刻も早く消防車による注水を始めなくてはならない。免震棟も東京本店も注水開始という報告を待っていた。ところが、午後7時20分、2号機の近くで待機していた2台の消防車がいずれも燃料切れで停止しているという報告が入ってきた。長時間、エンジンをかけたまま待機状態にしているうちに燃料が切れてしまったのだ。免震棟はあわてて構内にあったタンクローリー車で燃料を運ぶ作業に入った。待ちに待った注水が、また、のびてしまった。

この直後だった。免震棟の技術班の担当者が報告した。

「これまでの2号機の状況ですけど、午後6時22分ぐらいに燃料がむき出しになっているのではないかと想定しています」

技術班の試算では、すでに1時間前に2号機の原子炉の水位は、燃料がむき出しになるまで下がっているという報告だった。

担当者は、試算結果では今から40分後の午後8時すぎには完全に燃料が溶解し、さらにその2時間後の午後10時すぎには原子炉圧力容器が損傷するという予測を告げた。

「非常に危機的な状況であると思います。以上です」

報告が終わった。

免震棟も東京本店も、一瞬、静まりかえった。最終危機が迫っていた。

最終危機が迫る免震棟の円卓を見つめながら土屋は、今のう

福島第一原発の警備会社の幹部だった土屋繁男は、2号機の危機に瀕して、死を覚悟して、遺書となるメモを書いた
写真：NHK

ちに、メモ帳に自分の思いを残しておかなければならないと思った。

もう生きて帰れないかもしれない。初めて死を明確に意識した。廊下に座り込んで胸ポケットからメモ帳を取り出し、開いた。

真っ先に妻の顔が目に浮かんだ。妻は同級生だった。東京で再会し、結婚したのだった。福島に戻ろうとした時、東京の生活に慣れていた妻はわずかに抵抗した。しかし、ふるさとに2人の家を建てようという土屋の言葉についてきてくれた。その家に、もはや帰ることができるかどうかすらわからなかった。妻になによりもお礼が言いたかった。

「すべてにありがとう。いい人生でした」

母の姿が思い浮かんだ。80歳をこえた母は、今も丈夫で、食事も洗濯も何もかも一人でやっている。申し訳なかった。

「元気で。先にスマン」

兄と姉、姪や甥、思い浮かぶ限り世話になった人の名前を書き、短く自分の思いを書き留めた。

そして、改めて免震棟を見回し、最後にこう記した。

「多勢の人が、会社、年齢、男女をこえて、全力を出している。仲間がいる」

免震棟の懸命の努力を記録として残しておきたかった。自分もその中の一人だということを確認し、残しておきたかった。

そのときだった。廊下に見慣れた長身の男がゆらりと出てき

た。土屋は顔をあげた。

吉田が土屋たちに向かって、口を開いた。

「みなさん。ありがとうございました」

淡々とした口調だった。沈んでもいないし、高揚もしていない。いつもの吉田らしい冷静な話しぶりだった。吉田は、廊下にいた数十人の協力企業の社員に向けて話し始めた。

「みなさん、いろいろ対策は練りましたが、状況はいい方向にむきません。準備ができましたら、入り口のドアを開けさせることを止めません。みなさんが自らの判断でここを出て行くことを止めません」

午後7時30分、吉田が免震棟にいる協力企業の社員に、退避を促した瞬間だった。およそ30分後、土屋は、他の協力企業の社員たち20人とともに免震棟を出た。後ろを振り向くと、数十人の協力企業の社員たちが階段に並んでいた。

3日ぶりの外の世界だったが、感慨はなかった。一刻も早く、高い放射線量から脱出しなければならなかった。土屋は、同僚2人とともに足早に50メートルほど離れた駐車場に停めてある会社の白い三菱パジェロへと急いだ。

最終退避

4号機爆発まで10時間40分

ビ会議でも、初めて「退避」という言葉が幹部の間でやりとりされる。

最初に口にしたのは、このとき、オフサイトセンターにいた原子力部門ナンバー2の常務の小森だった。小森は、2号機の原子炉水位が、午後6時22分に燃料がむき出しになるまで下がり、午後8時すぎには燃料が溶け、午後10時すぎには原子炉圧力容器が損傷するという技術班の予測を踏まえて、こう言った。

「退避基準というようなことを誰か考えておかないといけないし、発電所のほうも中央制御室なんかに居続けることができるかどうか、どこかで判断しないとすごいことになるので、退避基準の検討を進めてください」

小森の言葉に、本店にいた原子力部門トップの副社長の武藤が即座に「わかった。それやって」と応じた。

東京電力の事故調査報告書によると、12日から14日にかけて、協力企業の社員や東京電力の女性社員や体調を崩した社員を順次バスで近くの避難所やオフサイトセンターに退避させていた。その数は300〜400人に上るとされている。

そして、14日午後7時30分ごろに吉田が、土屋ら最後まで免震棟に残っていた協力企業の社員に退避を促したことで、数十人が免震棟を後にしたと推定されている。午後8時ごろ、免震棟に残っていたのは700人あまりとみられている。

午後8時前、テレビ会議では、本店の担当者が退避基準の考えを促した14日午後7時30分ごろ、免震棟と東京本店を結ぶテレ

第6章　加速する連鎖

え方を示していた。

「今、検討の途中状況を申し上げます。1時間ほど前に退避をすると、その30分前から退避準備をするということを考えています」

高橋フェローが「何の？炉心溶融の？」と、1時間前とは、何の1時間前なのかを聞いた。

担当者は、高橋の言葉どおり、炉心溶融、つまり2号機のメルトダウン1時間前に退避をする意味だと答えた。

この直後の午後8時すぎだった。

テレビ会議に、福島第一原発からのコールが響いた。

「約5分前からポンプが回って、注水が開始されているそうです」

本店の武藤があわてて確認する。

「吉田さん？　水入ったの？」

吉田がほっとしたような声で答えた。

「水はね、5分くらいからどうも入り始めた感じです。現場に行った人間もポンプが回ってると言ってますので。ええ」

消防車の燃料切れが判明した後、およそ30分かけて燃料が補給され、午後7時54分と午後7時57分に相次いで2台の消防車が起動し、注水が開始されたという連絡が現場から入ったのだ。

最終危機という暗闇が迫るなかで、わずかに光が差したかのようだった。2号機への消防注水が始まったことで原子炉水位

が回復すれば、メルトダウンの危機をなんとか食い止められるかもしれない。少なくとも、わずかな時間かもしれないが、危機を先延ばしできるかもしれない。そうした考えが免震棟や本店の幹部の頭をよぎった。

一方、テレビ会議では、退避について退避場所の選定や受け入れが引き続き検討されていた。

午後8時15分ごろ、高橋フェローが発言した。

「本店、本部の方、ちょっと聞いていただけますか。今1F（福島第一原発）からですね、居る人たちみんな2F（福島第二原発）のビジターズホールへ退避するんですよね？　ちょっと増田君の意見を聞いてください」

と増田君の意見を聞いてください」

福島第二原発の増田尚宏所長（52歳）が引き取った。

「2Fのほうは、1Fからの避難者のけが人は正門の隣のビジターズホールで全部受け入れます。そしてそれ以外の方は全部体育館に案内します」

増田は福島第一原発用の緊急時対策室も用意すると付け加えた。

「緊対を、我々の2Fの4プラント緊対と、1Fから来た方が使える緊対と、2つに分けて用意しておきますので、そこだけ本店側は、両方の使い分けをしてください」

この後、社長の清水が吉田に呼びかけた。

「あの、現時点でまだ最終避難を決定しているわけではないということをまず確認してください。今しかるべきところと確認

作業を進めておりますので」

吉田は「はい」と答えた。

清水が念を押す。「現時点の状況はそういう認識でよろしくお願いします」

吉田は、改めて「はい。わかりました」と答えた。

14日夜、テレビ会議でやりとりされた退避の議論はここまでだった。

運命の瞬間

4号機爆発まで5時間10分

日付が変わり事故から5日目を迎えた3月15日午前1時すぎ。福島第一原発では、2号機への消防注水がひたすら続けられていた。

燃料切れが判明した後、およそ30分かけて燃料が補給され、14日午後7時57分までに2台の消防車が起動し、注水が開始された。

2号機の原子炉圧力容器の圧力は、いったん6気圧程度まで下がった後、乱高下を繰り返し、14日午後11時25分には31気圧まで上がったが、日付が変わった15日午前1時すぎからは、再び6気圧程度を推移するようになっていた。9気圧前後の消防車のポンプ圧で、十分水が入るはずの圧力だった。復旧班は、2台の消防車の燃料を数時間おきに補給しながら、2号機への注水を続けていた。

事態をこれ以上悪化させないためには、とにかく原子炉の冷却を続けるしかなかった。その唯一の手段が、消防車による注水だった。

3月11日にすべての電源を喪失して以降、1号機のIC、2号機のRCIC、3号機のHPCIという冷却装置が、ことごとく機能を停止し、今や1号機から3号機までのすべての原子炉が消防車による注水で冷却されていた。非常用の冷却手段が、事故から5日の間に次々と切れていくなかで、消防注水が、唯一つながっている細い糸のようなものだった。今は、その細い糸が切れないように延命策を続けるしかなかった。

早朝になり2号機の格納容器の圧力は、通常の7倍にあたる7気圧程度まで上昇していた。

格納容器の圧力の異常上昇は、原子炉の燃料がメルトダウンして、放射性物質を含む高温高圧の蒸気が格納容器に漏れ出ていることを意味した。復旧班は、1号機でベント弁をこじ開けたように、2号機のタービン建屋の搬入口付近に配備した可搬式のコンプレッサーで空気を送り込み、格納容器のベント弁を開けようと何度も何度も試みたが、弁は動かず、ベントはできずじまいだった。なぜ、ベント弁が開かないのか、免震棟の誰にもその理由はわからなかった。

事故の後、NHK取材班が専門家と行ったシミュレーションでは、2号機の原子炉水位は、3月14日午後6時16分に、燃料

198

東京電力本店に乗り込み、東電幹部を前に演説をする菅総理大臣（画面上段中央）
写真：東京電力

　の下端にまで達し、燃料がむき出しになったとみられている。そして、14日午後9時43分にはメルトダウンにいたり、原子炉の中で高温高圧になった核燃料が溶け始めたと推測されている。

　免震棟では、原子炉圧力容器と格納容器の圧力をコールする声だけが響いていた。数値を伝えるコールが途切れると、免震棟も本店にも、情報らしい情報がなくなるため、コールを担当する技術班の解析担当者は定期的に数値を読み上げるしかなかった。

　もはや作業らしい作業もなく、誰もが、そのコールを聞くくらいしかやることがなくなっていた。「まるで絶望に向かってコールしているようだ」解析担当者は、そう思った。

　やがて東の空が白み始め、事故から5日目の朝を迎えようとしていた。

　このころ、東京では、社長の清水が海江田経済産業大臣らにかけた電話を発端に大きな騒動が起きていた。東京電力の全面撤退問題である。

　清水は14日夜から15日未明にかけて海江田や官房長官の枝野幸男（46歳）らに「2号機が厳しい状況で、今後、ますます事態が厳しくなる場合は、退避も考えている」という趣旨の電話をしていた。これを海江田や枝野らは、東京電力が福島第一原発から全員撤退すると考えていると受け止め、菅総理大臣に報

199

政府と東京電力の統合本部設置のために
東京電力本店に乗り込む菅直人総理大臣
写真：NHK

告した。
　午前4時すぎ、菅が清水を総理官邸に呼び、「東京電力は福島第一原発から撤退するつもりか」と尋ねたところ、清水は「そのようなことは考えていない」と否定したが、菅らは、東京電力本店に乗り込んだ。
　午前5時30分ごろ、東京本店2階の非常災害対策室で、菅は、会長の勝俣や社長の清水以下、本店の幹部や社員などおよそ200人の前で、自らを本部長とし、副本部長を海江田と清水が務める政府と東京電力による福島原子力発電所事故対策統合本部を設置することを宣言した。そして、「日本が潰れるかもしれないときに撤退などあり得ない。撤退すると東京電力は100パーセント潰れる」などと10分間にわたって激しい口調で訴えた。
　菅の演説が終わった直後の午前6時10分ごろ。1号機が全電源喪失して86時間30分あまりがたったときだった。福島第一原発の1、2号機の中央制御室は、ドーンという異音とともに下から突き上げられるような異様な衝撃に襲われた。計器盤を監視していた運転員の一人が叫んだ。
「サプレッションチェンバー（圧力抑制室）が落ちた」
「ドライウェル、サプチャン、圧力確認」
「了解」
「圧力は！」
「サプチャン、圧力……ゼロになりました……」

200

2号機原子炉建屋から上がる白煙。2号機は爆発は免れたものの、1～3号機の中で最も大量の放射性物質を排出したといわれている

写真：NHKスペシャル『メルトダウンⅡ 連鎖の真相』

　サプレッションチェンバーと呼ばれる圧力抑制室の圧力計がゼロを示していた。そして午前6時14分。免震棟は、突然、衝撃音とともに激しい縦揺れに襲われた。

　その瞬間、解析担当者は思った。

「ついに2号機の格納容器が壊れた」

　誰もが2号機が爆発したと思った。膨大な放射性物質が一気に漏れ始めると感じた。奇妙な静寂の中にあった免震棟が、再び大きな混乱と喧噪の渦に包まれた。

　廊下に寝ていた社員の一人は、これまでとは違うドーンという振動を感じ、飛び起きた。2号機に何事かが起こった。周りに寝ている同僚をたたき起こして「2号機がやばそうだから退避する用意をしろ」と呼びかけた。

　発電班から2号機の圧力計がゼロを示したという報告を受けた吉田は、2号機の格納容器で何らかの爆発が起き、サプレッションチェンバーの圧力計がゼロを示したものと判断した。

　吉田は、自分を含めた幹部のほかプラントの監視や応急の復旧作業に必要な社員およそ70人を残して、免震棟にいたおよそ650人については、福島第二原発に退避させることを決めた。午前7時ごろ、650人にバスや乗用車で退避するよう指示が出た。

「退避！　退避しろ！」

　円卓にいた吉田以下、幹部が大声で叫んでいる。

　大勢の人間が免震棟の出口へと急いだ。解析担当者は退避

することになった。福島第二原発に向かうバスに乗りながら、「最悪の事態が起きたのかもしれない」と思っていた。

「格納容器が本当にディープなんていうレベルでなく、壊れてしまって、そこらじゅうに放射性物質がまき散らされていて、自分たちも死ぬのかもしれない」そう思った。しかし、移動するバスの中で緊張の糸が切れたようにぷっつりと意識が途切れ、その後のことは記憶にない。

復旧班長は免震棟に残った。周りにいる吉田やユニット所長の福良ら見慣れた幹部たちの顔を見回しながらも「ああこれはもう時間の問題だ。死ぬな」と思っていた。人口密度が10分の1ほどに減り、がらんとした免震棟で、残った人々は奇妙な思いにとらわれた。何もしないと不安なのだ。一人、また一人と作業を始めるようになった。ある者は、消防車の給油に出かけた。また、ある者は空気コンプレッサーの点検に向かった。そのたびに、吉田が「おういってこい」「おういってこい」と声をかけていた。みな淡々と作業を始めた。

連鎖の終幕

午前9時、福島第一原発の正門付近で、1時間あたり11・93ミリシーベルトの放射線量を計測した。一般の人が1年間に浴びて差しつかえないとされる1ミリシーベルトにわずか6分ほどで達する高い値だった。2号機から大量の放射性物質が漏れ続けているとみられた。

しかし、この値をピークに、その後放射線量は下降傾向を示し、午後0時半には、1・362ミリシーベルトになった。2号機の格納容器の圧力は、午前7時20分に7・3気圧を示し、その後もその値を維持していた。格納容器の圧力が急速に下がっていないことは、格納容器の損傷が大きなものでないことを意味した。

吉田以下、免震棟に残った幹部たちは2号機の格納容器が決定的に壊れたわけではないと判断した。しかし、なぜ、格納容器が決定的に壊れなかったのか。その理由は誰にもわからなかった。最終局面で何とか原子炉を減圧し、消防車による注水を徹底して続けたことが功を奏したのかもしれない、自分たちの操作が壊れ方を最小限に食い止めたとは、誰にも言えなかった。

免震棟は、残った社員で2号機への消防車による注水を続けた。吉田は、午後に入って、福島第二原発に退避した管理職クラスの社員を順次、免震棟に戻し、作業に復帰させた。

15日午前6時すぎに、異音と下から突き上げるような衝撃に襲われたとき、2号機の格納容器は下部にあるサプレッションチェンバーを含め、いずれかの箇所が損傷し、大量の放射性物質が外部に放出されたとみられている。

しかし、事故から2年経った今も、どのような原因で、どこが、どの程度損傷したか、詳しいことはまったくわかっていな

第6章　加速する連鎖

このとき、2号機から放出された大量の放射性物質は、プルームと呼ばれる放射性物質を含む気体のかたまりとなって、15日正午すぎから夜にかけて風に乗って北西方向へと流れたとみられている。長時間、上空を浮遊していた放射性物質は夜に入って降り始めた雪や雨とともに地表に降り注ぎ、土壌に沈着し、原発から北西方向に広がる浪江町や飯舘村などの広い地域が放射能に汚染された。

事故から8ヵ月後の2011年11月、福島第一原発が報道機関に初めて公開された際、所長の吉田昌郎は、事故について次のように振り返っている。

「3月11日から1週間は、極端なことをいうと、もう死ぬだろうと思ったことが数度あった。1号機の爆発。3号機の爆発。それから最後、2号機の原子炉注水をするときに、なかなか水が入らないなか、一寸先が見えない、最悪の場合、もうメルトがどんどん進んでいって、コントロールが不能になる。そんなとき、これで終わりかなと感じた」

吉田の右腕として、事故対応を指揮したユニット所長の福良昌敏は、事故から9ヵ月たった2011年12月、初めてのインタビュー取材に、終始、感情を表に出さずに慎重に言葉を選びながら答えていたが、事故を受けての個人的な思いを聞いた際、一瞬、顔をゆがめて「悔しい」という言葉を発した。

「こういう重大な結果を招いていますので、悔しいという以前に申し訳ないんです。私自身が。今後、事故をなんとかおさめて、申し訳ないという感情を表現したい」と語った。

2号機の放射性物質の大量放出については、事故から1年4ヵ月を経た2012年7月の2回目のインタビュー取材で、「残念で仕方がない。現場は精一杯のことをやっていた。しかし、それは力が及ばなかったということだと思います。最大限の努力はしましたが、結果からすると、そうだったんだと思います」と話している。

免震棟で原子炉の状態を解析し続けた技術班の解析担当者は、2012年7月のインタビュー取材で、事故対応について「死ぬまで忘れられない」と語り、今も自問自答し続けていることを打ち明けている。

「放出された放射性物質がかなり近隣を汚したということも言われているわけで、あのオペレーションがどうあればよかったのかということは一生僕の頭の中で回り続けると思います。あのときのことは何度も思い返し、夜中にうなされることもあります。2号機については、下手をすれば、日本の国がおかしくなるのではないかとまで思い詰めた部分があるので、死ぬまで忘れることはないと思います」

3月11日から4日間にわたって免震棟の事故対応を見続けた土屋繁男は、免震棟を出た後、田村市の総合体育館に避難していた妻と再会し、その後、福島県内で家族とともに避難生活を送っている。原発から5キロほどのところにある大熊町の自宅

3月15日午前6時以降、2号機原子炉建屋から大量の放射性物質が放出されたとみられる。写真は午前10時に撮影された2号機から上がる白煙。このときの放射性物質の放出が、住民に最も被害を与えたといわれている
写真：東京電力

2011年3月15日 午前10時撮影

は帰宅困難区域に指定され、帰れる見通しはまったく立っていない。

土屋は、2013年2月のインタビュー取材で、事故から2年近くを経ても、あの事故と原子力に対して、いまだ整理しきれない胸の内について語っている。

「原子力に対して多くの町民の人たちから、『今まで信じていたのに』という言葉がどんどん耳に入ってくるようになった。自分も原子力は安全だと言っていた国や電力会社に対して100パーセント裏切られたという気持ちになりました。

ただ、原子力は、人間の手の及ばないものじゃないかと思う反面、一生懸命頑張っている人もいるということが、複雑ですね。私もあのとき、あの中にいて、これほど深刻になるということが、いまだに信じられないところがあるんです。自分自身が避難までする状況になり、そういうリスクを忘れていたことが、今もちょっと計り知れない。まだまだ自分としては、複雑なんです」

土屋は、複雑という言葉を何度も口にして、今も事故のことを考え続けていると語っている。

7章 使用済み核燃料の恐怖

白煙を上げる3号機原子炉建屋への放水作業
写真：東京電力

東電社員の証言
オフサイトセンターから現場に戻るか、ものすごく悩んだ。そんなとき、5、6号機を担当しているベテランの運転員から、「私は何でもやります。私は発電所に突っ込む覚悟です。何かやらなければいけないことがあれば、遠慮しないで言ってください。最後は運転員の意地を見せたいんだ」と言われた　　　東京電力報告書より

早朝の衝撃音

3月15日午前6時、4号機が爆発するわずか10分前のことだった。2号機の原子炉の冷却がままならない状態のなか全面マスクをかぶり、防護服に身を包んだ3人の運転員が車に乗って、3、4号機のサービス建屋に向かった。サービス建屋の2階には3、4号機の中央制御室があった。3人の運転員は、これまで徹夜で中央制御室で作業にあたっていた運転員と交替するために免震棟から派遣された要員だった。

3人がサービス建屋に入った直後の午前6時14分だった。全面マスク越しにもわかる大きな衝撃音が聞こえた。激しい縦揺れとともに、背中に風圧のような強い力を感じた。

3人は急いで階段をあがり、2階の中央制御室に入った。3、4号機の中央制御室にいた3人の運転員も大きな衝撃音を聞いていた。

すぐに免震棟の発電班から中央制御室に連絡が入った。6人の運転員全員、いったん免震棟に退避せよという指示だった。6人は一団になってサービス建屋から外に出た。

サービス建屋の入り口を開いたときだった。目の前に広がる光景に思わず息をのんだ。あたり一面に、瓦礫とコンクリートの破片が山積みになっていた。サービス建屋に入る前の光景と一変していた。

「どこから瓦礫が飛んできたのか」

6人が車に乗って、免震棟に戻ろうと車を動かしたときだった。それまでサービス建屋に隠れていた4号機の原子炉建屋が目に飛び込んできた。4号機の原子炉建屋は最上階の5階から4階にかけて壁が崩れ鉄骨の骨組みがむき出しになっていた。

「4号機がやられた」運転員全員がそう思った。原子炉建屋上層部の壊れ方は、程度の差こそあれ、水素爆発を起こした1号機や3号機の壊れ方によく似ていた。激しい縦揺れを伴う衝撃音も1号機や3号機の水素爆発の際に感じたものを彷彿させた。おそらく4号機も水素爆発をしたのだろう。

とにかく、免震棟に退避して、この事実を伝えなければならない。しかし、運転員たちは無線やPHSといった通信機器を持っていなかった。伝えるためには、免震棟に戻って、自分たちの口で説明しなければならない。急いで戻らなければならなかった。ところが、車が免震棟に向けて進み始めた途端、道路にうずたかく降り積もった瓦礫に阻まれ、それ以上動けなくなってしまった。6人は、やむなく車を乗り捨て、徒歩で免震棟に向かうことにした。4号機から免震棟までは、およそ1キロある。全面マスクに防護服というフル装備のため、6人は思うように歩けなかった。

免震棟が近づくにつれ、何台ものバスや車とすれ違った。免震棟から退避する人たちとみられた。何が起きているのか。免震棟に到着したときは、すでに午前8時をまわっていた。午前

第7章 使用済み核燃料の恐怖

6時14分の衝撃音からすでに2時間ほど経っていた。

このとき、免震棟では2号機の格納容器で何らかの爆発が起きたと判断し、1時間ほど前の午前7時ごろから、幹部やプラントの監視に必要なおよそ70人を残して、およそ650人の社員が福島第二原発に向けてバスや車で退避していた。

6人は、免震棟の発電班の幹部らに、午前6時すぎの激しい縦揺れと衝撃音を感じたことや4号機の最上階が大きく壊れ、あたり一面に瓦礫が積もっている様子を詳しく報告した。

吉田以下、免震棟の幹部は、この時点で、初めて午前6時14分の衝撃音は、4号機の爆発音だった可能性があることに考えがいたったのである。

後の東京電力の調査で、15日午前6時すぎに免震棟で感じた最初の異音は、午前6時10分ごろに2号機のサプレッションチェンバーを含む格納容器のどこかが損傷したことによるもので、それに続く午前6時14分の爆発音は、4号機が水素爆発したことが原因だと判明する。

運転していなかった4号機の水素爆発。吉田以下、免震棟の幹部も東京電力の本店も、原子炉建屋5階にある燃料プールに保管されている使用済み核燃料の溶解が原因で4号機が爆発した可能性があると考えた。そして、この後、東京電力のみならず日本全体が、使用済み核燃料が保管された燃料プールの危機に翻弄されていくのである。

使用済み核燃料の恐怖

15日午前9時すぎ、東京・内幸町の東京本店では、福島原子力発電所事故対策統合本部の会議が開かれていた。統合本部は、東京電力が全面撤退すると考えた菅総理大臣らが東京本店に乗り込んだ際、政府と東京電力の情報共有を密にするため、新たに設置され、このときから断続的に会合を開いていた。

午前中の会合で最重要課題として検討されたのが、1号機から4号機の燃料プールの水位を確保するため、どうやってヘリコプターや消防車によってプールに放水するかについてだった。とりわけ、水素爆発を起こした4号機は、プールに水があるかどうかもわからないため、最優先で水位を確保しなければならないことが確認された。

燃料プールについては、アメリカもかなり早い段階から強い危機感を抱いていた。NRC・アメリカ原子力規制委員会のグレゴリー・ヤツコ委員長（40歳）は、事故翌日の12日にNRCの幹部から、1号機原子炉建屋の上部が壊れ、最上階にある燃料プールがむき出しになっているとの報告を受けている。この時点で、ヤツコは委員会の会合で「燃料プールについても考えなくてはいけない」と発言している。

16日にはアメリカ下院の公聴会で、「最悪の事態が起きると1号機から3号機まで3つの原子炉がすべてメルトダウンし、

相次ぐ水素爆発で無残な姿をさらす原子炉建屋。手前は3号機原子炉建屋、奥は4号機原子炉建屋　　写真：東京電力

3号機のメルトダウンにともなって大量発生した水素が流入したことで爆発したと見られる4号機原子炉建屋。この水素爆発によって、1535体の燃料を保管していたプールがむき出しの状態になった　　写真：東京電力

ハネウェル社が開発した垂直離着陸方式の小型無人機T-Hawkが撮影した福島第一原発4号機海側
写真：東京電力

福島第一原発4号機原子炉建屋上部
写真：東京電力

福島第一原発4号機原子炉建屋
写真：東京電力

原子炉が破壊される」と述べたうえで、「6つある燃料プールが火災を起こす可能性もある」と指摘している。

さらにこの日の公聴会でヤツコは、「4号機の水は、全部とは言わずともほとんどなくなった可能性がある」と述べ、議員から「3号機もか？」と問われ、「その可能性がある」と答えている。16日の時点でNRCはじめアメリカ側は、4号機のプールが空だきになっていると強く疑っていたのである。

これは、NRCのヤツコ委員長に、東京に駐在しているNRCのスタッフから4号機プールの水が干上がっているという未確認情報が届いていたためとみられている。後に公開された福島第一原発事故直後のNRC内部のやりとりを記録した3200ページにわたる議事録によると、16日午前に東京に駐在しているNRCのスタッフが、「東京電力から4号機の燃料プールに水が残っていないという情報を得た。注水を急ぐべきだ」という報告を本国のNRCに伝えている。

アメリカ側は、各号機の中で最も多い1535体の燃料が保管されている4号機の燃料プールでは、高熱を帯びた燃料によって水が蒸発し、燃料がむき出しになっているのではないかと疑っていたのだ。その結果、大量の水素が発生し、水素爆発を起こし、燃料を覆う金属と水が化学反応を起こしたのではないかと推測していた。

そのうえで、アメリカ側は、さまざまな外交ルートや軍事ルートを通じて、日本政府や東京電力に対して4号機の燃料プールが空だきになっているのではないかという懸念を繰り返し伝えてきていた。

そして、日本時間の17日未明に、アメリカは、日本に住むアメリカ国民に対して、福島第一原発から半径50マイル（80キロ）の区域に避難指示を出す。半径80キロとは、日本の避難区域である20キロの4倍にあたる。福島市や郡山市、さらに仙台市南部までが避難区域に入った。80キロの避難区域は4号機プールへのアメリカの危機感を如実に物語っていた。

この時点で、放射線量に阻まれて、福島第一原発4号機のプールの状態はまったく確認できていない。もし、プールに水がなく、1535体の燃料がむき出しになっていたら事態悪化は避けられない。

アメリカ側から繰り返し寄せられる4号機プールへの強い懸念もあって、日本政府も強い危機感を持つようになっていた。

このころから政府内では、「最悪シナリオ」という言葉が、囁かれるようになっていた。

4号機の燃料プールの水位が下がると、最悪の場合、どのような事態になるか。その事態は他の号機のプールや原子炉にのように連鎖して、避難範囲は、どこまで広がるのか。

こうした問題意識から菅総理大臣（68歳）は、3月22日に、非公式に原子力委員会の近藤駿介委員長に、最悪の事態を想定したシミュレーションの作成を依頼している。近藤は「そうしたシミュレーションは、不測の事態が起こらないようにするた

事故連鎖の考え方

① 発生のリスクが比較的高い1号機の原子炉容器内或いは格納容器内で水素爆発が発生し、放射性物質放出。1号機は注水不能となり、格納容器破損に進展

② 線量上昇により、作業員総退避。

③ 2,3号機原子炉への注水／冷却不能、4号使用済燃料プールへの注水不能

④ 4号使用済燃料プールの燃料が露出し、燃料破損、溶融。その後、溶融した燃料とコンクリートの相互反応（MFCI）に至り、放射性物質放出。（次頁に使用済燃料プールの破損進展を示す）

⑤ 2,3号機の格納容器破損し、放射性物質放出。

⑥ 1,2,3号機の使用済燃料プールの燃料破損、溶融。その後、MFCIに至り、放射性物質放出。

原子力委員会の近藤駿介委員長が作成した「福島第一原子力発電所の不測事態シナリオの素描」の一部

めの検討には必要だ」などと述べて、菅の依頼を受け入れた。

近藤は、JAEA（日本原子力研究開発機構）やJNES（原子力安全基盤機構）の専門家とともに、3日間ほぼ徹夜でコンピューター解析の作業を続け、シミュレーションを行った。この作業はすべて、組織ではなく、個人の資格で行ったという。

作業の目的は、福島第一原発では今後新たな事象が起きて不測の事態に至る恐れがないとは言えないとして、不測の事態の概略を示すことにあった。近藤は、シミュレーションに「福島第一原子力発電所の不測事態シナリオの素描」というタイトルをつけて、3月25日に15枚のパワーポイントにまとめて政府に提出した。

15枚のパワーポイントは非公表の機密扱いの文書となり、官邸内でも閲覧後は回収され、シュレッダーにかけられたという。このシナリオこそ、菅が総理大臣退任後に明らかにされた「最悪シナリオ」だった。

「最悪シナリオ」は、新たな事態の発生にともない、原発内の放射線環境が作業員の滞在が困難な状況まで悪化して、作業員が退避し、さらに事態が連鎖的に進展していくことを想定していた。

その想定では、事故6日目に4号機のプールの水位が下がり、使用済み核燃料が露出すると、放射性物質の外部への放出が開始されることが推定されている。

近藤駿介内閣府原子力委員会委員長が作成した「福島第一原子力発電所の不測事態シナリオの素描」で明らかになった、最悪シナリオ発生時における移住を迫られる地域。福島第一原発の半径170キロ圏内がチェルノブイリ事故の強制移住基準に相当すると試算。250キロ圏内を、住民が移住を希望した場合には認めるべき汚染地域とした

CG：DAN杉本、カシミール3Dを用いて作製。高さは2倍に強調している

170 km
250 km

さらに、14日目には、水が完全に干上がって燃料がメルトダウンし、プールの底が抜け、核燃料がコンクリートと反応する。燃料プールは原子炉のように格納容器に覆われていないため、むき出しのプールから直接、大量の放射性物質が放出される。その後、他の号機の燃料もメルトダウンにいたる。

近藤委員長の「最悪シナリオ」では、福島第一原発の半径170キロ圏内がチェルノブイリ事故の強制移住基準に相当し、半径250キロ圏内が、住民が移住を希望した場合には認めるべき汚染地域になると試算した。

250キロの移住範囲とは、北は岩手県盛岡市、南は神奈川県横浜市にまでいたる。東京を中心とする首都圏もすっぽりと包まれ、3000万人もの首都圏の住民の退避が必要になることを意味した。これらの避難範囲は時間の経過とともに小さくなるが、自然減衰にのみ任せるならば、半径170キロ、250キロという地点が自然放射線レベルに戻るまでには、数十年かかるとされていた。

「最悪シナリオ」は、日本が国家的に破局することにつながりかねない甚大な被害が出ることを示していた。「最悪シナリオ」について、近藤は、後の取材に対して「最悪の事態を想定するのが目的ではなく、起きうる不測の事態を考え、それを防ぐために検討すべき対策を示すのが目的だった」と答えている。

3月15日の時点では、「最悪シナリオ」のシミュレーションは行われていなかったが、政府も東京電力も4号機の燃料プー

第7章 使用済み核燃料の恐怖

ルの水がなくなることは、日本の国家的危機の引き金を引きかねないという認識では一致していた。このため、なんとしても4号機プールの水位を回復しなければならないというのが最重要課題だった。

プロジェクト・ファースト

16日未明から免震棟と結んだ政府と東京電力の統合本部は、断続的に4号機の燃料プールの対策について議論していた。

しかし、その議論のさなか、午前5時45分には、4号機の原子炉建屋4階で炎が上がっているのが発見される。前日の15日午前10時にも建屋3階で原因不明の火災が起きたばかりで、水素爆発を起こした4号機の建屋は至る所に火種が残っているのではないかと思わせる火災だった。火は30分後に自然に消えているのが確認されるが、免震棟は、消火作業や確認作業に追われていた。

4号機燃料プールへの対応が急がれる一方で、新たに起きた火災対応に加え、東京本店からは、電源復旧作業のために、3号機や4号機の周辺にうずたかく積もっている瓦礫やコンクリートの破片をショベルカーなどで取り除く作業も進めてほしいというオーダーも来ていた。日が昇り、時間が経つにつれ、免震棟に求められる要望は増え、作業が錯綜してきた。

16日午前9時ごろ、たまりかねたように所長の吉田が声をあげた。

「すいません。今いろんなミッションが同時に来ているので、もう一度確認させていただきますと、今一番重要なのは、4号機の使用済み燃料プールに水を入れるための警察の消防車を早く4号機の脇に入れて送水する。これが最大目的ということでいいですね」

本店の武黒一郎フェロー（65歳）が答える。

「そのとおりです」

吉田が重ねて念を押す。

「これをディスターブ（邪魔）するものは、他の作業であっても一時待機してもらうことでよいですね」

このころ、電源復旧を進めるため、新たな電源車が福島第一原発の正門に到着し、タービン建屋周辺の瓦礫の除去が進めば、すぐにでも作業に入りたいという要望が来ていた。

武黒が答える。

「お気持ちよくわかりました。それでは、同時に、外部電源の確保というのも重要なので、それをディスターブしない限りで優先度2番として電源の確保ということになります」

吉田は改めて提案した。

「了解しました。それではこれから、4号機の使用済み燃料のところに放水するのをプロジェクト・ファーストと言ってください。一番優先度が高いのでプロジェクト・ファーストと呼ん

213

でいただくと理解が進むと思いますので、よろしくお願いします」

作業が錯綜し、現場を混乱させてはいけない。わかりやすいプロジェクト名をつけて、作業を進める者を一つの方向に向かわせるのは、吉田の得意とするところだった。

吉田の機転で、プロジェクト・ファーストと名付けられたこともあって、免震棟も東京本店も、4号機の燃料プールへの放水を最優先に進めることを再確認していた。作業はうまく転がり始めようとしていた。

しかし、その矢先の午前10時前だった。テレビのヘリコプターからの中継を見ていた副社長の武藤が驚いたように、吉田に尋ねた。

「テレビのライブで、今福島第一で煙って言うんだけど、画像出てますけども、この量が増えてきたものというふうに考えられます」

吉田が答える。

「はい。今です、現場確認している者が言いますと、3号機から出ている煙で、これ場所わかりますか?」

3号機からテレビ画面にはっきりと映し出されていた。白い蒸気のような煙が断続的に吹き出しているのがテレビ画面にはっきりと映し出されていた。その量は徐々に増えているように見えた。

水素爆発を起こした3号機の原子炉建屋の最上階の5階は跡形もなく、今や3号機の原子炉建屋の上部は燃料プールがあった。

ないほど激しく崩れ、プールは直接外気にさらされているはずだった。幅12・2メートル、長さ9・9メートル、深さ11・8メートルあるプールには1400トンあまりの水がためられ、その中に566体の燃料がおさめられている。11日の全電源喪失以来、5日間にわたって冷却が停止しているため、4号機と同じように水温はかなり上昇していると考えられた。白い蒸気のような煙は、水温の上がった燃料プールから上がっているものと推測された。

免震棟では、吉田の背後から、「湯気じゃない? 湯気」と話す声が聞こえた。

その声に「湯気?」と吉田が聞き直した後、再び本店に向かって発言した。

「煙か湯気かということですが、量が先程から上がってきている。そういうことでございます」

外気は、10℃程度である。40℃程度の水温でも、露天風呂のように大量の湯気が出てくることは考えられた。

武藤が再び聞く。

「4号機での作業をするときの障害になる可能性があるかどうかというのは?」

たとえ湯気だとしても、大量の放射性物質を含んでいる可能性がある。ましてやプールの正確な水温もプールの状態もまったくわからないのだ。プールの水位が極端に下がり、燃料がむ

き出しになって発熱している可能性も捨てきれない。そうなると、周囲の放射線量が高くなっている可能性もある。そうなるなら、3号機の燃料プールの水温が上昇し、水位が下がっているなら、なんとしても水を入れなければならない。燃料がむき出しになるなどということは許されないはずだ。

たまりかねたように、武黒が吉田に呼びかけた。

「白い煙が出ているのが、使用済み核燃料貯蔵プールからの発熱だということになると、危険な状況になっているというふうに判断されますが、そうすると4号よりも3号への注水を先にすべきということになるんですが、いかがでしょうか？」

吉田も「そうですね。十分あり得ますね」と同意せざるを得なかった。

東京本店も免震棟も、急速に、4号機よりも3号機の燃料プールへの危機対応を優先すべきという意識に傾いていく。

午前10時43分、統合本部は、作業員を一時退避させることを決めた。吉田は、プロジェクト・ファーストを、中止すると宣言した。

しかし、その後、原発構内の放射線量に大きな変化はみられ

なかった。免震棟と東京本店は、構内の放射線量を確認したうえで、退避指示からおよそ1時間が経った午前11時半に作業を再開した。作業再開後、免震棟も東京本店も、3号機の燃料プールへの放水を優先しなければならないという認識で一致していた。

武黒が作業の優先順位を改めて確認した。

「優先順位について再確認します。まず優先順位1が3号プールへの補給。次が4号プールへの補給。次が外部電源。この3つだということを明確にしておきたい」

吉田にも異論はなかった。

白い煙が出ているという事実がある限り、まずは3号機の燃料プールへの対応を急がなければならなかった。

しかし、4号機の燃料プールの状況も、まったくわからないままだった。14日午前4時すぎに84℃という通常より50℃程度も高い水温になっていることが判明し、5人が対策に向かったが、原因不明の高い放射線量に阻まれて免震棟に戻っていくプールの状態は何も調べられないままだ。4号機においては、15日午前6時すぎに原子炉建屋が爆発してしまったのだ。4号機におさめられた燃料は、各号機の中で最も多い1535体に上る。免震棟の技術班が解析した4号機の使用済み核燃料の発熱量は、3号機の4・2倍にも上っていた。潜在的な使用済み核燃料の危機の深刻さは、4号機のほうが大きいと言えた。

免震棟と東京本店の誰もが、3号機と4号機の燃料プールの

東電社員の証言
サービス建屋に入ったらうしろで衝撃があった。音はよく覚えてない。風圧みたいな感じだった。で、中央制御室に行って話を聞いた。車に6名全員乗って帰ろうとしたが、瓦礫の山だった。集中RW（廃棄物処理建屋）側を通って帰ったらどんどん進めなくなりひどい状態だった。そのとき、4号がやられているのを見た。瓦礫で進めないので、4号原子炉建屋の山側から車を乗り捨てて走って逃げた。車を置きっぱなしで、もう走れないので、7番ゲートから出た

東京電力報告書より

ヘリコプターから空撮した福島第一原子力発電所3号機
写真：東京電力

どちらを優先すべきか、明確な判断材料を持たないまま、とりあえず白い煙が上がっている3号機の対応を急ぐという選択をとっているのが実態だった。

16日の午後に入って、総理官邸と打ち合わせを続けてきた高橋フェローが会議に戻ってきた。

「自衛隊のヘリによる水の投下ということを今相談してきました。首相の了解が得られれば、そういう方向に動くということで、建屋の健全性であるとか、パイロットの健全性について、今ご説明して今了解をいただく努力をしているところであります」

3号機の燃料プールに自衛隊のヘリコプターによって散水する計画が具体化するという報告だった。高橋は説明を続けた。

「ヘリコプターは、ひとつ5トンくらいの容量の水が運べるんだそうです」

計画は、仙台市にある霞目駐屯地に展開していた陸上自衛隊のCH47ヘリコプターを福島第一原発に向けて飛ばすというものだった。CH47ヘリコプターは、直径18メートルあまりの2つの回転翼を持つ胴体がおよそ16メートルある大型輸送ヘリコプターである。この大型ヘリコプターに自汲式バケットと呼ばれる5トン程度の水を入れることができる容器をつり下げる予定だった。この容器で海から水を汲み上げ、その水を上空から3号機の燃料プールに散水する計画だった。燃料プールの危機に、自衛隊が前面に出て対応にあたることが、初めて示されたのである。東京本店も免震棟も、ヘリコプターによる散水計画を受け入れる準備作業を急いだ。

午後2時ごろ、武黒フェローが報告した。

「今、防衛省との調整が終わりまして、ヘリコプターで水を投入するために2機が飛ぶことが決定いたしました。1機はモニターのため、2機が水を落とすということで、3機編制であります。ターゲットは、まず3号ということでよろしいですね」

吉田は「はい。結構です」と了承した。

午後4時前、仙台市の霞目駐屯地からCH47ヘリコプターが離陸した。

福島第一原発の3、4号機周辺の作業員に退避が指示され、作業員は次々と免震棟に戻り、午後4時43分に退避が完了した。

吉田以下、免震棟の誰もが、ヘリコプターによる3号機の燃料プールへの散水を今か今かと待っていた。

午後5時すぎ、吉田の弾んだ声がテレビ会議に響いた。

「ヘリコプター視界に入りました。5時2分、ヘリコプターが視界に入りました。2機視界に入りました」

しかし、それからまもなく本店から沈んだ声で新たな報告が伝えられた。

「すいません。大変重要なご報告がありますので、お聞きくだ

218

さい。モニタリングの結果、線量が高いので散水は中止という報告がございました。線量が非常に高いので散水が中止になったというご報告が入りました」

計画の中止を伝える報告だった。上空を飛行中の自衛隊員が受ける放射線量が、任務中に浴びることを許容されている50ミリシーベルトを超えてしまったというのが自衛隊側から報告された理由だった。ヘリコプターによる散水作戦は中止になった。自衛隊は、政府と東京電力の統合本部と調整しながら、翌日の散水をめざすとしたが、作戦に暗雲が立ちこめてきた。

水面が語る連鎖の真相

東京・内幸町の東京本店2階では、16日夜に入って、経済産業大臣の海江田が、統合本部に集う人々の労をねぎらっていた。

「自衛隊のヘリコプターにつきましても、今日は大変残念な結果でございますが、明朝早朝から同じようなオペレーションをするということを、先程、私は聞きました」

翌日早朝から再び自衛隊のヘリコプターによる散水作戦が展開することになっていた。

このころ、日本政府には、アメリカ側から、さまざまなルートを通じて、なぜ国家的危機に自衛隊が前面に出て来ないのかという強い不満と不信の声が寄せられていた。

16日に中止となった自衛隊のヘリコプターによる散水作戦は、17日には、なんとしても行わなければならなかったのである。

福島第一原発では、午後5時半ごろから通信機器が突然故障し、免震棟は会議に参加できなくなっていた。東京本店は、重要な情報だけを衛星電話で伝えていた。

統合本部では、翌日のオペレーションについて断続的に打ち合わせが続いていた。

深夜になって武黒が、その打ち合わせを遮って、重要案件を持ち出した。

「ちょっと待ってください。ヘリコプターでさっき上空を飛んだ人間が写真を撮ってきましたので、班目先生、安全委員の先生方もおられたら、ちょっとこっちに来ていただいて、よく見ていただいて、3号、4号どっちを先にやるかということに関わりますので、専門的な見地からいろいろご議論いただけるようにしたいと思います」

海江田が「班目先生、帰っちゃった。4号館にいる」と答えた。

すでに日付が変わる時間だった。原子力安全委員会委員長の班目は、統合本部が置かれている東京本店を出て、安全委員会がある霞が関の中央合同庁舎4号館に戻っていた。

武黒は、「じゃあ、後でまた見ていただくことにして」と言うと、本題に移った。3号機と4号機の上空を飛んだ自衛隊へ

リコプターに同乗した社員が、撮影してきた映像を見せながら、3号機と4号機のプールの状態の説明を始めた。会議の参加者は食い入るように映し出されたビデオを見つめた。

「まず、こちらが4号機です。4号機も蒸気が出ています」

鉄骨が折れ曲がった4号機の建屋上部から蒸気が上がっている光景が映し出された。

「3号機ですけど、多分おそらく、ここが格納容器のところで、ストップ、ストップ」

社員は、ビデオを止めた。

「プールがあって格納容器があってこっちがプールになると思われます。で、プールからだけではなくて、確かに蒸気はプール側からたくさん出てるんですけれども、おそらくPCVのヘッドの周りからも出ていると思われます」

3号機は燃料プールだけでなく、PCV、つまり格納容器の上部周辺からも蒸気が出ていることが確認できたという説明である。社員は、ビデオを再生した。今度は、上空から4号機を撮影した映像が映し出された。

「これから4号機が出てまいります。屋根は完全に御覧のとおり抜けてます。で、ここからなんですけども、はいストップ」

社員は、再びビデオを止めた。

「ここでなんですけど、キラッと光ってですね、一番左の端に燃料交換機が置いてあります。で、この下に光っているところ。これが水面になります。静止した映像には、確かに、太陽の光がプールの一部に反射し、白く光っているところがあった。4号機の燃料プールに、水面が残っていることを示す有力な証拠だった。

思わず武黒が聞く。

「水面というのは、燃料の頂部より下なの？」

社員が答える。

「燃料の頂部より下だと水面は見えませんので、ウェル満水と思います」

ウェル満水。燃料プールのすぐ隣に接している原子炉ウェルと呼ばれるプールは満水だという意味である。従って、隣にあるプールも満水で、燃料の水面のはるか下におさめられているという説明だった。

武黒が、満水という言葉を嚙みしめるように「ウェル満水」と繰り返した。

撮影した社員は、上空から肉眼で見て、4号機のプールも、そのすぐ隣の原子炉ウェルも十分水に満たされ、燃料は、水の中にあることを確認できたと説明した。自衛隊のパイロットもまったく同じ見解だと語った。

15日早朝に4号機が水素爆発を起こしてから最大の懸案事項が払拭された瞬間だった。4号機プールの水位が下がり、燃料

4号機の燃料プールの中の様子
写真：東京電力

3号機の燃料プールの中の様子
写真：東京電力

がむき出しになっているという疑念が晴れたのである。これ以上ない朗報だった。

実は、4号機の燃料プールには、隣に接している原子炉ウェルから水が流れ込み、一定の水位が保たれていたことが後の東京電力の調査で明らかになる。

燃料プールと原子炉ウェルの間は、プールゲートと呼ばれる仕切り板によって区切られていたが、プールゲートは原子炉ウェル側の水圧が高くなると、接合部分のすき間が開いて燃料プール側に水が流れ込む構造になっていた。

電源を失った燃料プールは水温が異常上昇し、水位が低下していたが、水が減るたびに原子炉ウェル側から水が流れ込み、水位が一定に保たれていたのだ。

定期検査のため、原子炉ウェルとその隣にある機器貯蔵プールには燃料プールとほぼ同じ1400トンもの水が満たされていた。このことが幸いしたのである。全電源喪失以来5日間にわたって、燃料プールの水温が異常上昇し続けるのを防ぐ手段がまったくなかったことを考えると、運が良かったとしか言いようがない現象に救われたのだった。

燃料プールに水があったことを確認した武黒は、思わず「なんで水素爆発起こるんだよ」と声をあげた。

撮影した社員も、武黒の疑問に同意しながら「いや、そうなんですよ、こちらもほら、これも全部、たぶん水面が全部映っています」と応じた。

確かに、プールに水が満たされ、使用済み核燃料が冷やされていたなら、燃料が発熱し、大量の水素が発生することは考えにくい。そうすると、4号機はなぜ水素爆発をしたのか。爆発するほどの大量の水素は、どこから来たのか。新たな疑問に誰もが首をかしげた。

4号機が水素爆発をしたのは、思いもよらない連鎖の結果だった。

後の東京電力の調査で、4号機の水素爆発は、3号機のベント作業の際、配管を通じて逆流してきた水素が4号機の原子炉建屋にたまっていたことが原因と判明する。

3号機の格納容器のベント配管は、排気筒に向かう配管を通して4号機の非常用ガス処理系と呼ばれる排気管に接続していた。非常用ガス処理系の排気管には、電動の弁が設置されていて、通常であれば、外部からの気体の逆流を防ぐようになっている。ところが、電源が失われると、弁は自動的にすべて開く仕組みになっていた。電源喪失の際は気体の逆流を許してしまう構造になっていたのだ。3号機の原子炉がメルトダウンするなかで、燃料から発生する大量の水素は格納容器に漏れ出していた。格納容器をベントするたびに、配管を通じて水素は4号機に逆流し、上へ上へと上り、原子炉建屋上部に充満していったのだ。そして15日午前6時14分、建屋4階で爆発にいたったのだ。

第7章 使用済み核燃料の恐怖

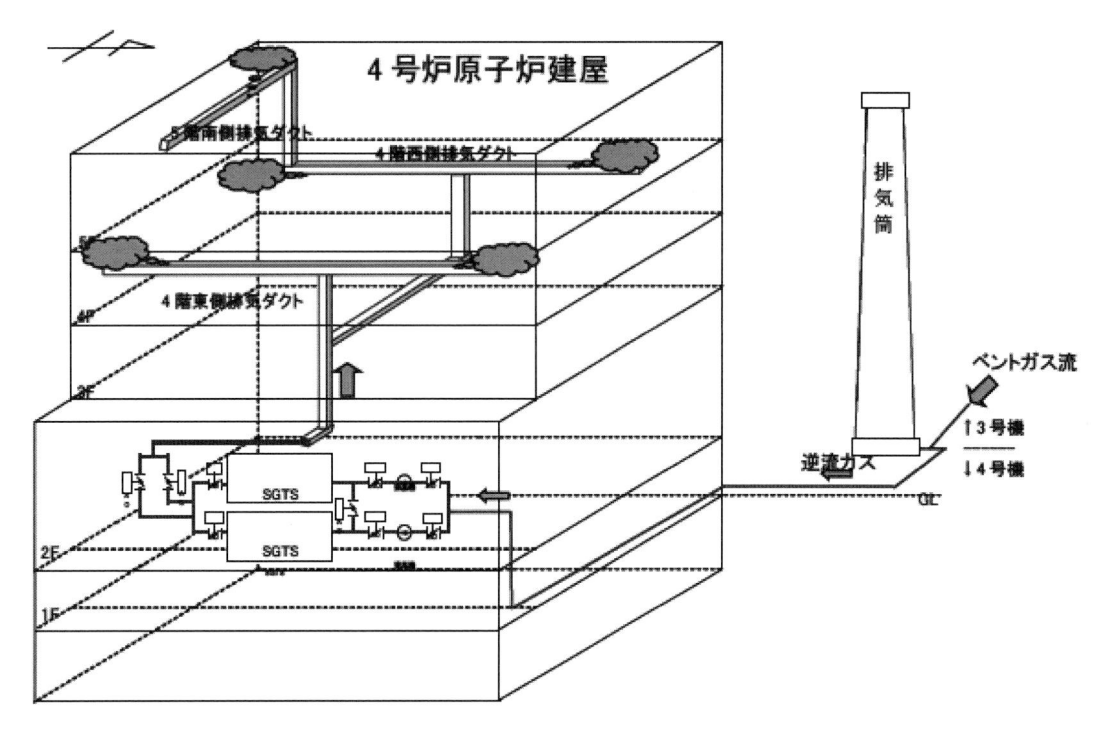

３号機から４号機への格納容器ベント流の流入経路　　図：東京電力報告書より

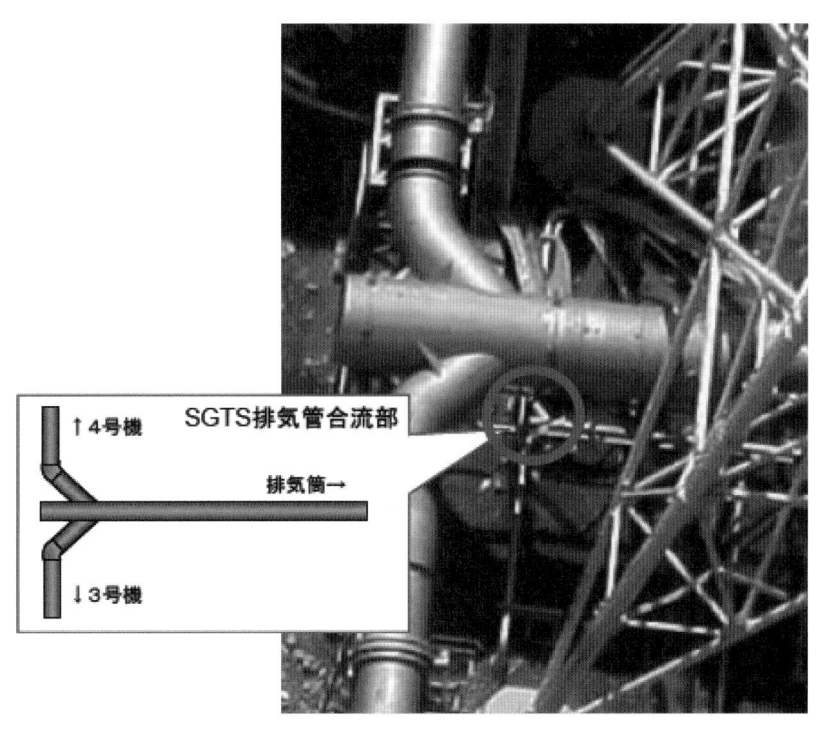

３号機の格納容器のベント配管は、排気筒に向かう配管を通して４号機の非常用ガス処理系（SGTS）と呼ばれる排気管に接続していた　　図、写真：東京電力報告書より

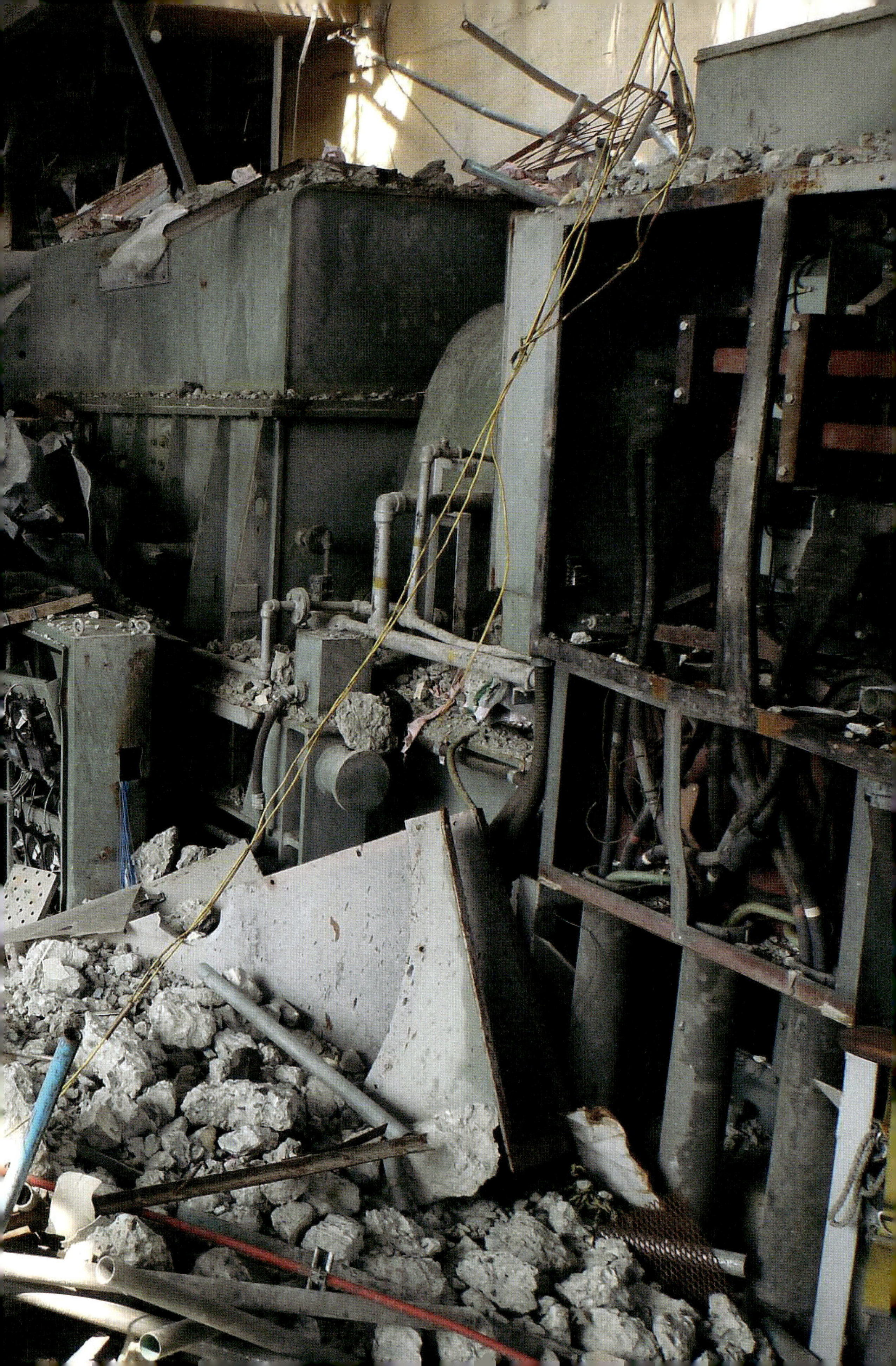

東電社員の証言
3月17日ごろ、誰からか、会社のPHSを使えば、本店を経由し外線通話できると教えられ、ようやく安否確認を始めた（まだ、携帯は繋がらない）。もちろん最初は自宅へ連絡、ようやく避難していた家族と連絡が取れた。涙声の嫁の声を聞く。爆発で死んだと思っていたとのこと。連絡できなかったから無理もなかった
東京電力報告書より

爆発で瓦礫の山となった4号機
原子炉建屋4階フロア
写真：東京電力

4号機水素爆発のおよそ21時間前の14日午前9時すぎにプールの水温を冷却するために向かった5人が原子炉建屋で計測した高い放射線量は配管を通じて3号機から流れ込んできた放射性物質が原因だった。そのことは、4号機に水素が流れ込み、やがて水素爆発を起こす可能性を示す重要な兆しであった。

しかし、このとき、4号機から戻ってきた5人が、4号機の建屋で高い放射線量を計測したことを報告しても、免震棟でも東京本店でも、メルトダウンが進む3号機からの放射性物質の漏えいの可能性に思いがいたった者はいなかった。誰一人気付くことなく、3号機のメルトダウンが4号機に連鎖していった。皮肉にも、原子炉と格納容器を守るはずのベントが水素爆発を誘発し、それが、他の号機の原子炉や燃料プールの危機へと連鎖していったのである。

17日午前1時すぎ、ようやく福島第一原発の通信機器が復旧し、免震棟と統合本部の回線がつながった。およそ7時間ぶりの通信機能の回復だった。

武黒が、吉田以下、免震棟の幹部に、この間判明した事実を説明し始めた。

「自衛隊のヘリコプターが上空を飛んでモニタリングをしたんですが、その時に撮ったビデオの画像があります。これで従来わからなかった驚くべき事実かもしれないことがわかりました。我々のまだ推定ですので、発電所のみなさんにもその画像

を共有していただいて、今後の対応を早急に決めたいと思っています」

そして、武黒は、ややもったいぶった様子で、朗報を伝えた。

「それはですね。どうも4号機の燃料プールには水がありそうです」

吉田は、淡々と「はい」とだけ答えた。

4号機のプールに水があることが判明した今、行うべき対応はただ一つだった。免震棟も東京本店も、17日朝から自衛隊のヘリコプターで3号機の燃料プールに散水する計画を確認した。

ヘリコプター散水作戦

3月17日朝、福島第一原発上空には、青空が広がっていた。その晴れ渡った空を飛ぶ自衛隊のCH47ヘリコプターに日本中の注目が集まっていた。

午前8時すぎ、東京・内幸町の東京本店では、統合本部の会合が開かれ、防衛省の担当者が、ヘリコプターによる散水作戦の予定を伝えていた。

「今の予定では9時30分に第1投、その後もう1回、第2投ということで、大型ヘリ2機をもちまして、上からの空中の消火を予定しています。線量の状況によりまして、それは2回以上

午前9時14分、福島第一原発から20キロあまり南にあるJヴィレッジを離陸した自衛隊のUH60ヘリコプターが、水の投下に先だって、福島第一原発上空で放射線量を測定した。上空およそ100メートルで1時間あたり87・7ミリシーベルトの放射線量を計測していた。自衛隊は高度を調整することと飛行時間を制限することで投下作業は可能だと判断した。

午前9時48分。CH47ヘリコプターが容器で汲み上げた7・5トンの海水を3号機の燃料プールめがけて投下した。

免震棟では、吉田以下、幹部や社員がテレビの中継を見ながら、散水の様子を固唾をのんで見守っていた。

1機目が3号機に上空から水を投下した瞬間、免震棟に歓声があがった。

「おーいった。よし。えい。おい、あたったな」

しかし、2機目が水を投下したころには、免震棟の中は、落胆の声に変わっていた。

「これか。これだな。かかってねーよ」

はるか上空から7・5トンの海水を3号機のプールに散水しても、ほとんどかかっていないことが中継のテレビ映像にはっきり映し出されていた。

「あー。3号届いてねーや。なんだよ」

午前10時。4回目の散水を行うヘリコプターが3号機上空に近づいた。

「おっ。来たぞ。4機目だ」

しかし、その直後、免震棟では、ため息とも諦めともつかない声が漏れた。

「ああー。霧吹きやなあ」

3号機のプールにまるで霧吹きのように、むなしく海水が飛び散っていった。15日早朝の4号機の水素爆発以来、日本中を震撼させている使用済み燃料プールの危機を救うはずだったヘリコプターによる散水作戦は、あっけなく終わってしまった。

17日午前9時48分から午前10時1分、自衛隊のヘリコプターは4回にわたってあわせて30トンの海水を3号機の原子炉建屋上部に散水した。

散水後、わずかに蒸気が上がったことが確認されたが、水素爆発によって崩れた屋根などが障害になって、燃料プールには、ほとんど着水しなかったものと推測された。自衛隊のヘリコプターによる散水は、この後、二度と行われなかった。

結局、自衛隊のヘリコプターによる散水計画は、使用済み核燃料プールがはらむ国家的な有事の危機に、自衛隊が前面に出て、ありとあらゆる手段で取り組むという姿勢を、日本国内のみならず、アメリカをはじめとする全世界に視覚的に訴えるという効果については一定の成果があったと言える。しかし、燃料プールを冷やすという実質的な効果は、ほとんどと言っていいほどなかった。

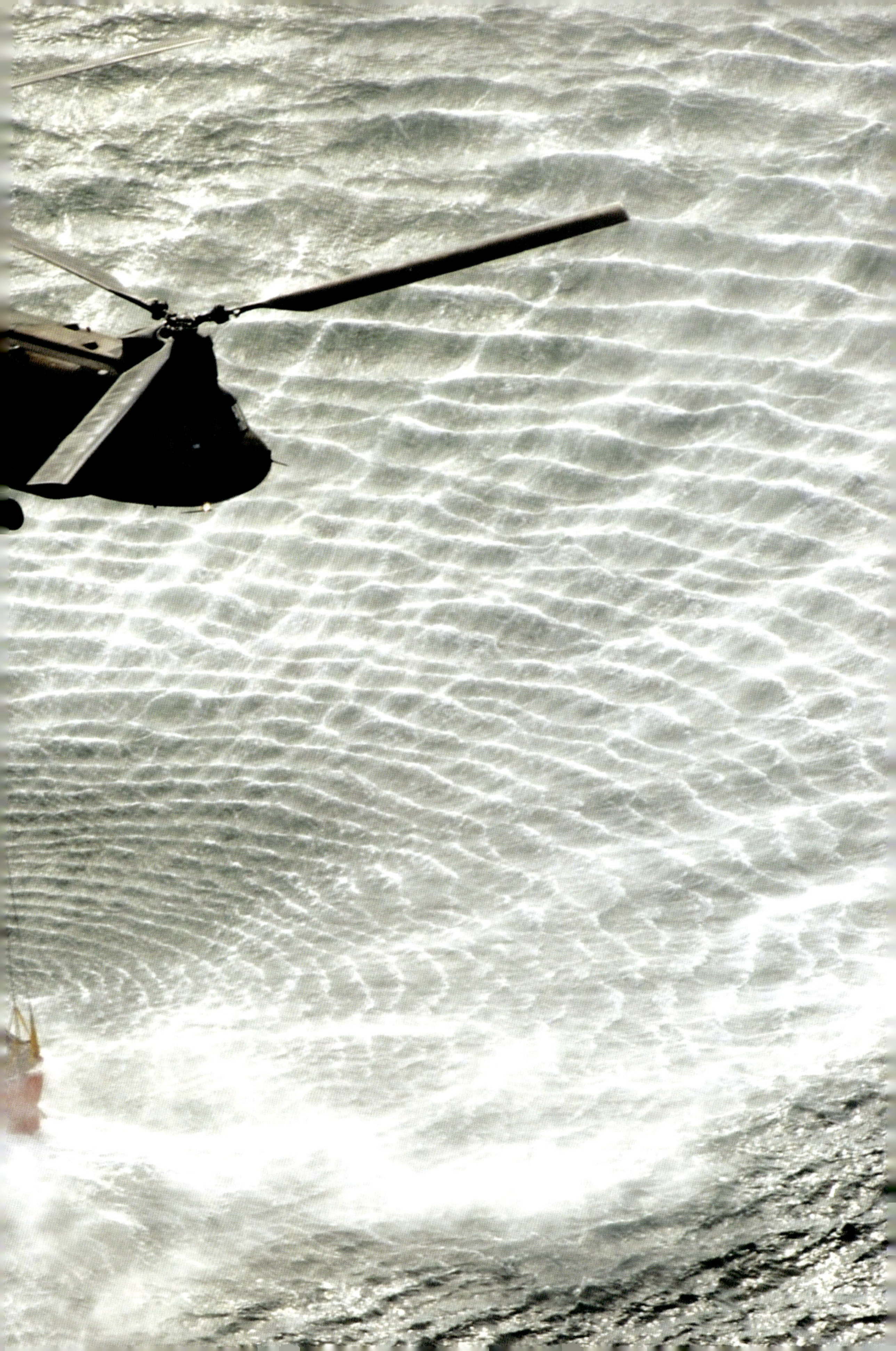

福島第一原発3号機に投下するため
の海水をくみ上げる自衛隊のヘリ

写真：読売新聞社

この日の午後7時すぎからは、警視庁機動隊の高圧放水車が3号機に向けて44トンの放水を実施したが、放水車の水圧が足りず、プールへの着水は限定的とみられた。
　翌18日から3号機の燃料プールに向けて、自衛隊の消防車やアメリカ軍の消防車、さらには東京消防庁のハイパーレスキュー隊による放水も実施されたが、やはりその効果は限られたものだった。
　3月18日、建設会社など3社から政府と東京電力の統合本部に大型コンクリートポンプ車を利用してほしいという申し出があった。コンクリートポンプ車には50メートルほどの長いアームがあり、離れた場所から狙ったところに大量の水を注入することが可能だった。3月22日から4号機に、3月27日からは3号機に、コンクリートポンプ車で継続的に水を注入する作業が始まり、使用済み核燃料プールの危機への道筋がつけられた。
　1号機から4号機の燃料プールは、その後、燃料プールに通じる配管に消防車を使って注水する方法や電源復旧に伴う代替の冷却装置による冷却開始によって、8月ごろには30℃から50℃の安定した水温を維持できるようになった。使用済み核燃料プールの危機は、ようやく収束へ徐々に切り替えていった。
　6月からは、各号機の建屋にたまる汚染水を浄化して再び原子炉に戻す循環注水冷却が開始された。各号機の原子炉の温度も次第に下がり、8月に、まず1号機が100℃以下に、9月には、3号機に続いて2号機も100℃を下回るようになった。
　10月には、1号機で原子炉建屋を覆うカバーが完成し、2号機では、格納容器の中の気体を浄化する設備が運転を開始。原発から外に放出される放射性物質の量も事故直後に比べ1300万分の1程度に下がったとして、政府と東京電力は、2011年12月、福島第一原発の原子炉は冷温停止状態に達したと宣言した。
　1号機から3号機の原子炉への注入は、全長4キロに上る配管を使った循環システムで不安定ながらも恒常的に行われるようになった。
　一方、1号機から3号機の原子炉には、3月15日以降、消防車による海水注入が続けられていた。3月23日に1号機の原子炉の温度が一時400℃を超え、免震棟と東京本店をあわせた危機はひとまず回避できたのである。
　3月25日から26日にかけて、1号機から3号機を、海水から、原発近くのダムから引き込んだ真水に切り替えるとともに、3月下旬以降、外部電源の復旧にあわせて、各号機とも消防車から外部電源を使った給水ポンプによる注水に徐々に切り替えていった。
せたが、注水量を増やすことで温度は低下傾向に転じた。

使用済み核燃料のリスク

福島第一原発の事故では、1号機から3号機の原子炉がメルトダウンした後、3月15日早朝の4号機の水素爆発をきっかけに燃料プールの水が干上がり、使用済み核燃料もメルトダウンするのではないかという危機に日本のみならずアメリカも震撼した。

結局、4号機プールは、定期検査中の特殊な状況も幸いして、一定の水位が保たれていたため、使用済み核燃料が空だきされることはなかった。4号機が水素爆発したのも、プールの水温の異常上昇が原因ではなく、メルトダウンを起こした3号機から逆流してきた水素が原子炉建屋にたまるという予期せぬ連鎖がもたらしたものだった。

しかし、今回の事故は、日本の使用済み核燃料の危機対策が無防備極まりないことをあらわにしたのではないだろうか。

燃料プールにある使用済み核燃料は、原子炉とは異なり、格納容器のような頑丈な覆いもなく、もしメルトダウンしたら、むき出しのプールから直接大量の放射性物質が放出されることになる。福島第一原発と同じ沸騰水型の原発では、そのプールは、いずれも原子炉建屋の最上階にあり、テロや、航空機など上部からの落下物の対策も到底十分とはいえない。

日本の原発には、全国でおよそ1万7000トンもの使用済み核燃料が燃料プールにたまっている。日本は、使用済み核燃料をゴミではなく資源とみなし、処理するまでの間、原発で保管しておくことを原子力政策の基本方針としている。全国の原発で出た使用済み核燃料は、青森県六ヶ所村にある再処理工場に送られ、ここで再処理をして「資源」と再利用できない「核のゴミ」とに分別することになっている。しかし、六ヶ所村の再処理工場は一度も本格稼働していない。核のゴミを処分する最終処分場については、候補地のメドすら立っていない。行き場のない大量の使用済み核燃料が熱を帯びながら全国の原発に留め置かれているのだ。

福島第一原発の事故は、全国の原発にたまり続ける使用済み核燃料の巨大なリスクを浮かび上がらせたといえる。もはや目を背けられないこのリスクとどう向き合っていくのか。今回の事故の検証を踏まえて、抜本的にその安全対策を見直していくとともに、使用済み核燃料の再処理や核のゴミの最終処分の問題の解決に向けてどのように道筋をつけていくか現実的な対応が求められている。

福島第一原発3号機核燃料プール冷却のために放水作業を行う自衛隊ヘリコプター
写真：NHK

第8章 "冷却"の死角

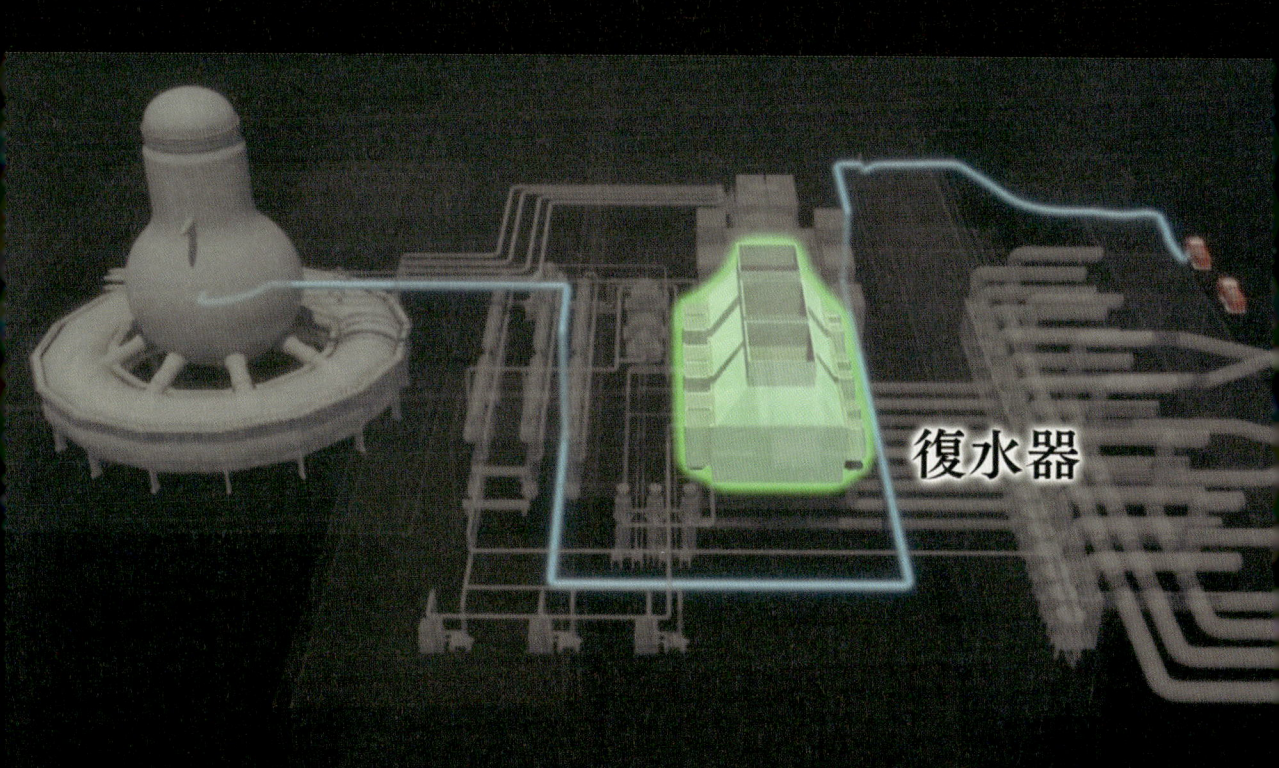

復水器

福島第一原発3号機では、メルトダウンを防ぐために、消防車から500トン近い水が注入された。原子炉冷却には十分な水量だったはずだが、燃料棒の融解は止まらず、大量の水素が発生し、1号機と同様の水素爆発が起きた。大量の水はどこに消えたのか？　謎を解く鍵は復水器という装置に隠されていた
CG：NHKスペシャル『メルトダウンⅢ　原子炉〝冷却〟の死角』

復水器満水の謎

　福島第一原発の事故から20日目にあたる3月30日の午後1時半ごろ、海江田経済産業大臣が臨時の記者会見を開いた。集まった記者を前に、海江田は、今回の事故は緊急時の電源が確保できず、原子炉の冷却機能を失ったことが直接の原因だと述べ、全国の原発の緊急安全対策が決まったので発表すると切り出した。

　「まず、電源車の配備により緊急時の電源を確保する。2つ目に消防車を配備し、消火ホースによる給水経路を確保して、原子炉や使用済み燃料プールの冷却機能を確保する。それから3つ目に実施手順を整備し、訓練を行う。この3つを安全対策として行ってもらいたいということでございます」

　海江田はこう述べ、各電力会社に1ヵ月をメドに整備するよう指示したことを明らかにした。

　緊急対策の目玉の一つは、電源車の配備だった。福島第一原発では、メルトダウンを食い止めるために、事故初日の11日夕方から必死になって電源の復旧をめざしたが、幻に終わった。その大きな要因の一つは、原発構内に電源車が1台もなかったことである。東京や福島周辺から電源車が大挙して福島第一原発に向かっていたが、巨大地震の影響で道路が寸断され、大渋滞になっていたこともあって、結果的に間に合わなかった。その教訓から全国の原発に電源車を配備することが宣言されたのである。

　そして、もう一つの目玉が消防車による注水対策だった。すべての電源を失った福島第一原発では、1号機から3号機の非常用の冷却装置がメルトダウンを防ぐための重要な砦だった。しかし、1号機のIC、2号機のRCIC、3号機のHPCIは、電源が復旧できず、次々と機能を失っていく。非常用の冷却手段が消えていく中、最後の砦として登場したのが、消防車による注水だった。いざというときに注水できるように、全国各地の原発に消防車や消防設備を整備するよう指示されたのである。事故対応に苦しむなかで、吉田が考え出した奇策とも言える消防注水が、名実ともに日本の原発の冷却対策の最後の切り札として位置づけられたのだった。

　この後、各電力会社は、いっせいに消防車と電源車を、全国各地の原発に配備していくことになる。

　海江田が緊急の安全対策を指示した3日前、3月27日の深夜。東京・内幸町の東京本店では、断続的に記者会見が開かれ、事故対応の説明が繰り返されていた。この中で、広報担当者は、ある奇妙な現象について明らかにした。

　福島第一原発では、このころ、1号機から3号機のタービン建屋の地下に、高濃度の放射性物質に汚染された水が大量にたまっているのが見つかり、対応を迫られていた。福島第一原発が津波に襲われた際に地下にたまった大量の海水に、メルトダ

3月30日に防衛省災害対策本部で挨拶する海江田万里経産相。この日の緊急記者会見で、経産相は原発対応の緊急対策として、非常用電源車の配備、消防車の配備、そして訓練を行うことを発表した。吉田所長が緊急避難的に実行した消防車による代替注水が、原発の冷却対策の最後の切り札として位置づけられた

写真：共同通信社

> 2号機3号機とも
> 復水器が満水のようで

3月27日東京電力の記者会見。広報担当者は、「復水器が満水のようで」と、とりたてて驚くことではないといった様子で淡々と説明した

写真：NHKスペシャル『メルトダウンⅢ 原子炉"冷却"の死角』

ウンした核燃料に触れた汚染水が流れ込み、通常時の原子炉の水に比べ1万倍から10万倍にあたる高い濃度に達していることが判明したのだ。

東京電力は、当面、タービン建屋にある復水器と呼ばれる巨大なタンク型の装置の中に汚染水を移送しようとしていた。ところが、移送の準備作業を進めるなかで、2号機と3号機の復水器のハッチを開けたところ、復水器が満水になっていることがわかったのだ。

事故直後から果てしなく続く会見対応で疲れ切った様子で、報担当者は、「復水器が満水でして」と、とりたてて驚くことではないといった様子で、淡々と説明した。しかし、復水器が満水になっていることは、本来あり得ない現象だった。

復水器は、原子炉から出る蒸気をタービン建屋の広い中で冷やして水に戻し、配管を通して再び原子炉に送るための装置で、3000トンほどの容量がある。通常は高さ16メートルあるタンクの70センチから80センチほどの高さに水がたまっている程度である。

このため、東京電力はここに汚染水を移送しようと計画していたのだ。ところが、2号機、3号機ともに復水器の中はすでに3000トン近い水で満たされていたのだ。なぜ、本来あり得ない大量の水が復水器の中に存在しているのか。原因はまったくわからなかった。

しかし、記者からの質疑は、復水器満水の原因よりも汚染水の移送先をどうするのかに集中した。東京電力の広報担当者は、まず復水器の水を急務だったからだ。東京電力の広報担当者は、まず復水器の水を別のタンクに移送し、空いた復水器に汚染水を移送するという玉突き作戦を考えていると説明した。高濃度の汚染水の処理をどうするかが、当面の大きな課題であり、重要な関心事だった。なぜ復水器が本来あり得ない大量の水で満たされていたのか。その謎は、次から次へと押し寄せる膨大な事故対応のなかで埋もれていき、やがて忘れ去られていった。

テレビ会議に残されていた謎

「いったい、現場で何が起きているのか？」

事故から時間がたっても、原発内部で何が起きているのか、多くの謎が残されたままだった。なぜ、事故は起きたのか。事故の悪化を食い止めることはできなかったのか。そして人間は、核を制御できるのか。こうした根源的な問いに答えるため、NHKは、取材班を結成し、取材を開始した。事故からおよそ1ヵ月がたった2011年4月だった。

集まったメンバーは、報道局・科学文化部の記者とデスク、大型企画開発センターや報道局・社会番組部、番組制作局・科学環境番組部のプロデューサーとディレクターたちだった。メ

復水器は、原子炉から出る蒸気をタービン建屋の中で冷やして水に戻し、配管を通して再び原子炉に送るための装置で、3000トンほどの容量がある。通常は、高さ16メートルあるタンクの70センチから80センチほどの高さに水がたまっている程度で、復水器の中にはほとんど水はたまっていない

CG：NHKスペシャル『メルトダウンⅢ 原子炉〝冷却〟の死角』

ンバーの多くは、過去に起きた原発事故をはじめ、廃炉や使用済み核燃料など原発に関わるさまざまな問題を取材した経験を持っていた。1999年に東海村で起きたJCOの臨界事故を調査報道したNHKスペシャルや、2007年に新潟県中越沖地震の際に、柏崎刈羽原発で起きた火災について検証するNHKスペシャルを手がけた者もいた。

取材班の誰もが、過去の経験から政府や東京電力から発せられる公式情報からだけでは、真実に迫れないことを痛いほど知っていた。取材班は、これまでの人脈を駆使し、知恵を出し合って、地道に関係者取材を繰り返し、現場の第一線で事故対応にあたった免震棟や中央制御室にいた当事者の証言を得るべく動き出した。取材は遅々として進まなかったが、それでも「あの日の真実に迫りたい」と、当時のことを語ってくれる人が、1人、2人と現れてきた。取材班が、何より行うべきだと思っていたのは、あのとき、現場で何が起きていたのかを丹念に検証することだった。その地道な検証から浮かび上がる真相こそが、なぜ事故は起き、そして、本当に食い止めることはできなかったかという問いに答える唯一の道だと思っていたからだった。その検証のために最も必要なものが、現場にいた当事者の証言と記録だった。地を這うような取材が続いた。

福島第一原発事故から1年5ヵ月が経過した2012年8月6日。取材班が待ちかねていた記録の一つが公開された。東京電力が、事故直後の免震棟と東京本店とのやりとりを記

東電のテレビ会議
3月14日 午前3時36分頃

3月14日未明、3号機の水素爆発が懸念されていた午前3時36分ごろ、東電のテレビ会議で、消防注水をめぐる吉田所長と武藤副社長の間の奇妙なやり取りがあったことに、取材班は注目した

写真：東京電力

録したテレビ会議の映像を公開したのだ。テレビ会議の映像は、事故直後の対応をあるがままに記録し、検証には欠かせないきわめて貴重な資料だったが、東京電力は、プライバシーや社内資料を理由に公開を拒んでいた。しかし、報道機関の度重なる要請や枝野経済産業大臣の事実上の行政指導を受けて、東京電力は、事故直後の3月11日から15日までの150時間分の映像を公開したのだ。映像には、音声が記録されていない時間帯があり、事故直後の11日から12日夜までにかけての時間帯や2号機が最も厳しい局面に陥った15日未明から昼の時間帯など、150時間のうち100時間あまりは、音声なしの映像のみであり、その映像は不鮮明であった。しかし公開された映像には、1号機や3号機が水素爆発していくなかで動揺する現場の様子や事故対応に介入する総理大臣官邸とのやりとりに困惑する東京電力の幹部の姿や言葉が克明に記録されていた。

テレビ会議の映像は、この後、2012年11月、さらに2013年1月に追加で公開され、事故直後の3月11日から4月12日までの期間の中の806時間分の映像が、事故対応を検証する貴重な資料として、報道関係者の前にさらされた。映像の大半は、期限を限った閲覧の形で開示され、録画も録音も認められないという取材制限が設けられた。報道機関の記者たちは、長い時間をかけて映像を見ながら、その様子と音声をパソコンやノートに辛抱強く記録していく作業を続けた。NHKの取材班も、その作業を黙々と進めた。

福島第一原発
吉田 昌郎 所長

東京電力
武藤 栄 副社長

吉田昌郎・福島第一原発所長は、3月14日深夜の時点で、消防車を使って400トン以上の注水を行ったにもかかわらず原子炉水位が回復していないことを不審に思い、それをオフサイトセンターの武藤副社長に報告していた

写真：NHKスペシャル『メルトダウンⅢ　原子炉"冷却"の死角』

膨大なテレビ会議のやりとりの記録を読み解くなかで、NHKの取材班は、消防注水を巡って不思議なやりとりがあることに気がついた。それは、3号機で消防車による注水が始まった13日午前9時25分からおよそ18時間後の14日午前3時36分ごろ、免震棟の吉田所長とオフサイトセンターにいた原子力部門トップの武藤副社長の間でなされたやりとりだった。

武藤「3号はこれまで注入を始めて、どのくらいになるんだっけ？」

吉田「20時間くらい」

武藤「400トン近くぶちこんでいるってことかな」

吉田「ええ」

武藤「ということは、ベッセル（原子炉）満水になってもいいぐらいの量入れているってことなんだね」

吉田「そうなんですよ」

武藤「ということは何なの？どっかから？何が起きてんだ？わからん……」

吉田「これも1号機と同じように炉水位上がってませんから注水してもね。ということはどっかでバイパスフローがある可能性高いですね」

武藤「バイパスフローって、どっか横抜けしているってこと？」

吉田「そう、そう、そう」

NHK取材班は、複数のルートから、3号機の配管図の内部資料を入手、原子力工学や流体工学の専門家6名に、3号機の代替注水をめぐる不可解な現象の原因を探る検証を依頼した。そこで浮かび上がってきたのは、専門家でさえ気づいていなかった意外な落とし穴だった

写真：NHKスペシャル『メルトダウンⅢ 原子炉〝冷却〟の死角』

3号機には、13日だけでも、午前中の淡水の注入も含めると優に400トン以上もの水が送り込まれていたと推定される。その量は、原子炉をほぼ満水にするはずの量だった。しかし、吉田と武藤は、原子炉水位が思いのほか上がっておらず、消防車によって注ぎ込んだ水が、どこからか漏れていることを強く疑っていた。

消防注水は、途中で漏れたのではないか。メルトダウンを防ぐ十分な量が原子炉に届かなかったのではないか。今や緊急時の原子炉の冷却手段の最後の切り札として、全国の原発に配備されている消防車は、深刻な事故が起きた際に、想定しているように十分に機能するのだろうか。806時間に上る膨大なテレビ会議の記録の中に残されていた二人の会話は、重大な疑問を提示していた。

配管計装線図が結ぶ点と点

福島第一原発の事故からまもなく2年になろうとする2013年2月14日。

東京・渋谷のNHK放送センターの会議室に、原子力工学や流体工学の専門家が集まった。

会議室の机の上には、福島第一原発3号機の配管計装線図が広げられていた。配管計装線図は原発にはりめぐらされた配管の系統図である。図面には、原子炉建屋やタービン建屋にある

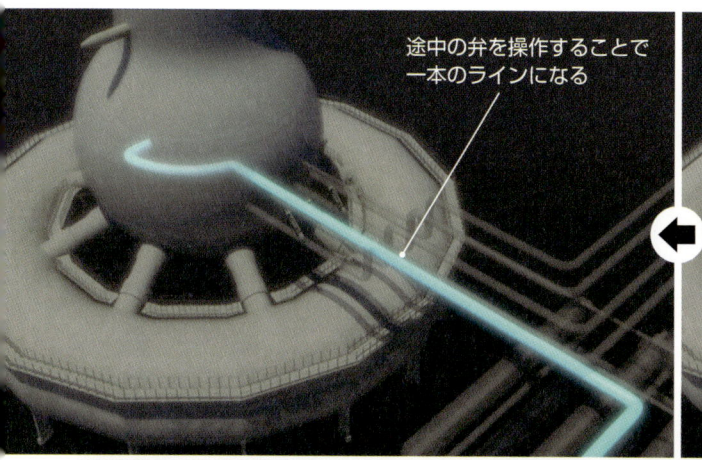

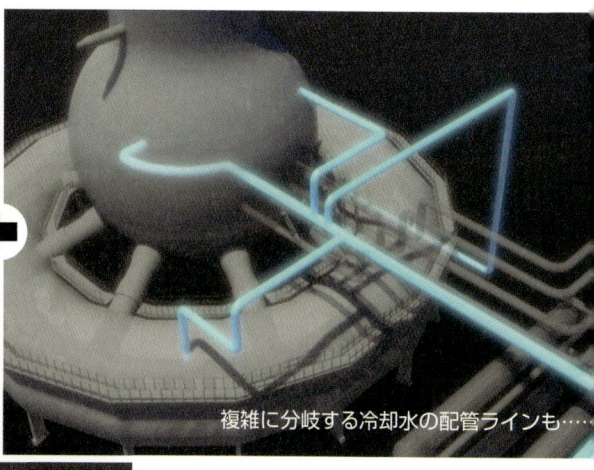

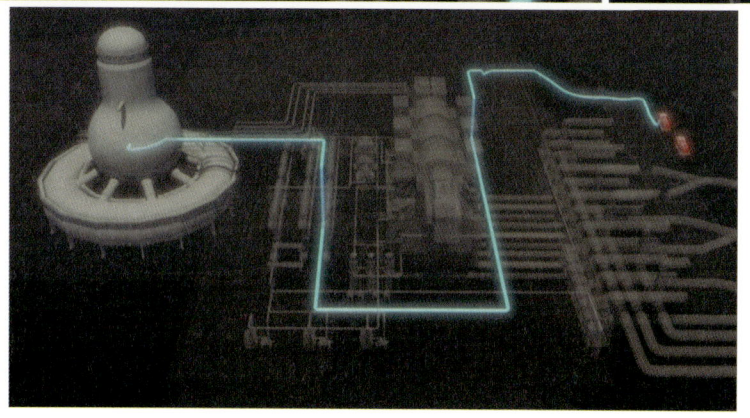

途中の弁を操作することで一本のラインになる

複雑に分岐する冷却水の配管ラインも……

消防車による代替注水は、過酷事故を想定して作られていた消火用ディーゼルポンプによる注水ラインを利用して行われた。複雑に張り巡らされた配管も、途中のバルブ（弁）を操作するとシンプルな一本のラインになる（CG下）

CG：NHKスペシャル
『メルトダウンⅢ　原子炉〝冷却〟の死角』

　すべての配管に加え、配管に設置されている弁やポンプ、それに計器などの配置が示されている。これは各号機にあり、機密扱いの図面だった。取材班は、以前から3号機の配管計装線図を複数の取材ルートから秘密裏に入手していた。
　3号機のタービン建屋にある消火用送水口から注ぎ込まれた水は、複雑な配管の系統図のなかで、一本のラインになって原子炉にむかっているはずだった。
　事故当時、3号機と4号機の中央制御室の運転員たちは、過酷事故を想定して消防用のディーゼルポンプで原子炉に水を入れるために決められていた水のラインを作っていた。このラインは、1号機と2号機の中央制御室の運転員たちが、すべての電源が失われた11日夕方から夜にかけて作った注水ラインと同じものだった。
　そのラインを作る手順は、東京電力が過酷事故を想定して作成したマニュアルに示されている。タービン建屋と原子炉建屋にあるあわせて7つの弁を操作して作ることになっていた。それらの弁を開け閉めしたとして、専門家と取材班が図面をたどってみると、確かにタービン建屋にある消火用送水口から注ぎ込まれた水は一本のラインになって原子炉に注がれることになっていた。
　配管計装線図を見る限り、そのラインは一本道で、抜け道になるようなラインはなかなか見つからなかった。しかし、かつて東芝の技術者として原発の設計にも携わった法政大学客員教

授の宮野廣が、ついに一つの抜け道を見つけた。それは、原発にはりめぐらされた配管ルートの中ではきわめて特殊なルートだった。宮野が指摘した抜け道は、低圧復水ポンプという装置を通り抜けていくルートだった。そして、そのルートの先に行き着く装置に取材班の誰もが目を見張った。その装置は、復水器だった。事故から2週間後、どこから来たのかわからない大量の水によって、3000トンものタンクが満水になっていたことが明らかになったあの復水器だった。消防車による注水は原子炉に行くラインから漏れ出て復水器にたまっていたのだ。

吉田と武藤がなぜ原子炉水位が上がらないのかと疑問を提示した謎と、復水器があり得ない大量の水によって満水になっていた謎。謎だった点と点が結びついた瞬間だった。

しかし、この抜け道の途中には、低圧復水ポンプがあり、本来ここで水は止まるはずだった。なぜ、水は止まらなかったのか。そこには、原発特有の落とし穴があった。

流体工学が専門でポンプの構造に詳しい東京海洋大学教授の刑部真弘（57歳）が、その落とし穴を解き明かした。

低圧復水ポンプは、原子炉から出た蒸気を復水器で冷やした水に戻した後、再び原子炉へと循環させるためにある。ポンプの中にある電動モーターで回転する羽根によって、圧力を上げた水を原子炉へと送り込むのだ。このとき、モーターが猛スピードで回転するため、軸の回転部分では摩擦による高熱が生じる。この熱を取り除くために、軸の回転部分に少量の水を送り

込んで冷却する仕組みが備わっているが、原発の場合、放射性物質を含む水が外に漏れるのを防ぐため、特殊な構造をしている。それが、「封水」と呼ばれる仕組みだ。

「封水」とは、ポンプの羽根が回転する際に発生する水の圧力によって、ポンプから出た水の一部を、軸の部分に送り込んで冷却に使い、再びポンプに戻す仕組みである（244ページCG）。「封水」はポンプが動いているときには有効に作用するが、ポンプが停止しているときには機能しない。そこで、ポンプを起動する際、モーターの回転が十分に速くなり「封水」の仕組みが有効に機能するまでの間、外部から冷却水を送り込む「別の配管」がある。実は、消防車によって注入された水は、まさに、この「別の配管」につながっていたのだ。

すべての電源が失われてポンプが止まっていた事故当時、消防注水によって送り込まれた水の一部は、外部から水を送り込む「別の配管」からポンプを素通りし、復水器へと流れ込んだとみられる。放射性物質を漏らしてはいけないという理由で作られた特殊な構造が、全電源喪失によって、思いがけない抜け道を作ってしまったのだ。

刑部は「封水は、原発のように汚染水を絶対に漏らしてはいけない状況では、非常によくできた仕組みだが、今回のように電源が失われた場合は、思わぬ落とし穴になる」と語った。

242

法政大学 宮野 廣 客員教授（原発メーカー 元幹部）

東芝で原発設計にも携わった宮野廣・法政大学客員教授は、原発にはりめぐらされた配管ルートの中の「抜け道」を見つけ出した。宮野は、蛍光ペンを用いて、消防車からの注水が復水器に漏れ出していくルートを描いた
写真：NHKスペシャル『メルトダウンⅢ 原子炉〝冷却〟の死角』

消防注水の失敗の原因となった低圧復水ポンプ。電源が失われると、復水器への流入を食い止められなくなる致命的な欠陥があった。写真上は福島第一原発にある低圧復水ポンプと同型のポンプ。消防車からの注水で抜け道となったルートは最後は直径わずか3センチの細い配管（写真右）となる。この細い配管が、3号機のメルトダウンを防ぐ最後のチャンスを奪った
写真：NHKスペシャル『メルトダウンⅢ 原子炉〝冷却〟の死角』

イタリアでの検証

2013年2月下旬、NHK取材班はイタリア北部のピアチェンツァにある世界的な巨大実験施設SIETに向かっていた。朝7時すぎにミラノ市内のホテルを出発し、高速道路を南東に約60キロ走る。車窓からの景色は田園風景が続く。冬場のこの地方特有の深い「もや」があたり一面を覆い、まるで水彩画のような光景だった。

SIETは、1982年に運転を停止した火力発電所をそのまま利用して、実験施設としている。施設内には、巨大なボイラーやタービンも当時のまま残され、施設そのものが、イタリアの工業遺産に指定されている。

実験室に集まったのは、日本とイタリアの原子力工学などの専門家。SIETは、高い圧力の実験が可能で、世界各地の原発メーカーも利用している。原子炉を模した装置で福島第一原発の消防注水を検証するというのが、今回の実験の目的だった。実験に予算を含め全面的に協力してくれたのが、ミラノ工科大学だ。ミラノ工科大の工学部長を務めるファビオ・インゾリ（53歳）は「福島の事故に世界中から大きな関心が集まっている。今回の実験の結果は、イタリアや日本だけでなく、世界中の原発に影響をもたらす可能性があり、だからこそ科学的な観点からの検証が求められている」と語った。

日本からは、原子炉のシミュレーションが専門で、エネルギー総合工学研究所原子力工学センター部長の内藤正則（67歳）、東京工業大学を定年退官し、ミラノ工科大学の教授となった二ノ方壽（66歳）もイタリア人研究者とともに実験に加わった。

実験施設では、原子炉までの距離や高さ、それに配管の情報を元に配管の圧力の抵抗値を計算し、3号機と同じ条件になるように原子炉と復水器を模した装置を組み立てた。この模擬装置で、事故当時の原子炉と復水器の圧力を再現したうえで、消防注水と同じ圧力で水を流し込み、原子炉と復水器にそれぞれどの程度の水が流れ込むのか、その割合を計算するのが最終目的だった。

今回の実験プロジェクトは、実は、たった1ヵ月の準備期間という非常に短いスパンで立ち上がった。この短期間での実験を可能にしたのは、他でもなくSIETの実験責任者、アンドレア・アチッリ技師による貢献が大きい。アチッリ技師は、実験のベテランで、今回の実験の撮影に対する現場でのNHK取材班の数多くの注文にも、嫌な顔一つせずに応えてくれた。たとえば、当初、水の流れを可視化するために、窒素ガスによる泡を注入することを予定していた。しかし、復水器側のラインが原子炉に流れるラインから上側に分岐するために、泡のそもそもの性質として、上に浮いたのではないかという誤解を視聴者に与えてしまう

イタリア北部のピアチェンツァにある実験施設SIET内部にある原子炉の模擬実験装置。NHK取材班は、ミラノ工科大学の協力を得て、低圧復水ポンプが電源停止時に、復水器や原子炉への水の流れがどのように変化するかを実験した
写真：NHKスペシャル『メルトダウンⅢ 原子炉"冷却"の死角』

すごいスピードだ

実験施設SIETで低圧復水ポンプの検証作業を行った取材チーム。写真右より、エネルギー総合工学研究所原子力工学センター部長の内藤正則、ミラノ工科大教授のマルコ・リコッティ、エネルギー総合工学研究所のマルコ・ペレグリニ、ミラノ工科大学教授の二ノ方壽
写真：NHKスペシャル『メルトダウンⅢ 原子炉"冷却"の死角』

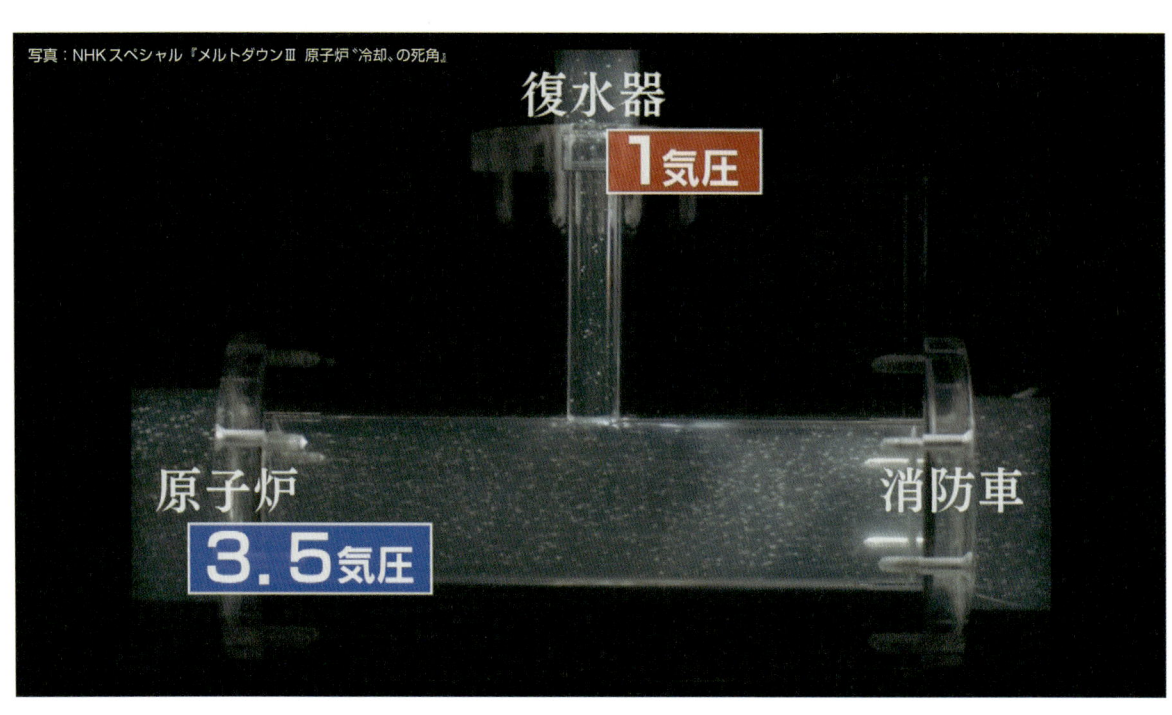

写真：NHKスペシャル『メルトダウンⅢ　原子炉〝冷却〟の死角』

復水器　1気圧

原子炉　3.5気圧

消防車

3号機の原子炉に消防注水を開始した時点で、原子炉の圧力は3.5気圧、復水器の気圧は1気圧だった。そのほか、配管の太さや長さ、形状などを模した器具で実験を行った

う恐れがある。そこで、前日の予備実験の際、NHK取材班があらかじめ準備していた水と同じ密度のトレーサー（プラスチック製の粒子）を急遽、入れてもらうことをお願いした。しかし、準備していたトレーサーは1箱分しかなく、予備実験で条件を整えているうちに、あっという間に底をついてしまった。アチッリ技師やイタリアの専門家たちは、すぐに同様のトレーサーの購入を試みたが、配達だけでも数日かかり、実験スケジュールの大幅な見直しを迫られてしまう。焦る取材班に対し、アチッリ技師は、翌日の本番までに何とかすると、顔色一つ変えなかった。

当日、アチッリ技師が持ってきたのは、ホームセンターで購入した家庭用のミキサーと枕の中に詰めるプラスチックのビーズだった。正直、取材班は目を疑った。「これから何をしようというのだ？　本当に撮影はできるのか？」しかし、アチッリ技師はおもむろにミキサーを箱から取り出すと、ビーズを中に入れて粉砕し始めた。粉状になったビーズを今度は、料理用のふるいで小さな粒子だけを振り分けて、トレーサーを作り出したのだった。

さらにこの自家製のトレーサーを圧力の高い配管に注入する方法にも取材班は目を張った。彼は、今度は実験室の片隅にあった古い小さなボンベを見つけ出し、そのボンベにトレーサーを混ぜた水を流し込んだ。そして、さらに窒素を充填し始めた。窒素を充填する際、突然チューブが外れて、中のトレーサ

248

第8章 〝冷却〟の死角

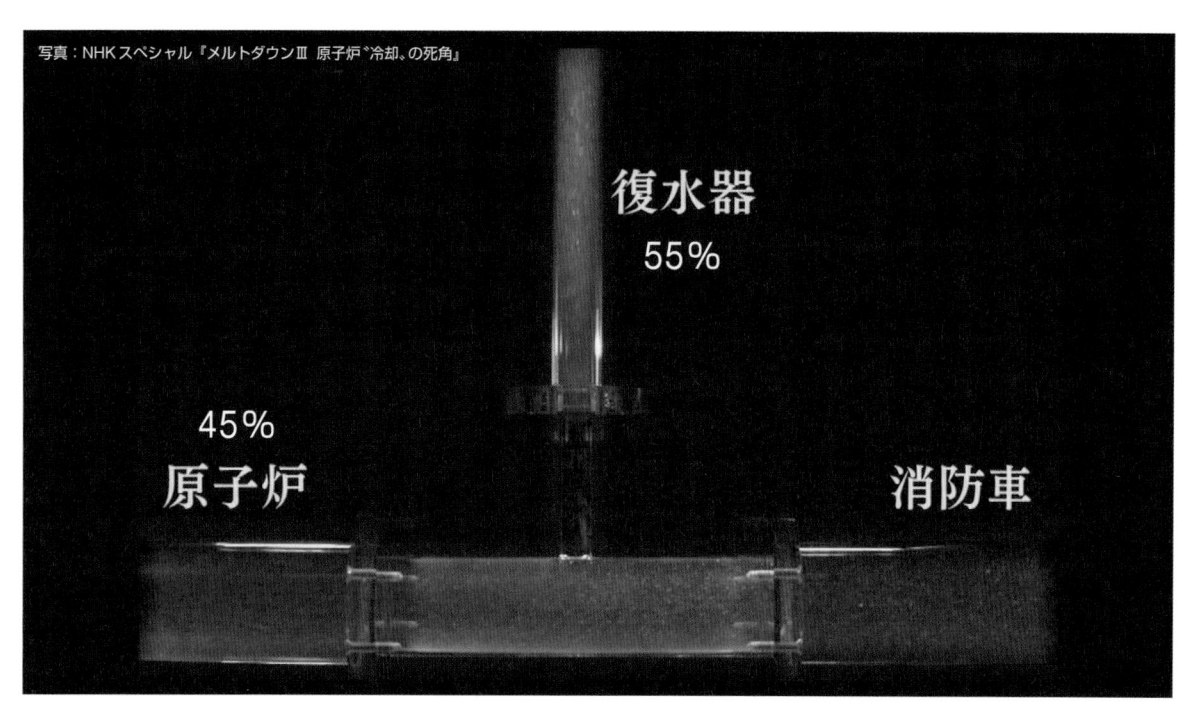

写真：NHKスペシャル『メルトダウンⅢ 原子炉〝冷却〟の死角』

低圧復水ポンプの分岐部で、消防車からの水が、復水器と原子炉に分岐するが、水の勢いは復水器側のほうが激しいことが、一目でわかる。水の流入量は復水器55パーセント、原子炉45パーセントという結果になった

　ーが飛び散ったが、彼はトレーサーで頭から真っ白になりながらも、黙々と作業を続け、結局、窒素の圧力で、ボンベの中のトレーサーを圧力の高い配管に流し込んだのだ。アチッリ技師は言った。「実験は常に、予定どおりにいかないものなんだ。だからこそ、常に発想の転換が求められるんだよ。必要なものがなければ、周囲を見渡して探せば必ず見つかる」NHK取材班は、誰もがその実験への姿勢に感銘を受けた。

　3号機で消防注水を開始した2011年3月13日午前9時25分の原子炉圧力は3・5気圧である。一方、復水器は、およそ8気圧だった。消防車のポンプ圧力は、大気圧と同じ1気圧である。

　「準備完了。実験を始めよう」イタリア人研究者が英語で実験開始を告げた。日本とイタリアの共同実験は、英語でやりとりされていた。

　水がアクリル製の透明の配管を流れ始めた。水は分岐点で原子炉と復水器へと流れ込む。一定程度、原子炉に流れるが、抜け道となる復水器へも激しい勢いで水が流れていく。日本とイタリアの専門家たちは、ハイスピードカメラによって可視化された水の流れに目を奪われていた。

　やがて、実験結果からコンピューターで流量の割合がはじき出された。3号機に消防車で注入した水は、45パーセントが原子炉へと流れ込み、55パーセントもの水が復水器へ流れていたという計算結果が出た。消防注水のうち半分以上が復水器に漏

れ出ていたのだ。

実験結果を受けて、ミラノ工科大学教授のマルコ・リコッティ（50歳）は「原子炉に注水するという緊迫した局面では、どんな抜け道も許されない。福島第一原発であの数日間に実際何が起きたのか検証することは非常に大切だ。それは、日本の原発が達成すべき新しい安全基準のためだけでなく、世界のすべての原発が学ぶ教訓としても重要だ」と指摘した。

二ノ方は「福島第一原発の事故は未解明の問題が多く残されている。もっと徹底的に調査しなければならない。多くの組織がさらなる努力をしなければならない」と自らにも言い聞かせるように語った。

サンプソンとの出会い

原子炉のシミュレーションが専門の内藤は、実験結果を日本に持ち帰り、さらにコンピューターで計算を続けた。原子炉の状態を解析するコンピューターによる計算から、消防注水の漏れをどこまで抑えられば、3号機のメルトダウンを防げたのかを明らかにするためだった。内藤が解析に使ったのは、「サンプソン（SAMPSON）」と呼ばれる日本独自の計算プログラムだった。

原子力の安全規制で欠かせないのが、原子炉内の状態を再現する計算プログラムである。もし核燃料が冷却できない事態に陥った場合、核燃料の温度がどのように変化し、そしてメルトダウンに至るのかを細かく知ることができる。たとえば、事故時に冷却装置が止まったときに、メルトダウンまでの時間的猶予を予測したり、メルトダウンを引き起こした場合に、どれくらいの放射性物質が放出されるかも試算できるため、こうした予測値に合わせて、安全対策を考えることができる。原子力大国・アメリカでは電力会社がマープ（MAAP）と呼ばれる計算プログラムを、そして規制機関がメルコア（MELCOR）と呼ばれる計算プログラムを使用している。違う方法で計算することで、それぞれの結果が妥当かどうかを判断できるためだ。

こうした計算プログラムは、それぞれ1980年代から続く国際的な実験プログラムにより、実際にメルトダウンを起こした際のデータとの整合性を考えながら作り上げられてきた。フランスや韓国でも独自の計算プログラムが開発され、それぞれ自国の原発の安全対策に生かしている。日本でもいくつかの計算プログラムが開発されてきたが、アメリカの原子力技術と規制の仕組みを取り入れた日本では、そのまま、電力会社が「マープ」を、そして規制側が「メルコア」を採用することとなった。福島第一原発の事故の解析でも、東京電力は「マープ」を、そして原子力安全・保安院は「メルコア」を使って、1号機から3号機がメルトダウンに至った時間を解析していた。

日本において、電力会社や政府以外に、こうした計算プログ

福島第一原発事故の検証を困難にした要因の一つに、全電源喪失によって原子炉の圧力や冷却水の水位など、当時の原子炉の状態を示す「数値」が断片的にしか存在しないことがある。そこからは、中央制御室でバッテリーをつなぎ替えながら、必要最小限の数値をみることで、なんとか収束作業にあたっていた中央制御室の対応は本当に正しかったのか？ 事故の被害を最小限にとどめる方法は本当になかったのか？ NHK取材班も福島第一原発の原子炉で何が起きていたかをシミュレーションから明らかにする必要があった。しかし、東京電力が公表した計算結果では細かい事故の経過はわからないうえに、事故収束の手法が違っていた場合に、事故の進展がどう変化するのかも解明できない。

取材班は、事故当時の原子炉の状態を示す計器の実測値が完全でなくとも、「サンプソン」であれば、当時起きていたことをかなり正確に再現でき、異なる操作をすれば事故進展がどのように変わるのかを知るカギになると考え、内藤の協力を仰ぐこととなった。

そして、長年原子力にかかわってきた内藤の計算のモチベーションもまさに同じ視点にあった。

「サンプソン」は、原子炉内で起きる物理現象のみを手がかりに事故進展を再現する計算プログラムである。燃料の温度や状態が、原子炉の圧力や冷却水の蒸発にどのように影響するの

ラムを駆使して安全を検証している専門家は決して多くない。事故の検証を第三者として行っている専門家が探しているうちに出会ったのが、「サンプソン」と呼ばれる計算プログラムと、開発者の一人、内藤だったのだ。

「サンプソン」は、1993年から2002年にかけて、40億円程の予算を投じて開発された計算プログラムである。国産の計算プログラムを開発して、独自の安全対策につなげようという目的があった。当時、日本の原子力安全行政は、シビアアクシデント対策をどう行うか、電力会社の自主努力を促進している時期で、そういった対策の指標として使われることも視野にあったとみられている。開発当時、計算精度を競うコンテストで世界一を争うほどに精緻なプログラムとなり注目を集めた。しかし、その精緻さゆえ、事故進展を再現するのに実時間の10倍以上かかることと、当時アメリカの計算プログラムを使う流れになっていたことで、2002年以降、開発が中断していたのだ。

福島第一原発の事故が起き、内藤は10年近く眠っていた「サンプソン」を使って事故進展を再現することを試みていた。計算を始めたのは2011年の3月末。1号機から3号機まで、最初の計算結果が出たのは、3ヵ月後の2011年6月末だった。すでに、東京電力が事故から3ヵ月後の6月に「マープ」を使って、原子炉の状態のシミュレーションをIAEAに報告した後のことだった。

か、その状態が核燃料にどういう変化をもたらすのかを秒単位で計算して、原子炉全体の状態を表すことができる。「マープ」や「メルコア」が、実測値に合うように計算者が入力値を調整する余地があるのに対し、「サンプソン」はそういった微調整を行わないことを前提としているため、科学的に説明できない部分がないという点で、物理現象に正直だと考えられている。

この「サンプソン」の計算を事故検証の道標とするためには、電源喪失時に核燃料がどれほど燃焼していたのか、また、事故収束のために中央制御室が行った操作によって核燃料をどれくらい冷却できたかなどの条件を正しく設定する必要がある。

実は今回の事故検証で最も難しかったのがこの条件設定だった。計算の前提となる条件によってシミュレーションの結果が大きく変わってくるため、計算条件に関しては綿密な取材が必要とされた。そこで取材班は、当時の運転状況の詳細を取材するとともに実測値を洗い出し、元運転員、そしてメーカーのOBなどを通じて、考え得る限り正確な計算条件を決定していった。

「サンプソン」が問いかける教訓

内藤は、帰国後、部下のイタリア人研究者、マルコ・ペレグリニ（28歳）とともに「サンプソン」を使って、シミュレーションを行った。ペレグリニは、イタリアのミラノ工科大学から東京工業大学に進み、工学博士の学位を取得した後、内藤のグループに入った。今回の実験では、内藤に同行してイタリアのSIETにも出向いていた。2人は、イタリアでの実験結果に基づいて3号機への消防注水の割合を「サンプソン」で繰り返しシミュレーションし、1週間かけてようやくその数字にたどりついた。

2月28日。おなじみの顔ぶれとなった専門家チームがNHKの会議室に一堂に会した。この中で内藤は計算結果を発表した。結果は、消防注水のうち75パーセントの水が原子炉に入っていれば、メルトダウンを防げた可能性があるというものだった。シミュレーションは、もし消防注水を開始した時点から漏れを25パーセント以下に抑え、原子炉へ確実に水が届いていれば、3号機のメルトダウンは避けられた可能性があることを示していた。

各種の事故調査委員会の報告や放射性物質の放出量などのデータを詳しく分析してきた京都大学准教授の門信一郎（45歳）が、真っ先に内藤に質問を投げかけた。「3月13日の午前9時すぎに水を入れる前にすでに3号機では、メルトスルーにまで至っていたのではないか？」

3月13日午前9時25分に3号機の消防注水が始まる前の6時間半にわたって、原子炉への注水は途絶えている。3号機では、13日午前2時42分にHPCIが手動で停止された後、原子炉に注水するために、原子炉の蒸気を格納容器に逃がす主蒸気

消防車からの注水量

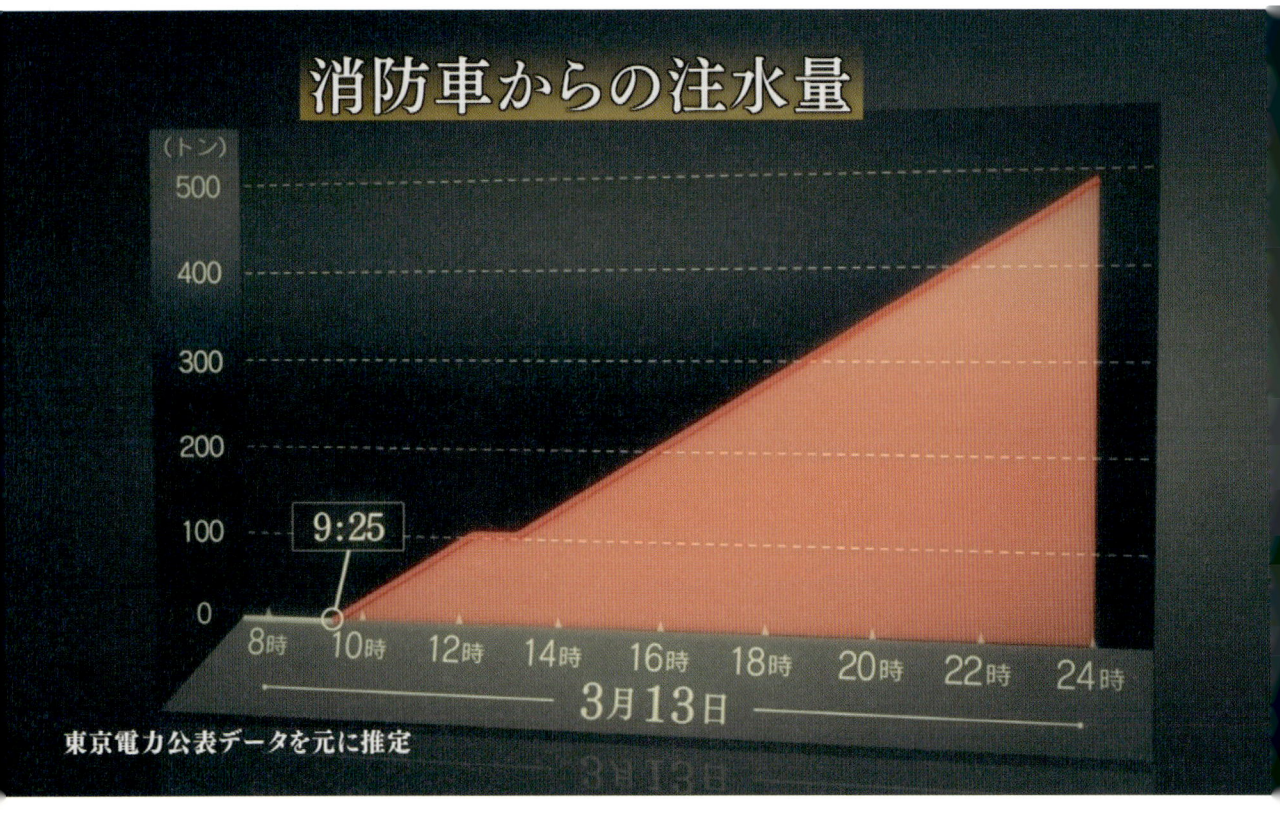

（トン）

9:25

8時 10時 12時 14時 16時 18時 20時 22時 24時
3月13日

東京電力公表データを元に推定

バッテリー不足によりSR弁開放に手間取ったため、6時間半にわたって注水ができない状態が続いたが、3月13日午前9時25分には消防車からの代替注水が始まった。約14時間で500トン近い水を原子炉に流し込んだが、いつまで経っても原子炉水位計は満水にならなかった

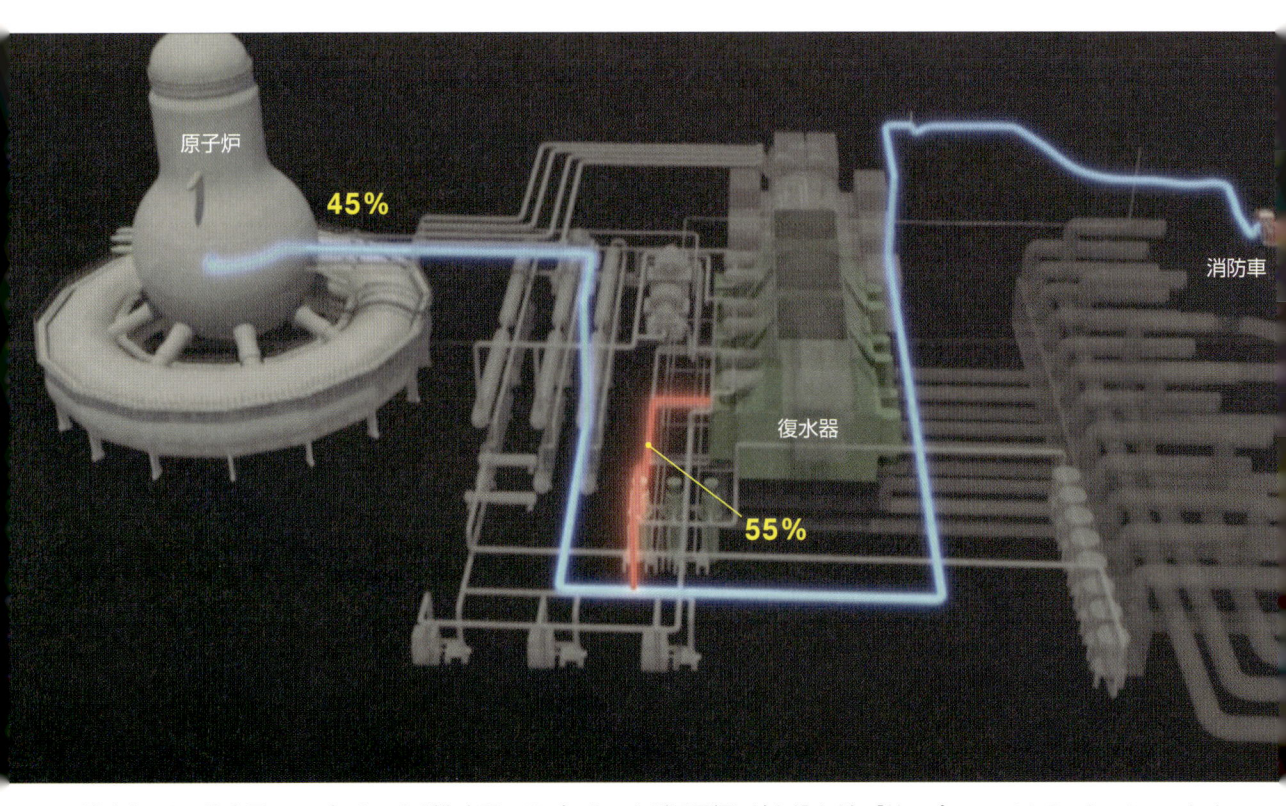

グラフ：NHKスペシャル『メルトダウンⅢ 原子炉"冷却"の死角』

原子炉 1　45%

消防車

復水器　55%

消防車による注水量の55パーセントが復水器、45パーセントが原子炉に流れ込んだ。「サンプソン」のシミュレーションによれば、消防注水のうち75パーセントの水が原子炉に入っていれば、メルトダウンを防げた可能性があった

CG：NHKスペシャル『メルトダウンⅢ 原子炉"冷却"の死角』

逃がし弁と呼ばれるSR弁を開いて、原子炉の圧力を下げる予定だった。ところが、バッテリーが枯渇していたため、SR弁が開かなかったのである。この後、原発構内で車のバッテリーをかき集めて、SR弁が開くようになるまでに6時間半あまりの時間がかかっている。

門の指摘は、原子炉への注水ができなかった6時間半の間に、原子炉の水位が下がって、燃料がむき出しになってメルトダウンに至り、さらには、原子炉から燃料の一部が格納容器に漏れ出すメルトスルーが起きていた可能性があるのではないかというものだった。3号機の原子炉圧力は、午前9時すぎに70気圧前後あったのが、午前9時25分に3・5気圧と急激に下がったのも、SR弁の開放に成功したからではなく、原子炉にメルトスルーによる穴があいたために減圧した可能性があるのではないかという指摘は、別の専門家たちからも出ていた。

内藤はこう答えた。「午前2時40分すぎにHPCIが止まってからの時間を考えると、メルトスルーまでの時間はあまりにも早すぎて、どんなシミュレーションで計算しても、計算結果が合わない。さらに、午前9時すぎの原子炉圧力の低下が、仮にメルトスルーによるものだったら、よほど大きな穴が原子炉にあいていなければならない。しかし、それは後に原子炉の圧力が再び回復する状況への説明が付かないのでは」

内藤の答えは、消防注水の前に、メルトスルーしていたことは、他の状況証拠からは考えにくいというものだった。「サンプソン」を用いた解析のみをもって断定することはできないが、消防注水が開始された時刻から、注水の75パーセントの水が入れば、メルトダウンを防げた可能性があることが示されたことは、今後、全国の原発が再発防止策をとっていくうえで、重要な教訓になるはずだ。全国各地の原発では、福島第一原発の事故を踏まえた緊急安全対策として、消防車が配備され、非常用冷却装置が使えなくなった場合の最後の砦として消防注水が位置づけられている。しかし、NHKの取材班と専門家が積み上げてきた実験とシミュレーションの結果は、消防車だけを配備すればよいのではなく、実際に注水した際の配管に漏れがないのか十分検証する必要があることを示唆している。

シミュレーションによる計算結果とはいえ、3号機のメルトダウンを避けられた可能性が示されたのは、衝撃的な結果だった。わずか3センチほどの太さの配管による復水器側へのリーク（漏洩）ライン。それも、その先にあるポンプが電源を失っていたことによって出現した原子炉冷却の死角。それは、福島第一原発の事故を踏まえた安全対策についてもさらなる検証が必要ではないかという問題も提起していた。

専門家会議で、シミュレーションの結果を聞いて、原発の過酷事故対策が専門の大阪大学教授の片岡勲は「消防車や注水ポンプを使って水を入れるという対策は、事前に過酷事故を想定

第8章 〝冷却〟の死角

東京海洋大学
刑部 真弘 教授
（流体工学）

悔やまれる

流体工学が専門でポンプの構造に詳しい東京海洋大学教授の刑部真弘は、汚染水を外部に漏らさない優れた技術「封水」が、結果的に原子炉冷却の障害になったことに「悔やしい」という言葉を繰り返した
写真：NHKスペシャル『メルトダウンⅢ　原子炉〝冷却〟の死角』

して訓練をしていた対策ではなかった。今回の消防注水は、ぶっつけ本番で行ったものだ。それだけに限界もあった」と指摘した。

原発で使われているポンプや弁に詳しい刑部は、「悔やまれる」とつぶやいた。

「リークがあったことで、こんなにも結果が違っていたとは……。本当に悔やまれる」

刑部は言葉少なにこう語った。

放射性物質を漏らさないために作られた「封水」と呼ばれる構造が、全電源喪失によって、思いがけない抜け道を作ってしまったのである。刑部は、原発に張り巡らされた配管につけられている無数のポンプや弁の安全対策について熟知している第一人者である。もし、時間をさかのぼることができたら、「封水」の落とし穴を関係者に広く知らしめ、できるかぎりの安全対策を打っておきたかった。そうすれば、放射性物質を外にまき散らすという最悪の事態を食い止めることに繋がったかもしれない。しかし、福島第一原発の事故では、それは、もはやなし得ない。苦い思いが「悔やまれる」という言葉に込められていた。

NHK取材班が専門家たちと行った実験や解析は、もちろん福島第一原発の事故を完全に再現できているわけではない。ただ、今回、確認された問題は、実際の原子炉においてどこに弱

消防注水の訓練をする福島第一原発所員。しかし、訓練どおりの注水が行われてもメルトダウンを防げるという保証はない

写真：東京電力

点があるのか、何に目を向けるべきなのかを示すことはできたのではないだろうか。

2013年7月には、原発の新しい安全基準が法律として施行されることになっている。全国各地の原発では、それを先取りした形で、さまざまな安全対策が打ち出されている。国や電力会社は、事故直後に行った緊急安全対策で、各地の原発に消防車や注水ポンプを複数配備するなどの対策によって、福島第一原発のような事故は起きないと明言している。しかし、消防注水ひとつとっても、十分検証されていない。

「あの日、現場で何が起きていたのか」その検証は、まったくの途上である。

第9章 SR弁とベント弁の死角

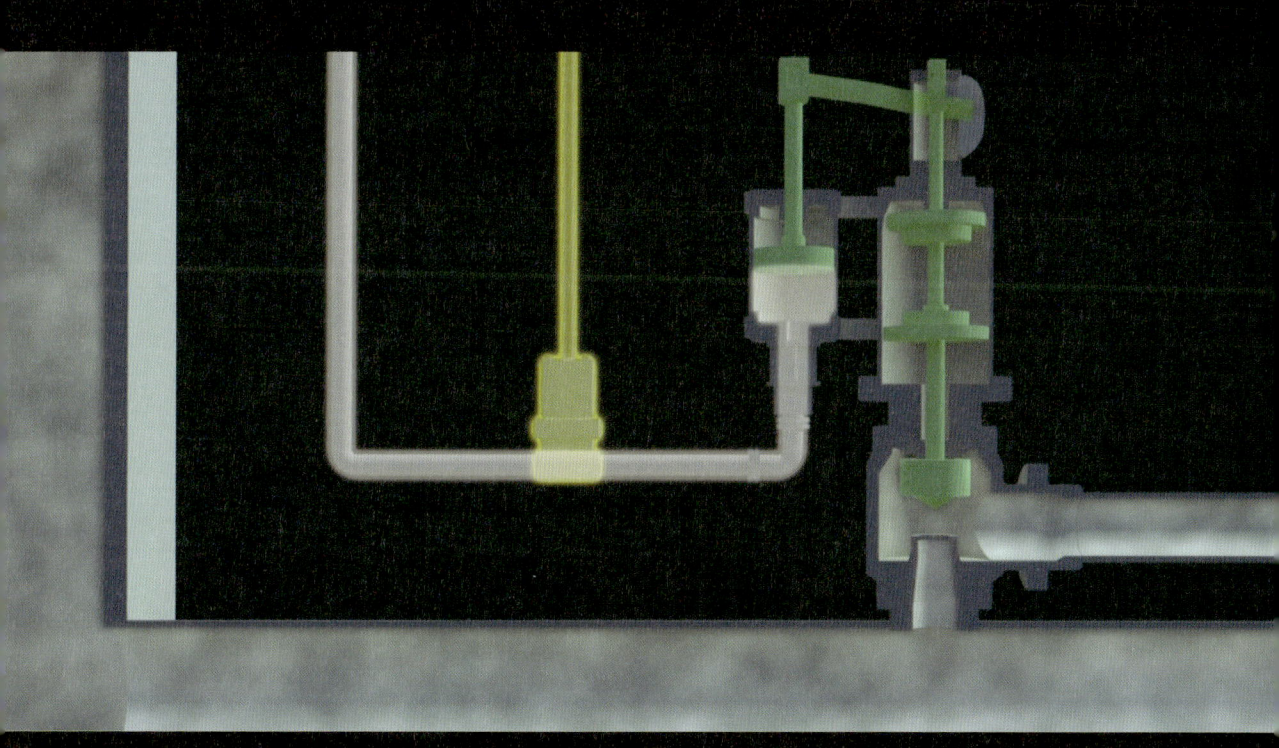

主蒸気逃がし安全弁とも呼ばれるSR弁は、原子炉の冷却機能が失われた非常事態に使われる重要な機器。しかし、メルトダウンを食い止めるはずの安全装置は、メルトダウンが進むとかえって使えなくなるという、構造的な欠陥を抱えていた
CG：NHKスペシャル『メルトダウンⅡ 連鎖の真相』

事故を収束できた可能性

福島第一原子力発電所事故から、およそ1ヵ月たった2011年4月12日、NHK取材班は東京・霞が関の中央合同庁舎4号館に居を構える原子力委員会を訪ねていた。

かねてより「もんじゅ」や「核燃料サイクル」「廃炉」など、NHKの取材に応じてきた原子力委員会の近藤駿介委員長は、「原子力安全」についての第一人者であり、事故後、東京電力や総理官邸で事故対応について直接助言も行っていた。

一方、2011年4月時点では東京電力の当事者への単独取材やインタビューは、まだ門戸が開かれていなかった。官邸や東京電力と緊密なやり取りを行っている近藤委員長に取材をすれば、事故の真相に少しでも近づける可能性はあった。

しかし、事故当時の状況や、収束に向け官邸や東京電力でどのような対応が行われているのかについて、近藤委員長の口は固かった。当時、福島第一原発では、高濃度汚染水の貯蔵場所が限界に達し、比較的濃度の低い汚染水を、地元自治体や周辺国への十分な周知もなく、4月4日夜に海洋への放出を行っていた。この対応をめぐって政府や東京電力への批判がより高まっていた時期だった。

一方で、原子力安全を担ってきた科学者として、「なぜ事態の悪化を防げなかったのか」という取材班の質問に近藤委員長はこう切り出した。「極端にいえば、事故の収束はきわめて単純な操作を確実にできるかどうかに分かれ道だったように思う。それは、原子炉のSR弁を開け、圧力を抜き続け、消防車によって淡水または海水を注入し続けること。さらにベントを行い、格納容器から圧力と熱を外部に放出すること。全電源喪失後にやらなければならないことはきわめてシンプルである」

取材班が注目を続けていた原子炉から圧力を抜く「SR弁」と格納容器から圧力を抜く「ベント」。福島第一原発でメルトダウンをおこした1号機から3号機で、事故対応の要となる2つのキーワードが安全の第一人者から語られた。では、なぜ福島第一原発では「SR弁」と「ベント」を開ける操作を円滑に進めることができなかったのか。

"開固着"スリーマイル島原発事故からの疑問

SR弁（Safety Relief valve）は、主蒸気逃がし安全弁ともいわれる。SR弁は、原子炉内の圧力が異常上昇した場合、自動または中央制御室で手動により弁を開き、原子炉の水蒸気をサプレッションチェンバー（圧力抑制室）に逃がす。

福島第一原発事故で明らかなとおり、原子炉の冷却機能が失われると、急速に炉内の圧力が上昇し、短時間で危険な状態になる。SR弁はそれを防ぐために、原子炉の圧力を格納容器に

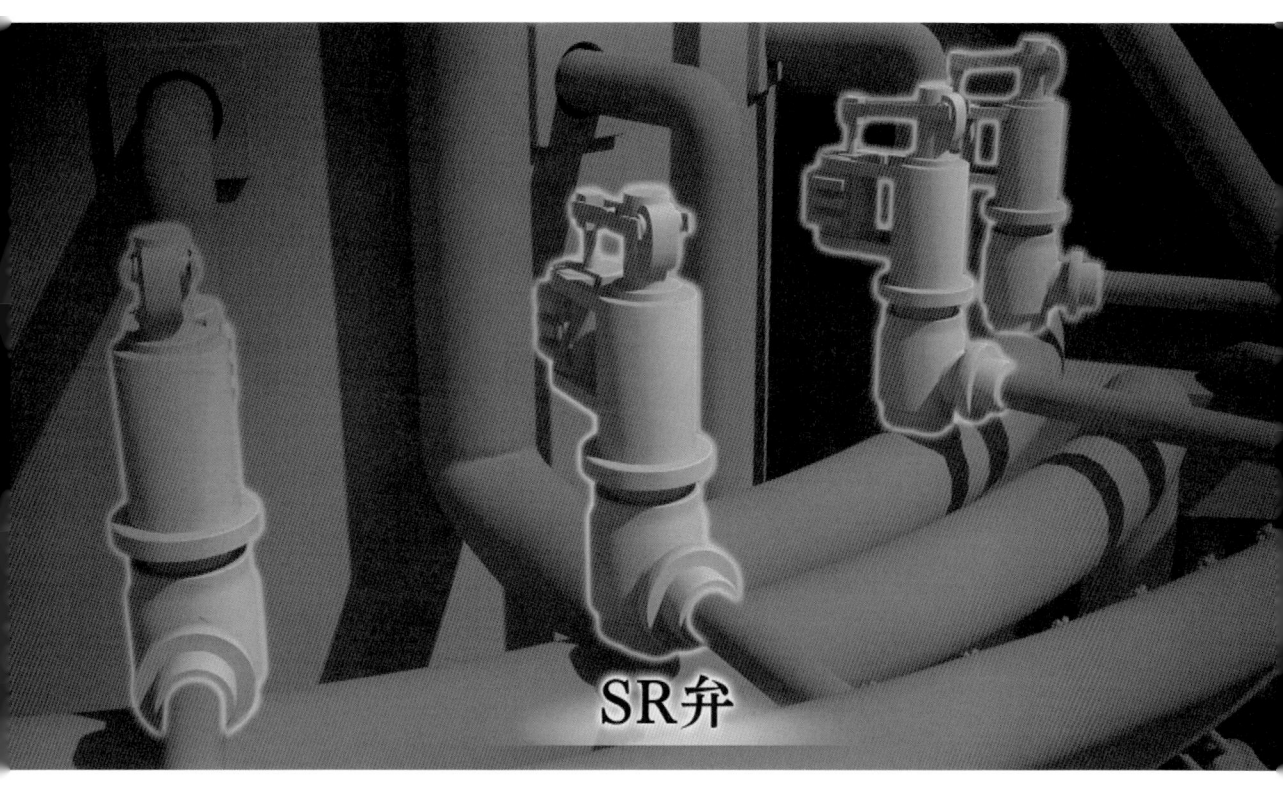

SR弁（Safety Relief valve／主蒸気逃がし安全弁）
原子炉圧力が異常上昇した場合、原子炉圧力容器保護のため、自動または中央制御室で手動により蒸気を圧力抑制室に逃がす弁。逃がした蒸気はサプレッションチェンバー（圧力抑制室）で冷やされ凝縮される
CG：NHKスペシャル『メルトダウンⅢ 原子炉〝冷却〟の死角』　用語解説：東京電力資料より

2013年５月現在、停止中の東京電力柏崎刈羽原発の原子炉格納容器内部にあるSR弁。稼働中の原子炉格納容器の内部に入ることはできないので、運転中はSR弁を直接操作できない。稼働中は中央制御室で電気の力を使ってSR弁を操作する
写真：NHKスペシャル『メルトダウンⅡ 連鎖の真相』

逃がす重要な役割を担う。SR弁は格納容器内部に8つ取り付けられている。

格納容器内部は、運転時には窒素で満たされているため、人間が内部に入って直接SR弁を開けることはできず、福島第一原発事故の際にも、中央制御室から遠隔で操作することが試みられている。しかし、第6章で説明したとおり、全電源を喪失した福島第一原発2号機では、このSR弁を開く操作が滞り、また消防車による注水もすぐに実行できなかった結果、メルトダウンを招いた。そのため、事故後1ヵ月の4月の記者会見では、東京電力に対してSR弁の問題に関する質問が相次いだ。

しかし、その見立てはNHK取材班とは異なるものだった。

「SR弁は、いったん開いたあと再び弁を閉じることができない"開固着"になったのではないか。その結果、原子炉の水が失われ、メルトダウンを起こしたのではないか。その検証は行っているのか」当時、一部の原子力の専門家からも同様の声が上がっていた。

メディアや一部の専門家が、SR弁の「開固着」と呼ばれる現象を懸念していたのはなぜか。実は、メルトダウンを起こしたアメリカのスリーマイル島原発で、事故の原因となったのはSR弁と類似する弁の「開固着」だった。スリーマイル島原発は福島第一原発とタイプの異なる加圧水型原子炉(PWR)と呼ばれる原発である。原子炉の圧力を高めるための「加圧器」には、その蒸気を逃がす「加圧器逃がし弁」が取り付けられて

いる。この弁が故障によって「開固着」を起こし、運転員がこの状況に気づかなかった結果、炉心が露出しメルトダウンを起こしていた。福島第一原発でも同じように「開固着」によって炉心が空だきになったのではないか。多くのメディアからそうした疑問が浮上していた。

しかし、NHK取材班は、今回の事故が拡大した最大の要因は、SR弁が「開固着」を起こしたのではなく、「SR弁を開けたいときに"開け続ける"ことができなかった」ことにあると考えていた。

もし、「開固着」を起こしていれば、原子炉の水は急速に失われる。「開固着」の直後にすみやかに冷却水を注入しなければ、原子炉は一気に減圧されて格納容器と同程度の数気圧しか計測されないはずである。しかし、1号機では津波後およそ4時間半が経過した3月11日午後8時7分に69気圧を計測。また2号機では、原子炉の圧力は、14日午後6時2分にSR弁による減圧が開始されるまで、70気圧程度の高い圧力を維持していたため、当初から「開固着」が起きた疑いはほとんど持っていなかった。

唯一の"減圧手段"SR弁

SR弁がかくも注目を集めるのには理由がある。SR弁は、今回の事故時には原子炉を減圧できる唯一の装置であり、これ

冷却装置が止まれば、原子炉の水位は急速に低下するが、注水口から冷却水を補えば、メルトダウンを防ぐことができる。ただし、冷却水を入れるためには、原子炉の内部は高温高圧の水蒸気があるため、蒸気を原子炉から逃がして圧力を下げる〝減圧〟を行う必要がある。減圧が成功すれば、原子炉内の圧力が低下し、外部からの冷却水の注水が可能になる

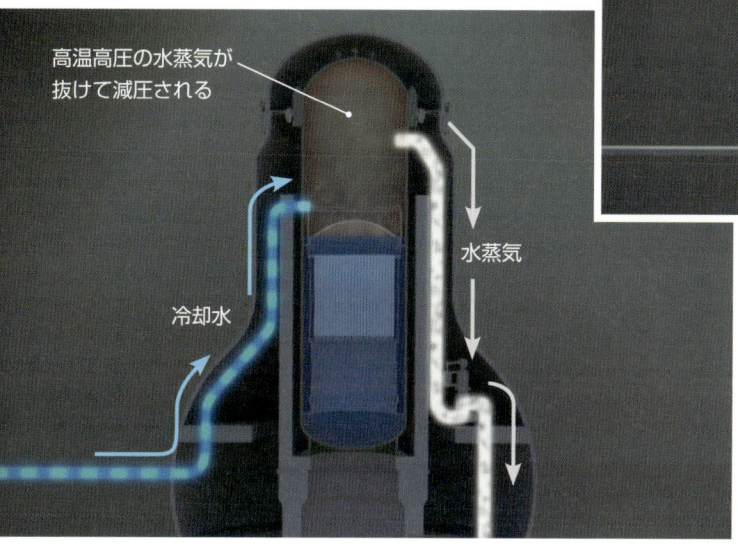

原子炉圧力容器
高温高圧の水蒸気
水蒸気

高温高圧の水蒸気が抜けて減圧される
水蒸気
冷却水

CG：NHKスペシャル『メルトダウンⅡ 連鎖の真相』

　が正常に機能することが原子炉を冷却する大前提になるからだ。

　福島第一原発と同じBWR（沸騰水型原子炉）は、原子炉が地震などの大きな揺れに代表されるような異常な事態を検知すると制御棒が自動的に挿入される〝スクラム〟が自動的に行われる。さらに今回の事故では地震によって外部電源が喪失したため、原子炉からの蒸気をタービンに送る〝主蒸気配管〟に付いているバルブ（弁）が自動的に閉まり、原子炉が隔離され、放射性物質を格納容器内部に封じ込める状態に入った。

　しかし原子炉への注水が途絶えた状態が続けば、極めて危険な状態に陥る。核燃料から出続ける膨大な熱で、メルトダウンが始まるからだ。途絶えさせてはならない原子炉への注水。高圧で注水できる系統が使えない場合には、原子炉へ水を注ぐために欠かせない条件がある。原子炉の圧力を下げる〝減圧〟だ。運転時の原子炉の圧力はおよそ70気圧。今回の事故のように消防車で注水を行うためには、消防車の吐出圧力である8気圧程度以下に原子炉の〝減圧〟を行わなくてはならない。その唯一の手段がSR弁を開けることだ。

　つまりSR弁が開かない限り、〝減圧〟はできず、燃料が発する崩壊熱によって大量の蒸気が発生し、原子炉の圧力は上昇を続ける。その結果、消防注水は不可能となり、メルトダウンにいたってしまうのだ。

　第6章でも説明したとおり、2号機の危機に際しては、唯一

の"減圧手段"であるSR弁が動作しないという非常事態が起きた。

SR弁 最初の開操作失敗

2011年3月14日午後1時50分すぎ、RCICの機能が喪失したと吉田が判断してから、およそ25分後、免震棟の技術班が2号機の進展予測についてテレビ会議で発言した。

「2号機の水位の低下が大きくなっています」

「4時くらいですね、4時くらいにTAFに到達する可能性があります」

TAF（有効燃料頂部）とは、原子炉の中にある燃料の先端を示す名称である。水位がTAFを下回れば、燃料がむき出しになり、その後メルトダウンが始まる。その事態を回避するためには、SR弁を開くことで減圧し、消防注水を開始しなくてはならない。現場もSR弁を開け続けることの重要性は強く認識していた。RCICが止まったのちの14日午後2時ごろ、吉田所長はテレビ会議で次のように発言している。

「SR弁が吹いた後で、"開"を維持させるための電気、計装関係のいろんなところとか、そこらへん大丈夫ですか？」

SR弁をいかに開けるのか。RCICが停止した3月14日午後1時25分以降、2号機の中央制御室ではまさにSR弁との闘いが行われていた。2号機は津波によって全電源が喪失し、もともと発電所内に備えられていた電源によってSR弁を開ける操作はできない。

3号機では、冷却機能喪失後、SR弁を開けるためのバッテリー確保に時間を要し、減圧操作は6時間半あまりにわたって行うことができなかった。その教訓から、現場は、2号機のRCICが停止する前にSR弁を動かすために必要な12ボルトのバッテリーを10個確保し、中央制御室でそれを直列につなぎSR弁開放の準備をしていた。

2号機では、RCIC停止後、吉田を含めた免震棟の技術者たちは、SR弁の開放に先駆けて、まずベントを行おうとしていた。

バルブ（弁）を開けて内部にある高温高圧の水蒸気を逃がして圧力を下げるという点では、SR弁の開放とベントは似通っているが、両者の目的ならびに外部に与える影響は異なる。SR弁の開放は、核燃料を覆う原子炉圧力容器の圧力を下げ、注水を可能にするためのものであるのに対して、ベント弁の開放は放射性物質を閉じ込める最後の砦である格納容器を高圧による破損から守るため行うものだ。前者は、「閉じた系」で行う弁の開放であるため放射性物質が原発の外部に放出されることはないが、後者は、大気中に放射性物質を放出する非常手段である。

なぜ、免震棟では"減圧"より先に放射性物質の放出を伴う"ベント"を行おうと考えていたのか。

このころ2号機ではSR弁を開けた際の原子炉からの蒸気の逃がし先であるサプレッションチェンバー（圧力抑制室）はすでに高温の状態になっていた。そのため、SR弁を開けた際に圧力抑制室に流れ込む蒸気がうまく凝縮せずに、原子炉の減圧がスムーズに進まない可能性を警戒していた。

さらに、SR弁を開けた後、消防車による注水がうまくいかなかった場合に備えてベントを優先したかった。減圧後、注水に失敗すれば、空だきになった原子炉は一気にメルトダウン、そしてメルトスルーに至る。吉田たちは、メルトスルーによって原子炉から吹き出す高温の核燃料によって格納容器が破壊されることを警戒していたのである。ベントを先に行うことによって、格納容器の圧力を外に逃がせる状態に持っていければ、「仮にメルトスルーが起きても"最後の砦"格納容器破損だけは免れる」そう現場は考えていたのだ。

しかし、第6章で記載したように、官邸から班目原子力安全委員会委員長の指示があり、その意を受けた東京本店にいた社長の清水の判断で2号機では、ベントラインが完成する前に、SR弁の開放に動くことになる。そして、午後4時28分、吉田からSR弁を開ける指示が出る。

当時、2号機の中央制御室で対応にあたっていた複数の社員に2012年5月、取材班は接触できた。

中央制御室では、どのようにSR弁を開け続けようとしていたのか。

「12ボルトのバッテリーを10個直列につないで、SR弁の制御回路につないで、開けようとしたのが最初です。夕方に免震棟からSR弁を開けようという指示がありました。すでにSR弁を開けると考えていた作業に備えてバッテリーは準備できていたので、すぐに開けると考えていました」

「しかし、制御盤のSR弁の操作スイッチをひねって"開"にしても原子炉圧力が下がらない。なぜなんだと」

免震棟でも急激に焦りが募る。テレビ会議では柏崎刈羽原発の技術者も交えて対応が急遽検討された。電流が足りないのか、電圧が足りないのか。それとも別の原因なのか。疑われたのは電源の問題だった。SR弁を開けるために窒素を供給する回路の問題だった。SR弁を開けるための電気が足りていないのではないか。

作業を指揮した復旧班長は、こう振り返っている。

「3号機では同じやり方でSR弁を開けることができたのになぜだという思いはありました。もうTAFまでの時間はありませんでしたから。なんとか一刻も早くという」

検討の結果、"電磁弁"だけに通電するよう接続する箇所を変更するよう方針が打ち出された（264ページ上の図）。午後6時2分、バッテリーを再び直列につなぎなおし、回路の接続を変更したことによって、SR弁が開き原子炉の減圧が開始された。

---

*電磁弁：電磁石の磁力によって動作する弁。電磁石は、軟鉄心にコイルをまきつけたもの。コイルに電流を通じると、電磁誘導が起きて鉄心が一時的に磁石となる

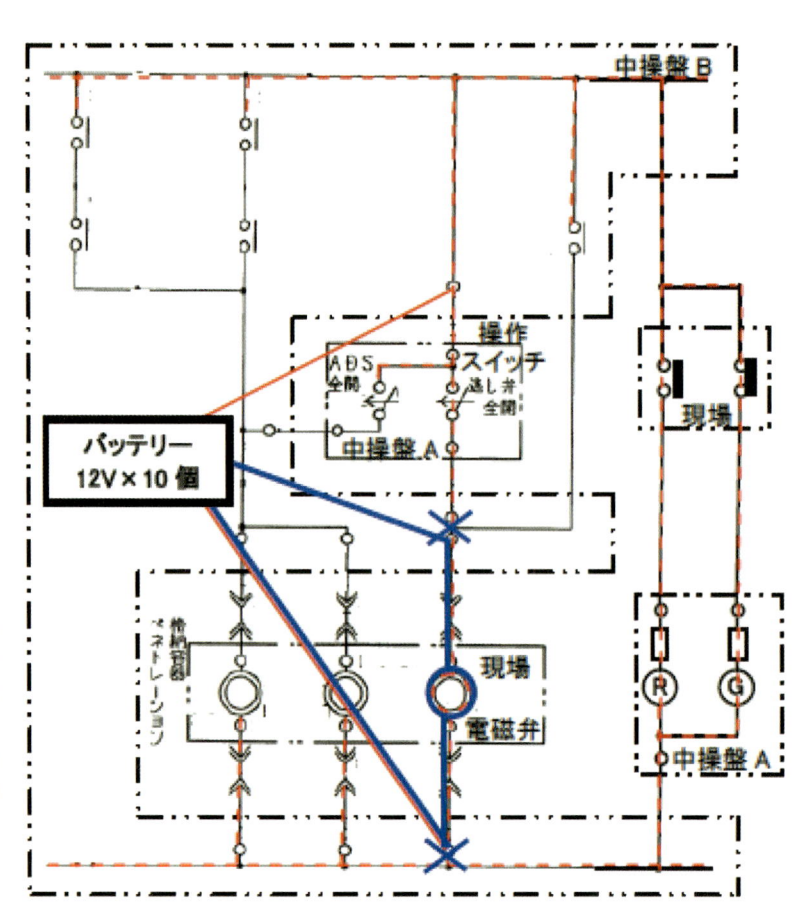

SR弁の制御回路の説明図。SR弁を開く際に作動する開動作用電磁弁を動かすための回路図を説明したもの。
赤のラインは、通常の電磁弁への電気の供給ラインを示す。電磁弁を含め回路全体に電源供給するため、バッテリーの消費が早い。青のラインは、12ボルトのバッテリーを10個直列につなぐ際に用いた電気の供給ライン。電源の供給範囲を電磁弁の前後に限定することで、バッテリー消費を抑えた。×は、配線の取り外し部位

SR弁設計者からの助言

しかし、このとき、外部から2号機の原子炉へ注水するためにスタンバイしていた消防車のポンプは燃料切れによって停止していた。減圧によって原子炉の水は急速に失われ"空だき"状態に陥り、原子炉は一気にメルトダウンに向かうことになる。

なぜこのとき、消防車の運転状態を継続して現場で監視できなかったのか。

当時、1号機・3号機と続いた爆発によって、高い放射線量の瓦礫が散乱して、消防車の周辺に長時間とどまることはできなかった。現場の東京電力の社員たちは、交替で消防車に給油を繰り返し、いつ始まるともわからない消防注水の準備作業を継続して行っていた。しかし、原子炉の減圧が始まった午後6時2分は、タイミング悪く燃料が切れてしまっていたのだ。

中央制御室でのSR弁との闘いはその後も続く。SR弁を開けた後、電気と駆動用の窒素を供給し続けない限り、SR弁の"開"が維持できない。窒素の供給量が十分でないと、SR弁は閉じてしまい、再び原子炉圧力は上昇し、消防車による注水は不可能になる。

午後9時台、午後11時台、そして日が変わって15日午前1時台にSR弁の"開"ができたと東京電力の報告書に記載されて

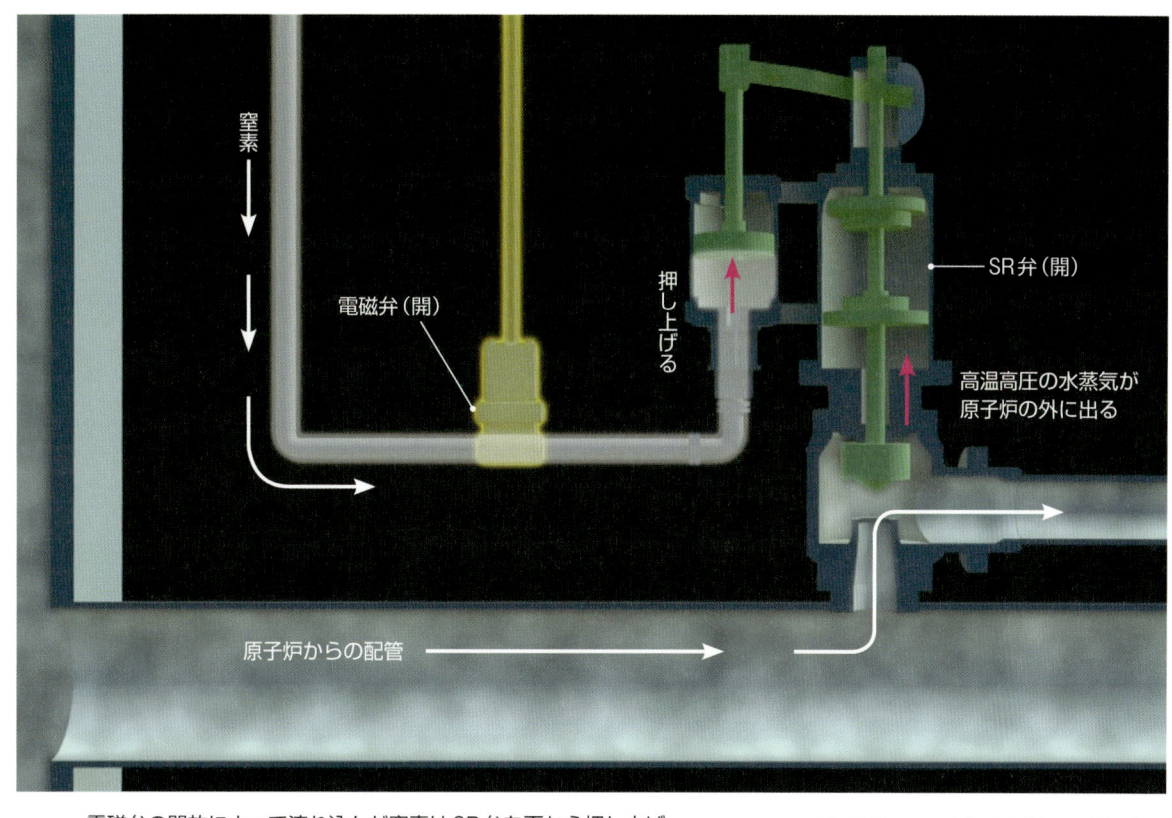

図中ラベル：
- 窒素 →
- 電磁弁（開）
- 押し上げる
- SR弁（開）
- 高温高圧の水蒸気が原子炉の外に出る
- 原子炉からの配管 →

電磁弁の開放によって流れ込んだ窒素はSR弁を下から押し上げ、原子炉の配管から蒸気が流れだし、原子炉の圧力が大きく下がる

CG：NHKスペシャル『メルトダウンⅡ　連鎖の真相』

いる。一方で、開操作を行うもすぐには開かなかったことも記載されていた。

なぜ、一度開いたSR弁が再び閉じてしまったり、その後開けるたびに難航したのか。電気の供給不足の問題は解消しているはずだ。別の原因があるのではないか。

その疑問を解くために、NHK取材班は、福島第一原子力発電所2号機の設計や建設に携わった原発メーカーのOBを訪ねることにした。福島第一原発の1号機はGE社が設計し建設を行っているが、2号機以降は東芝や日立といった国産原発メーカーの技術者が設計段階から参加していた。彼らは、日本の原子力黎明期を支える専門家として、その後の国産の原子力発電所の設計・建設を担うことになる。

実は、2号機を設計する当時、メーカーの技術者にとって大きな課題となっていたのが、SR弁の改良だった。アメリカで当時MarkI型の原子炉で使われていたターゲット・ロック社のSR弁は〝開固着〟の問題が頻発するという課題を抱えていたからだ。開閉が繰り返されても決して開固着を起こさないSR弁を開発することが、2号機を設計するメーカーの技術者の重要なテーマとなっていた。取材班が訪ねた原発メーカーOBのA（77歳）は、2号機の設計当時から日本とアメリカを往復し、GE社とともに、SR弁の開発に深く関わった技術者だった。彼が設計し、改良されたSR弁はその後、全国の原発に水平展開され、1号機も改良された。

このSR弁のパイオニアとも言える技術者に、2号機のSR弁が一度開いたのちに、何度か開かなかったことに対する疑問をぶつけてみた。

「まず、考えなくてはならないのが、格納容器の圧力が設計を超えた状態が、3月14日の午後9時台以降におこっていることです。格納容器内部の蒸気の量や温度は、きわめて過酷な状況となっています。そうなれば、SR弁に窒素を供給する"電磁弁"に不具合が起こる可能性があります」

SR弁のすぐ脇に取り付けられている"電磁弁"。ここに電気を供給することで電磁弁が開き、窒素がSR弁の駆動部分に流れ込む。そして、この窒素が下から押し上げることでSR弁が開く。当然のことながら、この電磁弁が働かなければSR弁は動かない。

電磁弁の不具合の可能性を示唆したうえで、この技術者は、それだけでは、3月14日の午後9時台以降のSR弁の開放作業が難航した理由は説明できないのではないかと、言葉を続けた。

「SR弁が開かない理由を電磁弁の不具合だけに求めることは早計です。すべての電磁弁に不具合が起こっているのであれば、その一部は午後9時以降も開いている。だから別の可能性も考えなくてはならないのです」

東京電力が公表している時系列や温度圧力などのパラメーターなど膨大な資料を並べ、このAとともに数回にわたって合計20時間を超える検討を行った。その間、Aからは「SR弁は何回か開けると、接続部分が完全に密閉にならずに、接続部の断面積(受圧面積)が増える結果、設計どおりの開閉状況にならない可能性もある」というような設計者ならではの深い技術的な知識に基づいたアドバイスも受けた。しかし、SR弁が開かない原因についての結論はなかなか出なかった。

検討を始めてから1ヵ月ほどたったある日、独自に検討を継続していたAから取材班に重要なメールが届く。

「かねてから気になっていることがあります。格納容器の圧力が上昇した場合にその"背圧"(SR弁を上から押す圧力)がSR弁の動作に影響を与え、開操作ができなくなる可能性でSR弁の開けるための窒素の供給源を確認した。

SR弁は原子炉のすぐ脇、格納容器の内部に取り付けられている。Aの指摘は、格納容器の圧力が高くなると、SR弁を上から押す力が強まり、もともとの窒素の圧力では、SR弁を押し開けることができないのではないかというものだった(269ページ図)。

取材班は再びAに連絡し、非常時にSR弁を開けるための窒素の供給源を確認した。

SR弁を開けるための窒素は、アキュムレーターと呼ばれる窒素タンクから供給される。アキュムレーターは、逃がし弁機能用とADS機能用の2種類があり、いずれも格納容器の内部に取り付けられている。アキュムレーターがわざわざ格納容器

＊2号機では、8つあるSR弁のうち6つの弁にADS機能用のアキュムレーターが備えられている。ADS機能用のアキュムレーターは通常の逃がし弁機能用のものよりタンクの容量が大きい

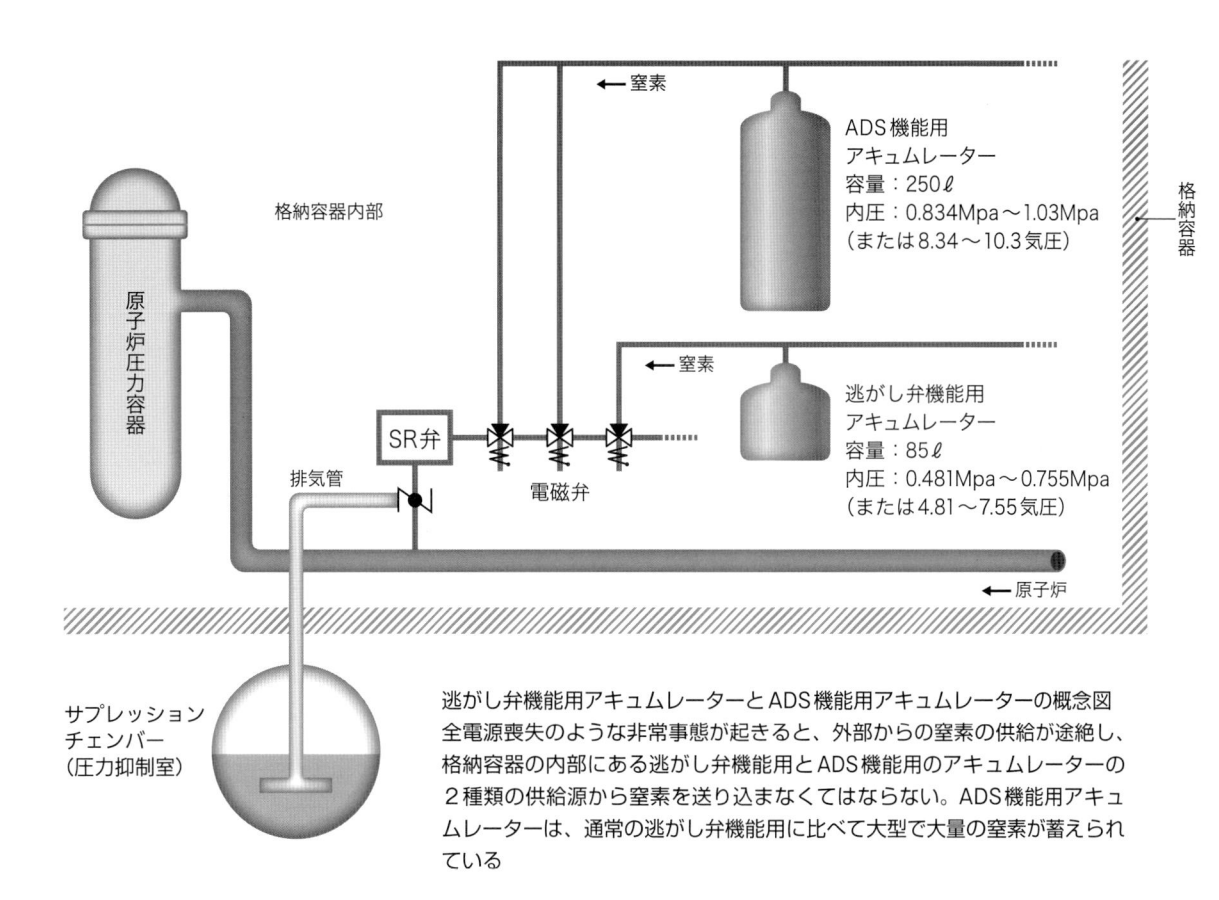

逃がし弁機能用アキュムレーターとADS機能用アキュムレーターの概念図
全電源喪失のような非常事態が起きると、外部からの窒素の供給が途絶し、格納容器の内部にある逃がし弁機能用とADS機能用のアキュムレーターの2種類の供給源から窒素を送り込まなくてはならない。ADS機能用アキュムレーターは、通常の逃がし弁機能用に比べて大型で大量の窒素が蓄えられている

内部に備え付けられているのは、SR弁への窒素ラインを極力短かくすることで、確実に窒素を届けるためだ。通常時は、格納容器の外側にある窒素ボンベから格納容器内部のアキュムレーターに窒素を供給するためのラインがつながっており、アキュムレーターに自動的に窒素が充塡される仕組みになっている。

全電源喪失になると、このラインについている弁が自動的に閉まり、アキュムレーターに窒素を供給できるラインは使えなくなる。しかし、アキュムレーター自体には窒素が蓄えられているので、格納容器の外部から窒素の供給が断たれても、何回かはSR弁を開けるだけの窒素を供給できる。緊急事態に備えた用意周到なバックアップともいえるシステムだが、2号機ではこれがうまく機能せず、SR弁をなかなか開くことができなかった。Aは、その原因の一つが、格納容器の圧力上昇によって生じる「背圧」ではないか、というのだ。

SR弁の専門家との出会い

格納容器の"背圧"の影響によってSR弁が開かない可能性がある。では、格納容器がどれほどの圧力になればSR弁が開かなくなるのか。NHK取材班は、その答えを求めて"SR弁"の専門家を探した。その専門家は、意外なことに、原子力部門がない東京海洋大学にいた。第8章で低圧復水ポンプの構

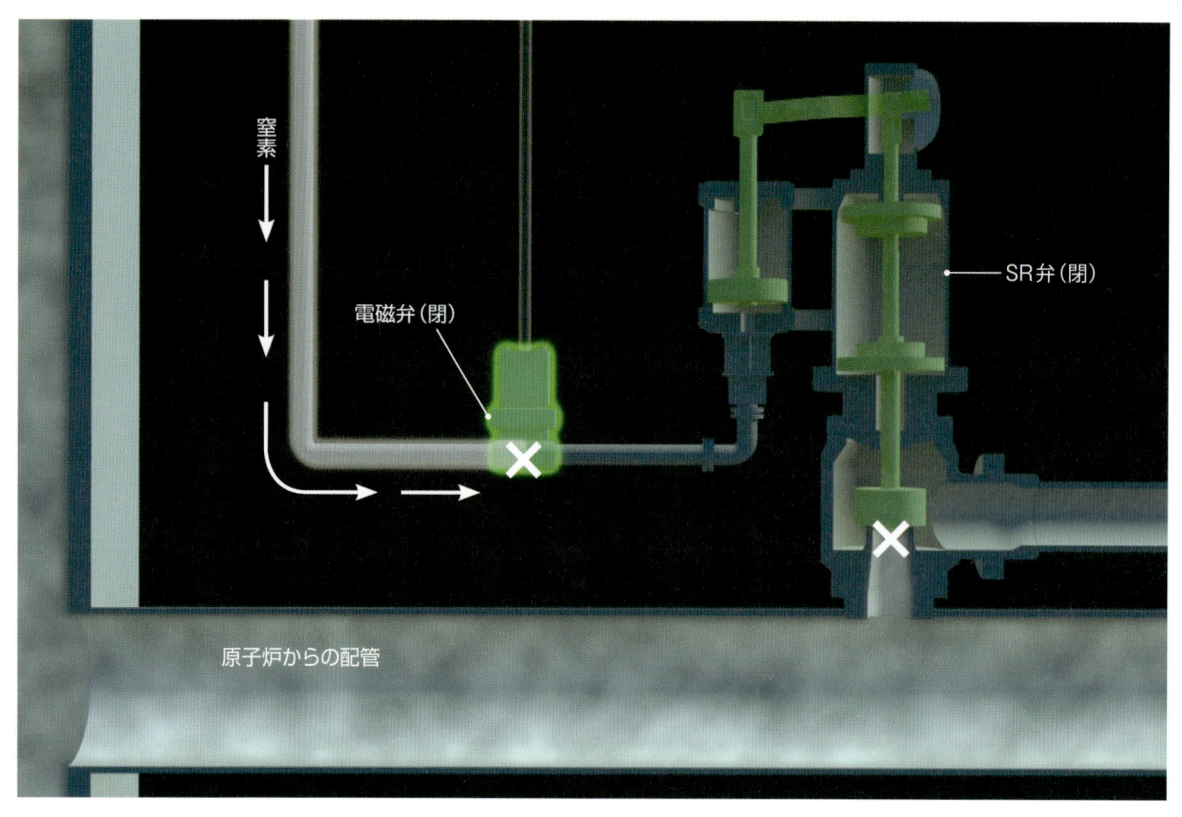

SR弁のすぐ脇には、電磁弁という電気で操作する弁がついている。ここにバッテリーで電気を流すと弁が開き、窒素が流れ込む

CG：NHKスペシャル『メルトダウンⅡ 連鎖の真相』

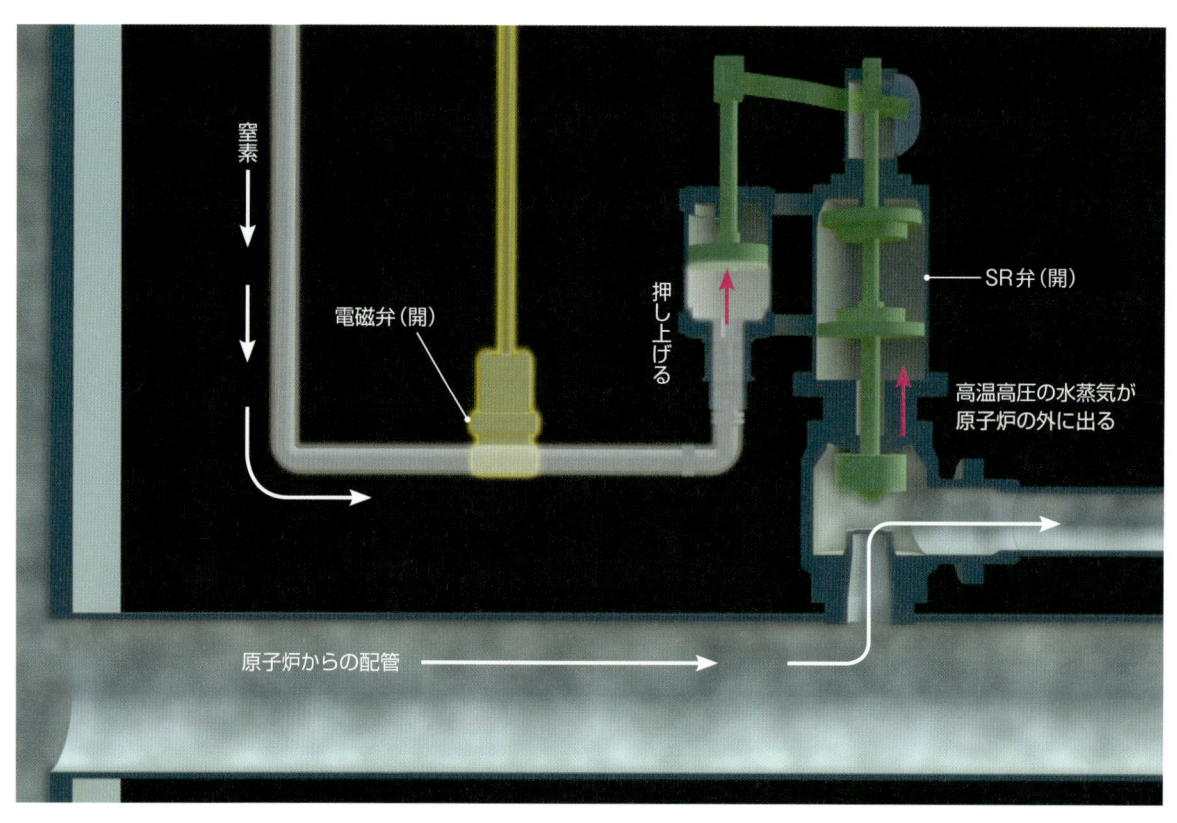

電磁弁の開放によって流れ込んだ窒素はSR弁を下から押し上げ、原子炉の配管から蒸気が流れだし、原子炉の圧力が大きく下がる

CG：NHKスペシャル『メルトダウンⅡ 連鎖の真相』

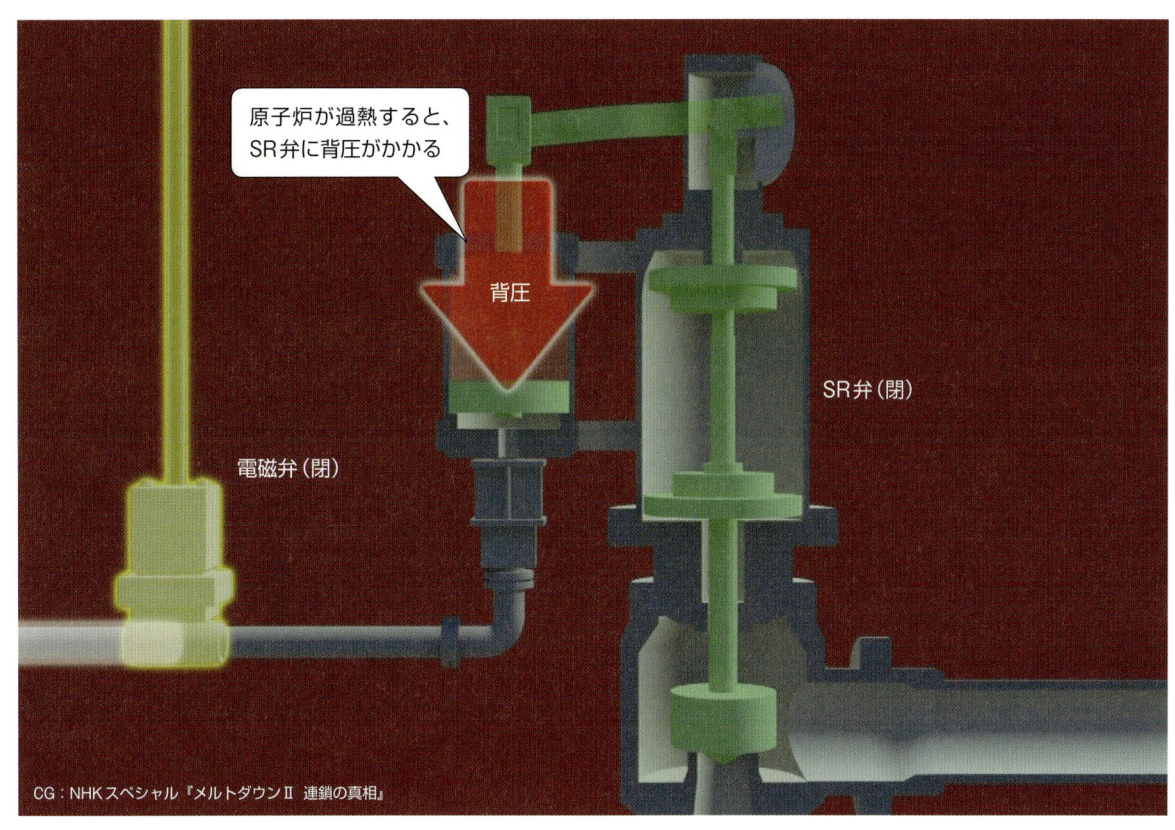

> 原子炉が過熱すると、SR弁に背圧がかかる

背圧

SR弁（閉）

電磁弁（閉）

CG：NHKスペシャル『メルトダウンⅡ 連鎖の真相』

冷却が止まった原子炉の温度はただちに上昇し、その影響で格納容器内部にあるSR弁にかかる圧力が増す

⬇ さらに原子炉が高温高圧になると、電磁弁を開けても……

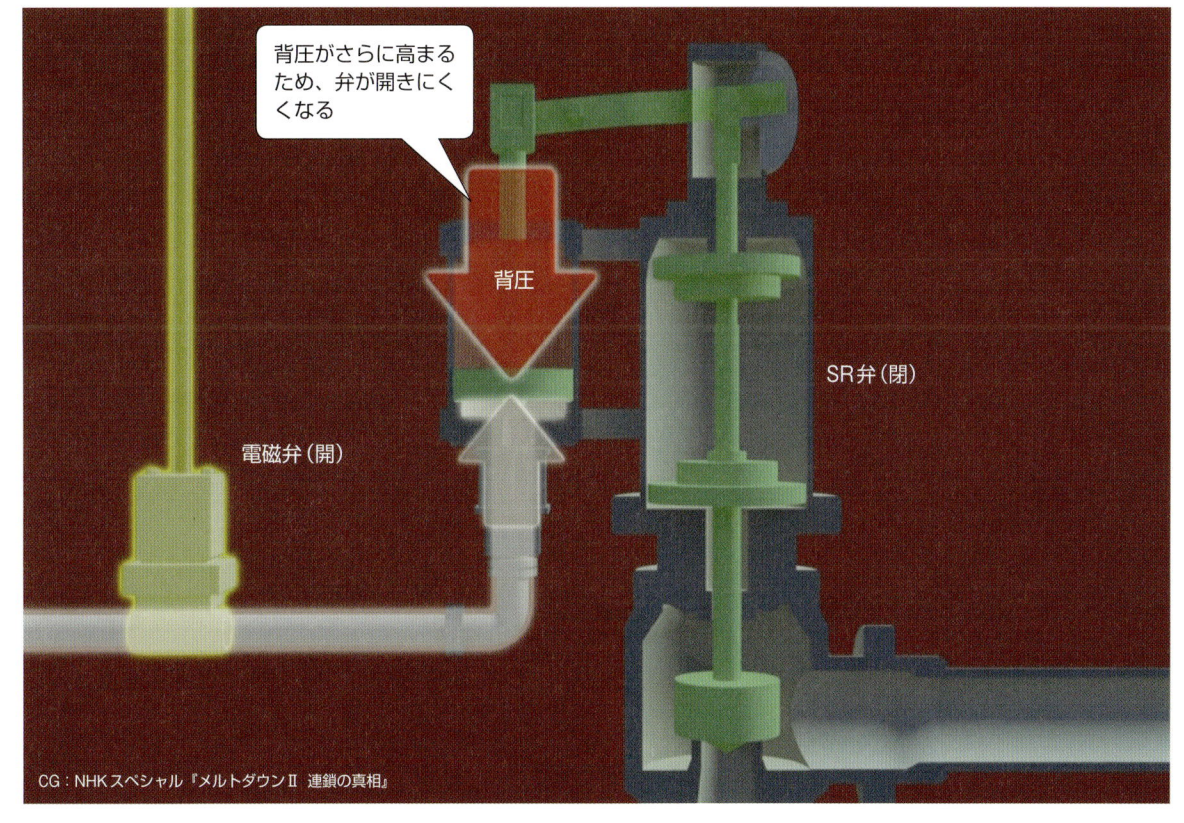

> 背圧がさらに高まるため、弁が開きにくくなる

背圧

SR弁（閉）

電磁弁（開）

CG：NHKスペシャル『メルトダウンⅡ 連鎖の真相』

電磁弁を開いて窒素を入れても、その窒素圧がSR弁にかかる圧力を上回らないとSR弁は開放できない

造について助言してくれた刑部真弘だ。かつて日本原子力研究所（現・日本原子力研究開発機構）で原子力の研究をしたのち、船舶の動力の研究機関に籍を移した科学者だ。刑部は「原子力ムラを脱藩して25年にもなる」と語るが、原子力発電所で使われているバルブやポンプの専門家である。現在、SR弁を設計・製造しているメーカーをはじめ、あらゆるバルブメーカーが加盟する日本バルブ工業会で、バルブの規格を審査する標準化委員会の委員を務めるなど常日頃からSR弁のメーカーと深い関わりあいがあり、自らの研究室にも小型のSR弁を持っていた。

刑部は取材班に驚くべき情報を伝えてくれた。それは福島第一原発の2号機のSR弁は、アキュムレーターの内圧が格納容器の圧力に対して"4気圧以上、上回っていなければSR弁は開かなくなる設計になっている"というものだった。

原子炉の唯一の減圧装置であるSR弁が開かなくなることがある。こうした弱点は、通常の状態では気付きにくい。

刑部は深刻な指摘を続けた。メルトダウンが進めば、原子炉から出る膨大な熱によって、その外側にある格納容器の圧力はさらに上昇し、SR弁にかかる背圧も高まる。原子炉が危機的な状況になればなるほど格納容器の圧力が高まり、安全装置であるSR弁が開きにくくなる。驚くべき実態であった。

明らかになる現場のオペレーション

では当時、東京本店や免震棟では、SR弁が格納容器の圧力によって影響を受け"開きにくくなっていること"を把握していたのだろうか。

実は、SR弁の開操作に苦戦していた3月14日の夕方以降、東京本店の技術者がSR弁の製造メーカーにSR弁が開かない原因について、なにか知見がないか電話で問い合わせを行っている。

この時製造メーカーの技術者はこう答えたという。

「格納容器が設計条件をこえた圧力になっている場合、SR弁を開けようとしても開かない。格納容器の外側から窒素を供給するためのラインがあるはずだ。そのラインにつながっている窒素ボンベの排出圧力を上げ、格納容器の背圧に打ち勝つようにしなくてはSR弁を開けることはできない」

製造メーカーはSR弁開操作難航の理由を、"格納容器の背圧"と見ていた。その情報を東京本店の非常災害対策室の技術者はつかんでいたのである。

しかし、この"背圧"に関するきわめて重要な製造メーカーからの情報が、免震棟に正確に伝わっていたかは疑わしい。取材班が、後日、免震棟でSR弁対応の指揮を執った幹部にインタビューを行った際に「格納容器の圧力が高いため、SR弁が

開かないという議論は正直当時行われなかった」と語った。事故時の重要な情報の共有の難しさがここでもまた浮き彫りになった。

14日夜、中央制御室では、「背圧の影響」の議論がなされないまま、SR弁を開けるための懸命の闘いが続いていた。復旧班は、バッテリーを電磁弁につなぐ回路を変更する作業を繰り返し行った。

SR弁は8弁あり、A〜Hの番号が付けられている。しかし、バッテリーは一つのSR弁に電気を供給するだけの分しか中央制御室にはなかった。そのため、SR弁が開かなければ次のSR弁の操作に移るために、ケーブルのつなぎ換えを行わなければならなかった。復旧班は、全面マスクを装着し、ゴム手袋を二重にしたうえで、ねじ穴が1ミリ以下の細いネジを暗闇で回していった。操作を間違えれば感電の恐れもあった。放射線量が上昇する中央制御室。極限の疲労のなか、意識が遠のいていく社員もいたという。

「一つのSR弁の開操作に失敗すると、免震棟からは〝次は○弁だ〟という指示が飛んでくる。それでバッテリーからの電気を供給する接続部分のつなぎ換えを行い、別の電磁弁に電気を供給していました。SR弁が開いたかどうかは、原子炉の圧力を見て、下がっていけば開いたと判断していましたが、なんどやってもなかなか開かない。特に厳しかったのが、夜11時を過ぎたあたりからでした」

回路を変更しても、開かないSR弁。焦りが募る中央制御室。窮余の一策として、中央制御室にいた一人の社員が思いついたのが、窒素の供給源となるアキュムレーターの変更だった。前述したように、アキュムレーターには逃がし弁機能用とADS機能用の2種類がある。通常、SR弁を開放する際には、逃がし弁機能用アキュムレーターが用いられる。福島第一原発2号機では、運転開始以来、減圧を行うために、ADS機能が使われたことはなく、通常は逃がし弁機能を使ってSR弁を開けていた。この緊急時に、中央制御室で対応にあたっていた社員はこれまで使われたことがないADS機能用のアキュムレーターを使う判断をしたのだ。

14日午後11時1分、格納容器の圧力は6気圧を超えていた。通常、格納容器の圧力は1気圧程度しかないから、実に6倍以上の圧力だ。格納容器圧力は、逃がし弁用のアキュムレーター（内圧が4.81〜7.55気圧）では、背圧に打ち勝つSR弁を開ける十分な窒素の圧力を確保できない。一方でADS用のアキュムレーターは、8.34〜10.3気圧。ADS用のアキュムレーターのほうが高い圧力で窒素を供給でき、SR弁を開けることができる可能性があった。中央制御室は、この手段に賭けた。

14日から15日に日付が変わり、中央制御室の社員たちは、バッテリーからの電気の供給先を逃がし弁用からADS用に切り替えた。

---

*ADS（Automatic Depressurization System）は、原子炉の圧力が高い状態のまま注水ができないという最悪の事態にいたる可能性がでた場合に用いられる、原子炉の自動減圧システム。

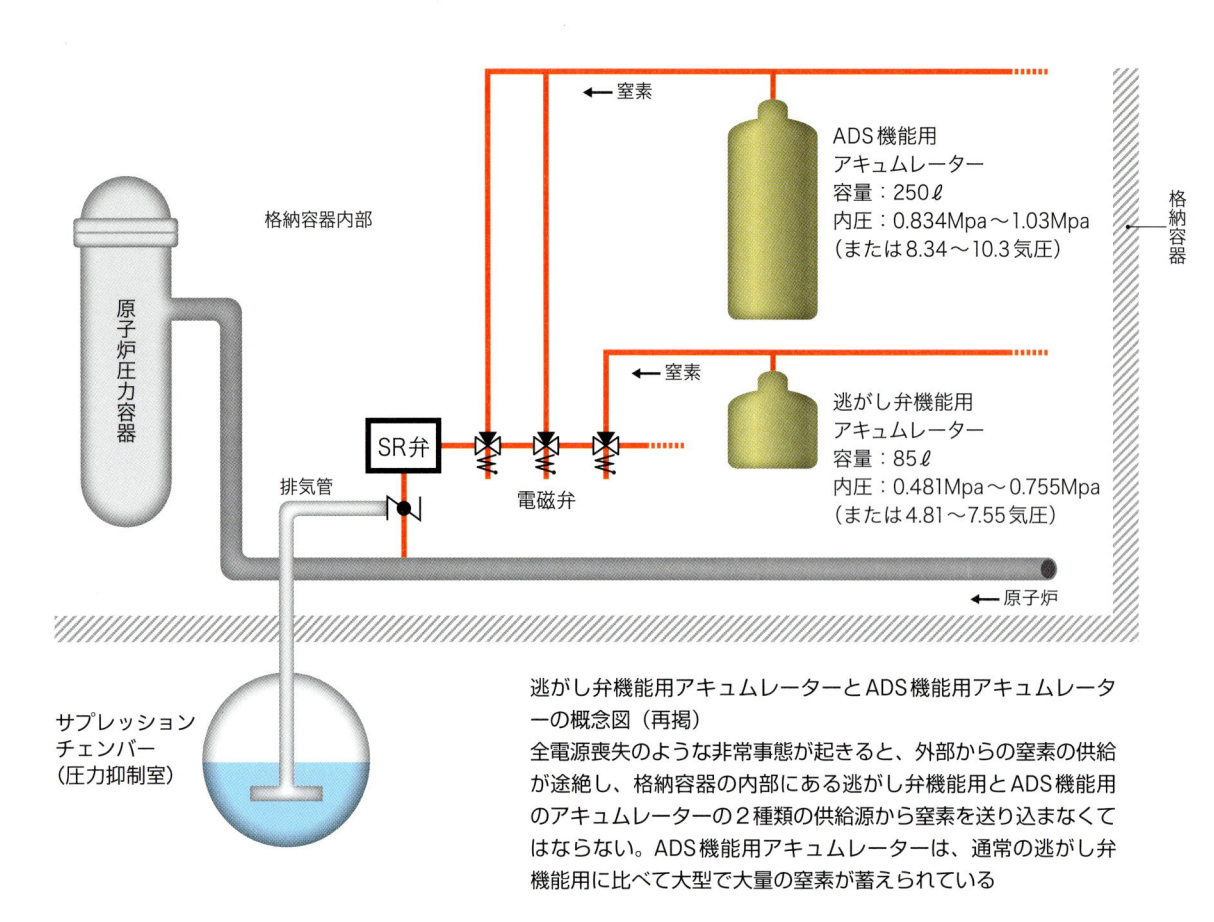

逃がし弁機能用アキュムレーターとADS機能用アキュムレーターの概念図（再掲）
全電源喪失のような非常事態が起きると、外部からの窒素の供給が途絶し、格納容器の内部にある逃がし弁機能用とADS機能用のアキュムレーターの2種類の供給源から窒素を送り込まなくてはならない。ADS機能用アキュムレーターは、通常の逃がし弁機能用に比べて大型で大量の窒素が蓄えられている

「免震棟からはADSを優先して使えという指示もなかった。ADS用のアキュムレーターを使ったのは、いわば"ダメもと"でした」

結果的にこの判断が功を奏す。SR弁が開いたのだ。

前述の原発メーカーOBのAはこういう。

「格納容器の圧力が上昇した場合には、もちろん優先してADS用のアキュムレーターを使うべきです。そのほうが、窒素の圧力が格納容器の圧力に打ち勝ち、SR弁を開けることができる可能性が高いからです」

2号機のメルトダウンが刻一刻と進む極限状態の中で、中央制御室の社員たちは、危機を打開するオペレーションをまたも行ったのだ。

2号機　ベントの疑問

事故から1年2ヵ月あまりがたった、2012年5月24日。東京電力は、独自の解析コードDIANAを使った「福島第一原子力発電所事故における放射性物質の大気中への放出量の推定」について発表した。放射性物質の放出については、国民の関心もきわめて高く、いつもより多くのメディアが東京本店3階の会見場に詰めかけていた。

当日、東京電力の広報担当であった松本純一原子力・立地本部長代理は「全体の放出量のうち、1号機からは2割程度、2

原子炉の基本構造とベント配管

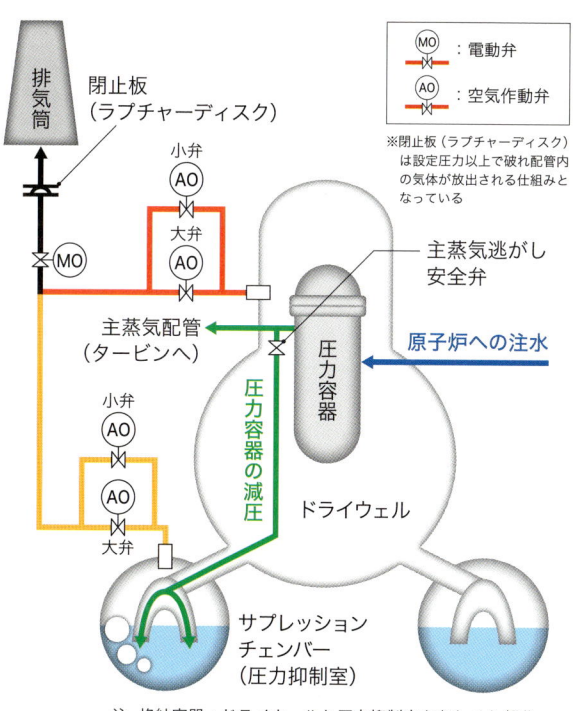

格納容器ベント：格納容器の圧力の異常上昇を防止し、格納容器を保護するため、放射性物質を含む格納容器内の気体（ほとんどが窒素）を一部外部に放出し、圧力を降下させる措置。格納容器はドライウェルとサプレッションチェンバー（圧力抑制室、ウェットウェルともいう）に分かれる

ベントラインは、ドライウェルからのライン（赤色）とサプレッションチェンバーからのライン（黄色）の2種類がある。ちなみにAO弁（空気作動弁）には大弁、小弁の2種類がある。2つのラインの合流後にMO弁（電動弁）と閉止板（ラプチャーディスク）があり、排気筒につながる

閉止板は、放射性物質の想定外の流出を防ぐために、あらかじめ設定した圧力で破裂するよう設計された安全装置のこと。サプレッションチェンバーを通して行うウェットウェルベントは、貯蔵された水を通すことで放射性物質を除去する効果が期待できる*

号機は4割強、3号機からは4割弱の放出がされたとみている」と発表した。会見の中で、「2号機のみ格納容器ベントができていない」という発言があった。

格納容器ベントは、放射性物質を含む気体を外部に放出することで、格納容器の圧力を下げ、熱を大気に放出する手段である。2号機では最後までベントができなかったため、格納容器の圧力が限界を超えて、破損が起きた可能性が高い。放射性物質を閉じ込める〝最後の砦〟と言われていた格納容器が破損もしくはダメージを受け、閉じ込め機能が損なわれた結果、もっとも大量の放射性物質が飛散したと推測されている。

では、なぜ2号機はベントができなかったのか。広報担当の松本は会見の中で、「最終的にはベントラインにあるAO弁（空気作動弁）を開けるための空気圧が維持できない、またはAO弁を開けるための空気を供給するための電磁弁そのものに不具合があった可能性がある」と語った。

NHK取材班はこの発言に注目した。2号機のベント失敗の謎を解く鍵は、圧縮空気で作動するAO弁にある。このような仮説を立て、取材を進めた。

それぞれ異なるベントの状況

実は、1〜3号機においてベントのオペレーションはそれぞ

---

*サプレッションチェンバー（圧力抑制室）の水をくぐらせるラインを用いると、格納容器内部にたまっている放射性ヨウ素や放射性セシウムを100分の1から1000分の1程度まで下げることができる

弁の種類

CG：NHKスペシャル
『メルトダウンⅡ 連鎖の真相』

AO弁（空気作動弁）
圧縮空気によって作動する弁。一部を除き、ハンドルがついていないため、非常時には、コンプレッサーを使って遠隔操作で開けるしかない

MO弁（電動弁）
電気信号を受けて、弁駆動部を電動モーターによって動かし開閉する弁。ハンドルがついているので、非常時には人の手で開けることができる

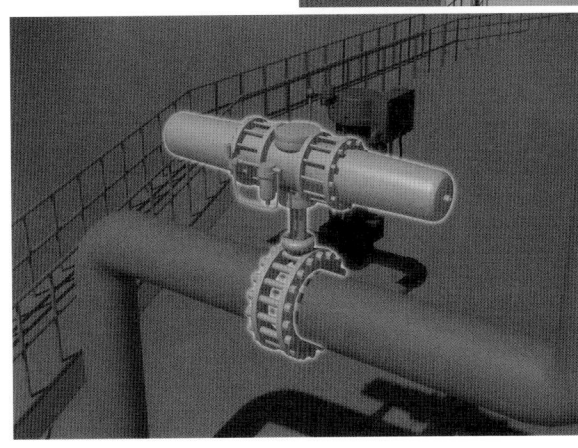

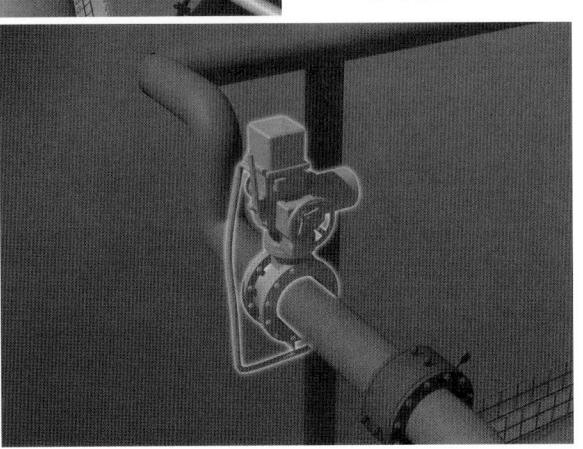

れ異なっていた。

　ベントを行うために最も重要なバルブは原子炉建屋の地下にあるサプレッションチェンバー上部に備えられているAO弁である。AO弁は「大弁」と呼ばれる予備のバルブがベントラインに並列に備えられている「小弁」と呼ばれる予備のバルブがベントラインに備えられている。それぞれの弁はベントラインに備えられているMO弁（電動弁）と異なり、ハンドルはついていないため、作業員が現場で開けることはできない。しかし、唯一の例外があった。

　現場の運転員たちが高い放射線量のなか〝決死隊〟を組んで弁の開放に取り組んだ1号機のAO弁「小弁」である。これは1～3号機に備え付けられているAO弁のうち唯一ハンドルがついていて、手動で開けることができる弁であった。

　そのことを図面で把握した運転員たちは、決死の思いで現場に向かい、AO弁「小弁」の開放に挑んだのである。しかし、わずか数分で100ミリシーベルトに近づく被ばくをしたことから、AO弁「小弁」を手動で開放することを断念する。

　そこで運転員は、可搬式コンプレッサーを使い、遠隔でAO弁に対して、空気を送るオペレーションに着手する。幸いAO弁がある1号機原子炉建屋の大物搬入口付近にある細い配管には、空気を送り込むコンプレッサーをつなぐことができることがわかった。ここに協力企業の事務所から運んだ持ち運び可能なコンプレッサーを接続し、12日午後2時ごろに起動させ、圧縮空気を送り込んだ。午後2時半、格納容器の圧力が下がっ

274

ことから、ベントが成功し、放射性物質を含む気体が放出されたと判断した。

1号機に続いて冷却機能が失われた3号機。ベントはどのように実施されたのか。

1〜3号機ではベントラインのAO弁に、空気を供給するためのボンベが備え付けられている。このボンベから電磁弁を介してAO弁に空気を供給し、弁を開けるのが通常のオペレーションである。しかし現場に出た復旧班が目にしたのは、ベントを行うために最も重要な機器の一つ、この空気ボンベの圧力の〝0〟の表示だった。ボンベから何らかの理由で空気が抜けていたのだ。配管からボンベにつながる最後の部分は、フレキシブルチューブと呼ばれるやわらかい配管でつながり、ボンベとの接続部分はねじ止めになっている。このねじ止めの部分が、地震、あるいは1号機爆発の振動なのか、何らかの理由で緩み空気が抜けていたのだ。すぐに原子炉建屋内にあった別のボンベとの取り換え作業にかかる。3号機ではボンベから何度か空気の漏えいが確認されるたびに作業は中断、時間がたつにつれ放射線量が上昇する原子炉建屋でボンベの交換作業が繰り返し続けられた。

13日午前8時41分にはAO弁を開けることに成功。あとはラプチャーディスクの破裂を待ち、その後、AO弁に圧縮空気の供給を繰り返し行い、ベントが実施された。

では残る2号機のベントはどうだったのか。実は2号機は、1号機や3号機とベントを行う環境が根本的に異なっていた。1号機では原子炉建屋脇の大物搬入口に可搬式コンプレッサーを設置し、空気を送り込んだ。3号機では圧縮空気の供給源が同じ原子炉建屋内ということもあり、AO弁までの配管の距離は短くて済んだ。しかし、2号機はそうではなかった。

高い線量や接続口の問題から、1号機のようにAO弁に近い原子炉建屋内の圧縮空気ラインにコンプレッサーを接続できなかったのだ。そこで原子炉建屋から直線距離で70メートル以上も離れていたタービン建屋に設置されたIA系空気貯槽を使うことにする。復旧班は、IA系空気貯槽の脇に福島第二原発から急遽運ばれた可搬式のコンプレッサーを設置し、IA系配管を通じてAO弁まで空気を送り込もうとしていた。原子炉建屋内部の重要機器が耐震クラスSで設計されているのとは異なり、IA系配管は最も低い耐震クラスCで設計されていた（276ページ図）。

AO弁に連なる70メートルの配管、〝漏れ〟が見つかったAO弁と圧縮空気の供給ラインとの接続部分は地震後に本当に健全だったのか。

5月24日の会見での東京電力・松本の言葉が頭をよぎる。

「最終的にはベントラインにあるAO弁を開けるための空気圧が維持できない」

■ Sクラス
■ Bクラス
■ Cクラス

IA系配管

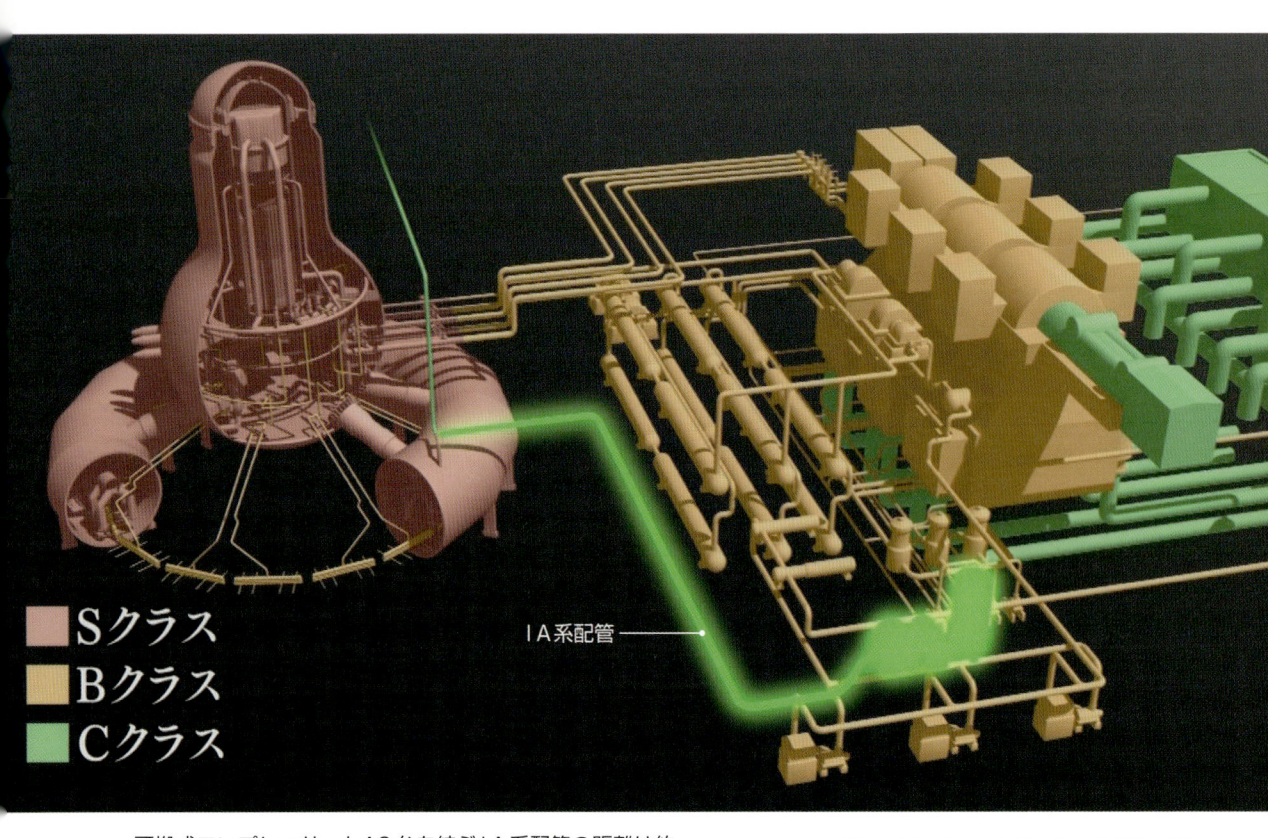

可搬式コンプレッサーとAO弁を結ぶIA系配管の距離は約70メートル。この配管の耐震性は最も低いCクラスだった

CG：NHKスペシャル『メルトダウンⅡ 連鎖の真相』

なぜ十分な空気をAO弁に対して送り込むことができなかったのか。取材班はさらに取材を進めた。

耐震の第一人者の分析

今回の福島第一原子力発電所事故で、国や東京電力は一貫して、安全上重要な設備に関して地震の影響はなかったと見られている、という趣旨の発言を繰り返し行ってきた。耐震性のチェックを行うのが原子力安全・保安院であるが、実質的な技術面での解析は、すべてJNES（原子力安全基盤機構）が担ってきた。JNESの耐震安全部は、二〇〇七年七月に起こった新潟県中越沖地震後の柏崎刈羽原発への影響検査も行い、それをIAEAの地震ハザード評価ガイドに反映させるなど、国際的にも高い評価を得ている。

二〇一二年六月、NHK取材班は、二号機のAO弁につながるIA系配管への地震による影響の可能性について見解を聞くため、港区虎ノ門にあるJNESのオフィスを訪ねた。取材に対応した耐震安全部次長の高松直丘（五六歳）は、耐震安全の分野で第一人者といわれている原発メーカー出身の技術者だ。

まだ、東京電力も国も、今回の福島第一原発事故で、地震による影響で事故が悪化したとは明確に述べていない。高松は慎重に言葉を選びながら語り出した。

「新潟県中越沖地震とか、いくつか非常に大きな地震の評価を

原子力安全基盤機構
高松 直丘 次長
（耐震評価）

否定できないと考えています

原発の耐震性評価の世界的権威である原子力安全基盤機構・耐震安全部次長・高松直丘は、地震による影響で事故が悪化した可能性を否定しない

写真：NHKスペシャル『メルトダウンⅡ 連鎖の真相』

させて頂きました。その結果として、いまの原発にはかなり耐震性はあると思います。とは言いながら今回の事象はみんな津波のほうに目がいっているわけですが、じゃあ地震はどうだったんだと……。やはり、津波がこないで地震だけならどうだったんだという観点の検討は忘れてはいけない。そのなかで、何らかの改めるべき点があったら、それは真摯に抜き出して改善に持っていくことが重要ではないかと思っています」

では、2号機のIA系配管からの空気のリーク、そしてベントが2号機だけできなかった理由はどのような可能性が考えられるのか？

「今回の地震が非常に大きかったこともあり、機器配管系が一部損傷して、何らかのリーク（漏洩）とか、そういうものがおきた結果としてベントがうまくできないという可能性は否定できないと思います」

高松は地震によってIA系配管やAO弁との接続部分が損傷して、それが原因でベントができなかった可能性を否定できないと言及したのだ。高松はさらに続けた。

「今回は格納容器ベントが着目されていますが、AM（アクシデントマネジメント）設備は他にもありますので、他のことも忘れてはいけない。今回の貴重な、あまりに悲しい経験として、他のものの耐震性もみていくということも、同じように大切なことだと思っています」

高松が注目する2号機のIA系配管、AO弁への接続部分の

健全性については、東京電力も自ら検証する意向を持っている。インタビューに応じた福島第一原発・ユニット所長の福良も「（いずれ）検証することになる」と述べている。2号機周辺はいまだに高線量の放射線が計測されており、実現には課題が多いが、福島第一原発のみならず日本の原子力安全のあり方に重大な影響を与える問題の一つである。国や事業者、そして我々メディアも、再びあのような事故を起こすことがないよう、事故の全貌の解明に向けて努力を続けていかなくてはならない。

武藤栄と吉田昌郎

2013年2月、取材班は福島県いわき市にある人物を訪ねていた。福島第一原発1号機が建設された当時から運転員として働き、そののちに当直長を務め、2000年に東京電力を退くまで、ほぼ40年間を福島第一原子力発電所で過ごした69歳のこの人物は、現役の運転員や当直長からは〝運転の神様〟と慕われてきた。

およそ40年前、1号機のIC（イソコン）を使ったこともある。

「イソコンは急激に炉内を冷やす装置で、バルブさえ開いていれば電気がなくても原子炉の崩壊熱をとれる。だから非常時には最も頼りになる装置です。しかし、冷やす能力が高すぎるが

ゆえに、運転規定に定められている〝1時間あたり55℃以上温度を下げてはならない〟という規則を守るためには、スイッチをひねる時間にコツがある。オープンにスイッチをひねる時間は3秒。そうすれば弁がちょうどいい開き具合になる」

しかし、昭和50年代以降、ICは定期検査でも使われることはなく、今回の事故の際に発電所にいた人間はICが動いたときに〝ブタの鼻〟からどのような蒸気が出るのか誰も知らなかった。

「事故の悪化を食い止められる可能性はあったか？」という取材班の問いかけに少しの時間考え、「いや私が仮に1、2号機の中央制御室にいたとしても難しかったと思う。津波で全電源を喪失し、暗闇となった中央制御室の中で、恐怖とも闘いながら、マニュアルもない状況で、的確に判断を下すことは容易ではない。私が当直長でもメルトダウンを防ぐことができたとはいいきれないな」と〝運転の神様〟は語った。

この元当直長は事故後、福島第一原発で吉田に会っている。

「爆発して建屋が吹き飛んでいる1号機を見て、吉田さんに守ってきたプラントを守れなくて申し訳ありませんでした。それから吉田さんに言われましたよ。〝あなたがいてくれたら〟って。それでまた2人で泣きました」

「私が福島第一原発で、運転員や当直長を取り仕切る立場のころ、今回の事故対応の指揮を執った吉田所長と武藤副社長も福島第一にいた。トラブルも少なくなかった。その時は、私と武

第9章 SR弁とベント弁の死角

藤さん、吉田さんの3人で対応にあたったんです。武藤さんは"安全屋"と呼ばれる炉心設計の第一人者でした。吉田さんは"保修屋"として最も現場をよく知る技術者です。その2人がそろって対応したのに食い止めることができなかった。本当に難しい状況だったんだろうと思います」

武藤副社長の"安全屋"としての能力を買っていた専門家もいた。NHKスペシャル『メルトダウン』シリーズの取材過程において数々の貴重な助言を行ってくれた二ノ方壽。武藤と同じく"炉心"の専門家で、かつて東京電力で先輩後輩の関係だった。二ノ方は「武藤君の目の黒いうちは大丈夫だと思っていたんだが」と武藤を評していた。公開されたテレビ会議の中でも、武藤の技術者としての能力を窺わせる会話がいくつかあった。3号機の減圧後には「ドライアウトしている。早く注水したほうがよい」、2号機の原子炉が空だきになった局面では「2時間でメルト、2時間で原子炉圧力容器損傷の可能性あり」と免震棟にアドバイスをするなど技術的な判断を担っていた。吉田もSR弁の開放や、注水、ベントのタイミングなど、重要な判断を求められたときには、たびたび武藤に助言を求めていた。

事故対応にあたった東京電力には、武藤や吉田をはじめ、原子力業界では第一人者といわれる技術者がそろっていたとされている。最後の原子炉冷却の動力である直流電源まで喪失する

事態は誰も想定しておらず、バッテリーや水などの発電所を支援する物資も十分に届かない。そうしたなかで現場はマニュアルにはない消防車での注水やバッテリーを10個接続してSR弁を開けるという作戦を考えつき、膨大な熱を発し続ける核燃料をなんとか冷やし続けようとあらゆる技術や知識をかきあつめ対応した。

しかし、こうした現場の懸命な努力にもかかわらず、事故の悪化を防ぐことはできず、3つの原子炉がメルトダウンし、大量の放射性物質が大気中に放出される史上最悪レベルの原子力事故に至った。

世間には彼らの能力が不足していたとする見方もある。しかし、取材班は数多くの原子力の技術者に取材したが、「津波のあと、自分だったら事故を防ぐことができた」と自信を持って言える技術者には出会っていない。

一方で、武藤と吉田は、福島第一原発事故を未然に防ぐチャンスを得ていた。2008年東京電力社内で、1896年に東北地方を襲ったマグニチュード8・2の明治三陸地震と同規模の巨大地震が福島県沖の海溝沿いで発生した場合に、福島第一原発への津波の高さが最大で15・7メートルになるという試算が出た。武藤と吉田は津波に対する対策の必要性について判断を担う地位にあった。武藤は社外の専門家にも諮る必要があるとして、土木学会に試算を依頼していた。しかし自然はその試算が出るのを待ってくれなかった。2011年3月11日、試算

原子力業界では、炉心安全の第一人者として評価されていた東京電力の武藤副社長だが、メルトダウンが同時多発的に進行するシビアアクシデントを予測できなかった

写真：NHK

と同規模の巨大津波が福島第一原発を襲ったのである。事故対応に苦慮するなか、武藤と吉田は、あの津波試算を思い返していただろうか。

最高水準の技術を持っていたとされる武藤と吉田であっても暴走を防げなかった"核"のエネルギー。人間は本当に核を制御できるのか、その問いに対する答えを見つけるための検証は決して終わっていない。

すために

原発大国アメリカは、1979年スリーマイル島原発事故でレベル5のシビアアクシデントを起こした。このことを教訓に、電力会社まかせではなく、国や州も全面的に協力する外部支援体制がとられている
写真：NHKスペシャル『メルトダウンⅠ〜福島第一原発あのとき何が〜』

"防げた事故だった"

事故から2年がたった2013年3月29日、東京電力は、福島第一原発の事故について、「人智を尽くした事前の備えによって防ぐべき事故を防げなかった」と総括し、"人災"的側面があったことをはっきりと認めた。「防げた事故だった」と、"人災"と認めると、裁判結果に影響するのではないかと考えたのだった。

2012年6月に社内事故調がまとめた最終報告では、津波への備えが不十分だったことは認めたものの想定していた事態に、「対応は現実的に困難だった」と自己弁護に終始し、批判を浴びていた。自己弁護には理由があった。事故のあと、東京電力の株主が現職や元の役員を相手取って5兆円をこえる賠償を求める株主代表訴訟を起こしていた。社内事故調で"人災"と認めると、裁判結果に影響するのではないかと考えたのだった。

「人災的な部分を認めるところから始めないと、信頼回復のスタートラインにすら立てない」

世間から厳しい批判が続くなか、東京電力は、内部に原子力部門以外の社員も加えた原子力改革タスクフォース（以下、タスクフォース）を立ち上げ、社内でも聖域とされた"原子力部門"に切り込んだ結果が、"人災"という総括だった。

リーマイル島原発、チェルノブイリ原発と世界を揺るがすような事故が起きても、国も電力会社も「日本では原発事故は起きない」と言い続けてきた。その根拠が、"多重防護"だった。非常用の電源、冷却装置など安全上重要な機器や設備は多重化され、備えは万全であり、重大な事故に至る前に事態を収めることができると、事故の前、国も電力会社も豪語していた。

ところが、その自信は巨大津波によって根こそぎ奪われた。用意していた安全設備の何もかもが使えなくなった。事前の想定にない事態に、現場には代わりの設備も手段も存在しなかったのだ。

事故を総括した日、東京電力は事故の検証結果と今後の原子力の改革プランもあわせて発表した。津波対策の不備、シビアアクシデント対策の遅れ……。「経済性を最優先させたことで、事故を防ぐ対策を先送りする"負の連鎖"に陥った結果だった」政府や国会の事故調から組織体質を厳しく問われながら否定し続けてきた東京電力が、ようやく自らの非を認めた日だった。

"机上"のものだった事故対策

「事前の備えがあれば、事故は防げた」
それは、つまり、これまでの対策がいかに"机上"のものだったかということを如実に表している。用意した安全装置が期日本で原発の利用が始まって半世紀、この間、アメリカ・ス

待したとおり動けば事故は防げるというのは、言うなれば当たり前のことであり、その先をどこまで想像し、対策に落とし込むかが重要なのだが、日本は、その手前で止まっていた。

「すべての電源が長時間使えなくなることなどあり得ない」

「巨大津波など来ない」

etc……。

そもそも、"ない"とした時点で思考は止まり、対策を考えなくなる。東京電力の総括でも、「全電源の喪失でシビアアクシデントになる可能性は十分小さい」と思い込んでいたとあるが、そう判断したのは誰か、そして、なぜか。いまだ詳細は明らかにされていない。結局、深いところまで掘り下げて原因を調べないと教訓にならず、同じ過ちを犯すことになりかねない。

事故を検証した東京電力のタスクフォースのメンバーである原子力部門の幹部は、検証結果をまとめる全体会議で、「自分たちには基本的な技術力が不足していた」と発言した。原発という巨大技術をどこまで理解できていたのか、疑問を抱かざるをえない。いまだ解明されない謎の多くは、事故が起きて初めて顕在化したものばかりだった。そのことを明らかにしたのが、NHK取材班が行った、消防注水やSR弁の検証だった。

これらの問題は、一部の専門家は意識していた可能性はあるが、少なくとも事故前に原子力関係者の間でこうした事実が共有されていたということはなく、事故後にさまざまな分析、解析を行うことによって初めて浮かび上がったものだ。

事故当時、原子炉は、設計条件をこえる高温高圧、さらには高放射線量、海水注入など複雑な条件が絡み合っていた。しかも時々刻々と事態は変化していた。実験室レベルでは作り出すことのできない過酷な条件で、知られざる事態が起きていた可能性はあるのである。

そうした予測不能な事態に臨機応変に対応する。そのために重要なのが、"外部支援"だった。ところが、この外部支援は、当時、まったくといっていいほど機能していなかった。

孤立する現場

当時、何が起きていたのか。そのことを示すやりとりが、東京電力が公開した事故対応を記録したテレビ会議の映像に残っていた。2011年3月13日未明、水素爆発した1号機に続いて、3号機でも原子炉の冷却が厳しくなっていた。

本店「水とかバッテリーとかいろいろ持ってきてもらうということで応援要請していますけれども、持ってきてくれた人とか、バスの運行会社とか、結構、国交省に対して文句が出てい

るという状態に今なっているそうです」

オフサイトセンター「自衛隊の方から、たとえば放射線とかに関して、我々が通常やっているような教育を受けているわけではないので、たとえば、オフサイトセンターに一回集まって、ここで一回、基礎的な教育とか、そういうところの話をして、中に入っていただくというようなことができていけば理想的だと思うが」

1F吉田所長「要するに避難地域になっちゃっているから。（救援物資を）持ってくる人は、ここに入りたくないって言っているんであれば、入らないでよい場所を引き渡し場所にするっていうルールにするしかない。その場所を決めて、そこからサイトへの搬入は、サイトの責任でやりますと」

事態の悪化を食い止めなければならない重大な局面で、必要な物資を誰がどのように届けるのかさえ、決まっていない。その後のやりとりでも、放射線量の高さから輸送するためのトラックの運転手が確保できないとか、教育してから原発内に入らないとトラブルになるといったやりとりが続き、方針が決まらないまま、時間だけが浪費されていく様子が映し出されていた。

一連のやりとりの最後にあった吉田所長の発言が、当時の現場の危機感をまざまざと浮かび上がらせていた。吉田は、避難区域の外で物資の受け渡しを行わざるを得ないとしたうえで、「しょうがない、しょうがない、しょうがない。もうそこ決めたんだ。そこでやるっていうのが一番重要。すみません、所長の吉田ですけど、ことが一番重要だからさ。ガソリンが足りないので、きのうも言ってお願いがあるんだけど。水も。ガソリン、水、軽油はいくらあっても構わないので、ガソリンの補給を大至急お願いできませんでしょうか」と述べた。

メルトダウンを防ぐため、事態を悪化させないために必要な物資が届かない。第5章で詳しく経過を辿ったが、電源車にしても、バッテリーにしても、消防車にしても、事故対応で混乱する現場では的確な発注をする余裕などなかった。頻発する余震への対応、継続する大津波警報のなかで進行する緊急事態。複合災害になればなるほど、現場で正確な情報を迅速に得ることがいかに難しいか、福島第一原発の事故は私たちに重い課題を突きつけた。

事故収束に向けた支援体制は

原発事故が起きたとき、誰が事態を収めるのか。日本に限らず国際的にも、一義的にプラントをよく知る事業者の責務になっている。これは、福島第一原発の事故のあとも基本的に変わ

っていない。では、国や自治体は何をするのか。防災計画で国や自治体には原子力事故への備えが義務づけられているが、これは、あくまで住民の避難計画や放射線のモニタリングなど施設外の住民の安全を守るためのもので、敷地内での対応までは規定していない。

日本では、原発は安全なものであり、そもそも大事故が起きることを本気で考えていなかったことから、事故を収束させるための具体的な対策はもとより、そうした収束を支援する仕組みも決まっていなかった。

福島第一原発の事故では、住民は詳しい事情を知らされないまま、3キロ、10キロ、20キロと避難区域が拡大していった。激しい余震が続き、津波の恐怖を抱えながら、避難所を転々とさせられた人たち。ただでさえ、怖さを感じている人たちにとって、五感で感じることのできない放射線や放射能への恐怖は、想像を絶するものがあっただろう。

それは、自衛隊や警察、消防といった、緊急時に防災業務従事者に指定されている人たちであっても同じだ。最低限の放射線の知識は持っていたとしても、放射線量の異常な上昇や水素爆発といったシビアアクシデントに対する訓練などは受けたことがなかった。そうした人たちに、当時、原発の敷地内まで物資を届けることを望むのは現実的には無理なことだった。

事故収束への支援体制、日本以外の国はどうなっているのだろうか。取材班は、世界最大の原発大国・アメリカについて取材をはじめた。すると、日本とは決定的な違いがあることがわかった。

それは、事故が発生したとき、州政府も事故収束のために支援をすることが国の防災の枠組みのなかに位置づけられていることだった。事故対応の中心が事業者であることは日本と同じだが、原発が立地する自治体が事故収束に対し、重要な役割を担っていることは驚きだった。

もちろん、それでも手に負えないケースはある。その場合は、NRC（アメリカ原子力規制委員会）とFEMA（連邦緊急事態管理庁）が対応する。その中心的役割を担うのが、原子力施設でテロや武器などによる外部からの攻撃があった場合に備えて組織されたチームだという。

取材を進めると、具体的な支援体制については、州政府の裁量に任されているということだった。取材班は、日本でどのような支援体制を整えればよいかのヒントを得るため、アメリカに渡った。ターゲットに選んだのは、首都ワシントンDCに隣接するバージニア州。歴史的にも陸軍の拠点として栄え、防災意識が高く、ドミニオン社が運営するサリー原発とノースアナ原発があった。

原発大国・アメリカは

取材班がバージニア州に降り立ったのは、事故から1年3ヵ

月がたった2012年6月下旬。最初に訪れたのが、「バージニア州緊急対策センター」。原発事故の際に、州政府の対応拠点になるところだ。

まず案内されたのが、建物の地下にある大きな部屋だった。真ん中には関係機関が協議するための円卓がいくつも並んでいた。壁際には消防や交通、医療、ボランティアなどの対応チームのブースが並び、部屋の前面には、巨大なスクリーンが2つあった。スクリーンの1つにはバージニア州全体の地図、もう1つには、主要道路の現在の様子がいくつもモニター画面で映し出されていた。主要道路の様子は、州内に100ヵ所ほど設置されたビデオカメラで監視されていて、道路の渋滞状況を把握することでスムーズな住民避難や対応部隊の到着に結びつけることができるという説明だった。

部屋全体の様子は、日本のオフサイトセンターのようだが、オフサイトセンターと異なるのは、ここは大きな自然災害や事故、あるいはテロなどの大事件が起きた場合も対応拠点となる点だった。過去に起きたハリケーンの災害の際には、300人近くの関係者が一堂に集まったという。

「日頃から自然災害などへの対応をしており、職員のスキルアップにもつながっている。いつ原発事故があっても落ち着いて対応できる」と、案内してくれた広報担当者は胸を張って話してくれた。

緊急対策センターには、年中無休で州の担当者が交替で常駐している。緊急対応する大部屋の隣には「24時間監視室」と呼ばれる小部屋があり、州内にある原発の中央制御室とホットラインで結ばれ、原子炉の状況を運転員から直接聞き取ることができるという。「テストだ」といって、担当者がノースアナ原発の受話器を手に取ると、すぐにノースアナ原発の中央制御室の女性担当者が出てきて、普通に会話を始めたのには驚いた。「24時間監視室」は、周辺の州の緊急対策センターやワシントンDCにある連邦政府、それに国の測候所とも専用回線が結ばれていた。仮に原発事故が発生し、住民避難が必要になった場合、ここから原発周辺に設置された防災無線でサイレンを鳴らして、避難などの呼びかけを行うこともできるという。道路の渋滞や放射性物質の広がりなど、あらゆる情報がここに集まる仕組みになっていた。

広報担当者は、「一時退避場所となる避難シェルターを準備したり、避難場所を周知したり、どの地域が放射性物質の影響を受けているかを地図に映したり、情報を一元的に管理することが、正しい判断をするのに役立つ」と強調した。

後方支援は州政府の役割

次に案内されたのが、ロジスティクス(後方支援)を担当する部門。今回の最大の関心事だった。責任者のジェイソン・イートン部長が、つきっきりで説明してくれた。

第10章　死角をなくすために

そのイートン部長がおもむろに取り出してきた一冊のファイル。このファイルには、アメリカ全土のレンタルショップやホームセンターなど民間企業16社と結んだ物資提供の契約書が綴じられていた。原発事故を含む大災害が起きた際に、必要となる支援物資を確保するための契約で、契約書には、具体的な資機材がなんと16万8000点もリストアップされていた。

たとえば、発電機であれば10キロワットの家庭向けのものから20メガワットといった病院やオフィスの電源を丸々賄えるものもあった。このほか、ポンプや放射線防護シェルターなど原子力災害を意識した備えもある。こうした物品は、遅くとも発注から1日ないし2日以内には、現場に届けられるという。

興味深かったのは、契約書に物品ごとの価格がきめ細かく記され、緊急時の請求についてはバージニア州が一括で支払う旨が明記されていたこと。アメリカでは、緊急時に民間から物資支援の供給を受けた際に、それがいくらで、誰がその代金を支払うのかが重要になるという。

イートン部長は、別れ際に、薄手のファイルを取り出し、こう切り出した。

「我々にとって、これが一番大切なものです。ここには、契約先の民間企業の代表者の名刺と緊急連絡先の携帯電話番号が書かれています。これで、いつ何が起きても、ただちに物資を要請できるんです」

なぜ、州政府がここまでの支援体制を整えるのか。バージニ

ア州の緊急対応の責任者、マイケル・クライン州危機管理監に話を聞く機会に恵まれた。アメリカ人の中では小柄なほうだが、笑顔の中に時折みせる鋭い眼光が印象的な紳士だった。

クラインは、2011年4月に、サリー原発を竜巻が襲った際に、緊急対策センターが対応することになったときの話をしてくれた。

原発が竜巻に襲われたのは夜の11時半だったという。原発から緊急対策センターに、突然、停電が発生したと連絡が入った。当時、原発は、福島第一原発の事故と同じように外部電源を喪失し、非常用の発電機で動いていた。このとき、州は民間企業との契約の一つを使って、地元の請負業者を雇い、非常用発電機への燃料補給を行ったという。

さらに、燃料輸送用トラックも破壊されて、非常用の発電機を動かし続けるための燃料補給ができないということだった。

クラインは「もしも原発から支援の要請があれば、バッテリーであろうと、何であろうと、彼らが必要としているものは、すべて私たちが確保します。私たちにはバージニア州民に対する責任があり、その責任を果たす必要があると感じています。電力会社に必要なものがすべて揃っていることを期待したいが、実際、すべてが揃っていないことは確認済みです。竜巻のケースでは、バックアップ用の非常用発電機が用意されていましたが、州政府としてはそれをあてにせず、早めに支援の対応

を検討しました」と話した。

もちろん、福島第一原発の事故で現場が直面した状況とは異なるが、州政府自らが積極的に支援の中身まで考える、そこには、「州民に責任を持つ」という強い当事者意識があるのだと気づかされた。

自分たちの故郷は、自分たちで守る

原発事故が起きた時、事態を収めるために現場の支援に当たるのが州の化学防護隊だという。バージニア州には、13の化学防護隊が組織されていて、最も規模の大きいヘンリコ郡にある化学防護隊は、サリー原発から車で1時間のところにあり、原発事故が起きれば、真っ先に召集される部隊だそうだ。

隊員は、隊長以下44人。交替制で24時間警戒に当たるため、14人が常駐しているという。緊急時は最大で4チームが同時に対応に当たる。残りは、交替要員だったり、後方支援だったり、州政府とのやりとりや指揮に当たったりする。

2012年6月26日、この日はテロ対策訓練が行われていた。担当者に聞くと、この日の想定は隊員たちに詳しく知らせていないという。最初は、郵便局の集配所で、炭疽菌が同封された郵便物が見つかり被害者が出たという想定で、通報や対応などの連携を確認していた。

一通り訓練が終わったと思ったら、指揮官が突然、別の指示を出した。原発事故が起きたことを想定し、現場で急遽消火訓練を行えというものだった。隊員たちは、最も機密性の高いレベルAの防護服に身を包んだまま、新たな訓練への対応を始めた。レベルAの防護服は、黄緑色をした宇宙服のようなもので、足もとから頭まですっぽりと身を包む仕組みになっている。

酸素ボンベも身につけるため、30分から40分ほどしかボンベが持たないという。突然の指示だったが、隊員たちは素早い動きでホースを消防車に接続し、ジェスチャーでコンタクトを取りながらはしご車を操作し、見事な放水作業をみせた。

この訓練は、福島第一原発の事故で周囲の放射線量が上昇するなか、防護服に身に包んだ状態で原子炉に注水したのを意識したものだという。取材が入っていることもあったかもしれないが、現場のとっさの判断で、想定以外の項目を加えるという訓練、それに的確に応える隊員たち。危機管理に対するアメリカの層の厚さを感じさせる一コマだった。

こうした原発事故を想定した訓練は、想定を変えながら年に6回程度行っているという。

「お膳立てされた訓練ばかりやっても、実際の場面では使えないよ。繰り返し行うことで、いざというときに焦らずにできるんだ」

指揮官はそう語った。

福島第一原発の事故の際、必要な物資が届かない大きな要因に放射線の被ばくの問題があった。アメリカでは、被ばくへの対応はどうなっているのだろうか。指揮官に聞くと、化学防護隊が緊急時に作業できる被ばく限度は、1回の作業につき250ミリシーベルトだという。これは日本より2・5倍も高い値で、さらに、それ以上の被ばくについても明文化されている。あくまでも本人の意向を尊重したうえで、250ミリシーベルトを超えてもボランティアとして活動できるというのだ。

原発事故への意識が高いのはなぜなのか、指揮官にたずねると、アメリカならではの回答が返ってきた。

「理由は冷戦に遡るんだ。原発が設置されたころ、私たちは常に核攻撃の可能性に備えていた。9・11以降はテロを想定した訓練に移り、訓練の内容は30年前よりも遥かに緊迫したものになったが、その精神はもう何十年も受け継がれている」

平和が当たり前という日本では考えられない発想だった。しかも、大規模な災害になればなるほど、基本的に国が主体となる日本とは違い、なぜ、地方の自治体がここまで役割を果たそうとするのか、化学防護隊の指揮官の答えは明快だった。

「自分たちの故郷は、自分たちで守る！」

「私たちにとって、紛れもない『故郷』。だからこそ、地元や州の対応要員が最初に現場に入り、最後に現場を出るんだ。連邦政府の作業員が去った後も、私たちはここで暮らしていかなければならない。そのためにも、できるだけ早く立ち入って、

状況を緩和させることが非常に肝心なんだ。現場に行くか行かないかで迷う人はいない。私たちは必ず行く！」

更なる支援強化を目指すアメリカ

事故後も日本では、事故対応は事業者、避難などの原発の外の対応は国、自治体が担うという大枠は変わっていない。今回取材した、アメリカの「自分たちの故郷は、自分たちで守る」という発想は、日本に欠けている、ある視点を取材班に気づかせた。それは、原発受け入れに伴う経済的な恩恵を、これまでは"迷惑施設"への迷惑料という側面だけで捉える傾向が強かったが、事故に備えて地元を守るための対策に投資するという視点もあるのではないか。

日本とアメリカでは行政の成り立ちが異なるので、一概に比較はできないが、一連のアメリカ取材を通して、強く印象に残ったのは、事業者はもちろん、州政府の真剣な取り組みだった。それだけではなく、緊急時の連携という点でも、日頃の意思疎通も緊密だったのには驚いた。

バージニア州の化学防護隊は、担当する原発に年に8回以上、視察や訓練という形で出向いているという。担当者は、現場を見ること以上に大切なことは、直接、電力会社の技術者と面と向かって、意見交換を繰り返すことだと強調していた。緊急時に最も大切なのは、相互の信頼関係だという。

「緊急事態においてはわずかな時間が重要です。私が一緒に取り組む職員のことをファーストネームで知っておくのは絶対に必要なこと。彼らが私を夜中でも週末でも呼び出せるように。私が釣りをしているときに『緊急事態が発生した。援助を頼む』という連絡があれば、私はすぐに援助に駆けつけます。相互の信頼がなければ効果的な成果は望めません」

アメリカでは、福島第一原発の事故直後から、NRCを中心に、外部からの支援体制を再検証する動きが出ているという。これに基づいて、電力会社は、外部の支援機関との協定書や覚書を再確認したほか、大規模な事故を収めるために必要な設備も検討した。その結果、「原発事故の対応には、さらなる人員や支援物資が必要だ」という結論に達したという。事故の当事国でない、アメリカ。その対応の早さに学ぶところは多い。

"死角"をなくすために

未曾有の原発事故から2年が過ぎた。日本の原発の安全対策はどこまで進んだのだろうか。この間、緊急安全対策、ストレステスト、30項目の安全対策、暫定基準など、事故で明らかになった技術的課題を中心に、国が対策を指示したり、安全評価を求めたりして、少なくとも福島第一原発の事故で問題となった、電源や原子炉冷却の維持に向けた対策はつぶし終えたという。

電源車や消防車は大津波が来ても影響を受けないような高台に配置し、仮に津波に襲われても安全上重要な機器は水没しないよう水密化も図られた。気になるのは、そのたびに、「福島のような事故は防げる」という言葉が国や電力会社から出てくることだ。"事故は防げる"という言葉が安易に出ることに、違和感を覚えている人も多いのではないか。

世界の安全レベルから大きく遅れを取っていた日本では、原子力規制を担う国の新たな組織、原子力規制委員会が、事故の教訓を踏まえた新安全基準作りを進めている。これまで事業者の自主的な取り組みに委ねていたシビアアクシデント対策などを義務づけるこの新たな基準は、2013年7月までに施行される。

原子力規制委員会の田中俊一委員長（68歳）は2012年9月19日の就任の記者会見で、「暫定基準については、いくつか抜けがあると思っている」と述べ、新安全基準の作成にあたっては、旧規制当局が行ってきた対策にとらわれない考えを強調した。

これについて、新基準作りを担当する原子力規制委員会の更田豊志委員（56歳）も同じ就任会見で、「絶対安全などということはあり得ないが、原子力の利用にあたって危険が潜在することを十分議論してこなかった姿勢があった。事故が起きるものとして緊急時体制を整える」と述べた。

2013年3月、NHK取材班は、3号機の消防車からの注水が漏れていた問題を更田委員に質した。更田委員は、インタビューの中で、「そうした問題を、個別の原発でほとんど検証はしていない」と認めたうえで、「原発に直接出向いて担当者と顔をつきあわせ、図面を広げて、弱点を見つける作業をしようと考えている」と述べた。インタビューの数日後、原子力規制委員会は、緊急時対応の強化として、原発の担当者との意見交換を行うという考えを正式に表明した。

ようやくという感は拭えないが、これは、まさにアメリカ・バージニア州で見てきた、外部支援の強化の第一歩と捉えたい。こうした取り組みは、事業者側と規制側がプラントについて共通認識を持って、安全対策の弱点を洗い出し、緊急時対応というソフト面での抜けをチェックすることにつながる。これを具体的な対策にどう落とし込んでいくかが問われている。

事故から2年、地震の影響は本当になかったのか、大地や海を汚した大量の放射性物質はどこからどのように漏れたのか、未解明の問題は数多く残されている。

現場は放射線量が高く、容易に調査ができないことも間違いない。しかし、それでも、やれることはまだたくさん残っている。取材班が指摘した"消防注水の死角"ひとつとっても、あのような形での検証はいまだどこもしていない。そうしたな

かで、取材班の検証の取り組みに対し、原子力の専門家の間から、「前からわかっていた」などと批判する向きもある。しかし、少なくとも取材班が指摘したことが、関係者の間で共有されているのは、未解明の問題に対し、さまざまなアプローチで答えを出そうという謙虚な姿勢と行動ではないだろうか。手をこまねいているのではなく、いまこの瞬間にもできる検証はいくらでもあるはずである。

東京電力の内部改革のタスクフォースに参加している幹部の一人が「プラントは生き物」だと語っていた。その生き物が怒り狂ったとき、どんな反応をするのか、いまだはっきりとはわかっていないのである。

"原発に絶対の安全はない"

絶え間ない事故の検証とともに、万一事故が起きたときに、すべての関係者が迅速に対応できる体制づくりを進めること。"死角をなくす"取り組みを継続することこそが、未曾有の事故を引き起こし、いまも多くの被災者を生んでいることへの責任を果たすことでもあり、地に落ちた信頼を回復する唯一の近道なのではないだろうか。

おわりに

　人が死を覚悟して任務にあたるとき、何を思うのだろうか。

　福島第一原発の事故原因を追い求める取材を続けるなかで、幾度となくそうした思いにかられた。

　事故から8ヵ月後に事故現場が初めて報道陣に公開された際、吉田昌郎所長は「事故直後の1週間は死ぬだろうと思うことが数度あった。2号機に注水できないときは終わりかなと感じた」と語っている。

　"人間は核を制御できるのか"。この根源的な問いに答えるため、私たち取材班は、未曾有の事故の最前線で対応にあたった当事者の取材に徹底的にこだわった。あの時、現場で何が起きていたのかに迫ることが、その問いに答える道だと考えたからである。一連の取材で話を聞いた関係者は400人をこえる。

　その少なからぬ人の口から「死ぬかもしれないと思った」という言葉を耳にした。とりわけ事故から3日後の3月14日から15日にかけて危機的な状況に陥った2号機の対応にあたった人は、ほぼ例外なく「死を覚悟した」と語っている。東京電力が福島第一原発から全員撤退するのではないかと受け止めた菅総理大臣らが、東京電力本店に乗り込んだあの局面である。

　このころ、2号機は、原子炉の中で核燃料がむき出しになって、原子炉圧力が異常に高くなり、原子炉を覆う格納容器の圧力も設計時の想定を大幅に上回る高さになっていた。現場では、SR弁を開けて原子炉を減圧して、消防車のポンプによって水を入れようとしていたが、SR弁はなかなか開かなかった。さらに、格納容器の圧力を抜くために外部に気体を放出するベントもできなかった。

　最前線で対応にあたっていた一人は、「心臓がでんぐり返ったような、すさまじい恐怖を感じた」と打ち明けている。そして「このままいったら、格納容器の圧力が劇的にあがって一気に破損し、あたり一面が放射能に汚染されてしまい、自分たちも生きて帰れないと思った」と語っている。

　この証言を初めて聞いたとき、ふいに、何かで頭を殴られたような感覚に襲われた。それは、福島第一原発の事故対応の最前線にいた、まさに第一当事者の頭の中では、私たちが事故調査報告書や証言から思い描いていた未曾有の事故より、さらに最悪の事態が起きていたことに対する衝撃だったと思う。原発の最後の砦と言える格納容器が本当に壊れる可能性が確実にあった。そのことを知った驚きと恐怖が混在したような感覚は、今も忘れられない。

　当事者の証言を得るなかで、もう一つ印象深いことがある。

　それは、現場を戦場に例える人が多かったことである。

おわりに

3号機の爆発後に、作業のため免震棟から外に出た人は「爆発で吹き飛んできた瓦礫が散乱し、津波で車がひっくり返っているのに、やけに静かだった。原子炉建屋が空爆されたら、こんな状況になるのかと思った」と語っている。

東京電力のある幹部から、事故直後の危機を脱し、ようやく落ち着きを取り戻しつつある段階で、免震棟にアメリカ大使館の要人が非公式に訪れたときの逸話を聞いたことがある。そのとき免震棟には100人近くが集まったが、その要人は、一人残らず全員と握手をして回り、事故対応にあたっている健闘を称えたという。数ある免震棟への訪問のなかで、このときほど心を動かされたことはなかったと幹部は語った。有事と常に向き合っているアメリカだからこそ、死を覚悟して任務にあたり、死線をくぐり抜けてきた人たちへの敬意の表し方をよく知っているのだろうか。そうした感慨を抱かざるを得ない話だった。

ただ、私たち取材班も、最前線で死を覚悟しながら懸命の作業にあたった人たちに心を動かされる瞬間が何度もあった。取材や制作作業の合間に、誰ともなく「死ぬ思いでやっていた」「死ぬか生きるかだった」という取材相手に対し、敬意や共感の思いを抱く体験を語り合う場面も少なくなかった。

しかし、その一方で、当事者への取材を重ねるにつれて、事故への疑問は深まるばかりだった。2号機は、15日朝、突然、格納容器の下部にある圧力抑制室の圧力計がゼロを示し、その後、大量の放射性物質が放出され、原発北西部の浪江町や飯舘村など広い範囲が汚染されたと見られている。

この大量の放射性物質が、格納容器のどこから、どのような原因で漏れ出たのか、その詳細は、事故から2年以上たっても謎のままである。2号機は、最終的には格納容器が破壊される最悪の事態には至らなかったが、なぜ、どのようなメカニズムを経て破壊に至らなかったのかも詳しくはわかっていない。

さらに時間が経つにつれて、関係者の証言や記憶が、次第に曖昧なものになってきた。政府や東京電力の事故調査報告書が出そろった2012年7月前後から、当事者や関係者を取材しても、詳細になると「思い出せない」「わからない」という言葉が目立ち始め、事実を詰め切れないことが増えてきた。事故を巡るさまざまな謎や不可解な点を取材しても、どこか事故調査報告書で語られている事故像の範囲に収まり、新たな事実や発見が見いだせない状況が続くようになってきた。ごつごつしていた事故の手触り感が、次第に失われていき、霧がたちこめるように、事故の真相が遠ざかって見えなくなっていくような気がした。

「風化」という嫌な言葉が頭をもたげてきた。今も15万人以上の人が避難を余儀なくされ、避難の最中に命を落とした人や、避難することに絶望し、自ら命を絶った人も数多くいるあの事故。

293

故から、まだほんのわずかの月日しか経っていないはずだった。憤りと焦りで悶々とし、取材も膠着状態に陥った。

ちょうどそうした時期だった。東京電力のテレビ会議の映像が公開された。その映像は思っていたより不鮮明で、音声がない部分も多かったが、映像には事故対応の様子が克明に記録されていた。まるで、あのときの現場が蘇ったかのようだった。さらに、映像に残されたやりとりの詳細を読み解くうちに、取材班は、これまで明らかにされていないいくつかの検証すべき点があることに気がついた。その一つが、本書や番組で追究した消防車による注水が十分原子炉に届かずに途中で漏れていたという実態である。それは、福島第一原発の事故後、全国の原発に緊急時の冷却対策として配備された消防注水に、その効果が十分なのか検証の余地が残っていることを示していた。

時が経つにつれ、人の記憶や証言は、どうしても曖昧なものになってくる。そうしたなかで、事故当時や事故直後に記録されたものは、事故を検証するうえで、貴重な資料となる。テレビ会議以外にも、こうした記録は、さまざまな形で存在するのではないだろうか。特に、テレビ会議で音声がない事故当初の3月11日から12日夜までにかけての期間や、2号機の最終局面の15日未明から昼にかけての事故対応に関わる新たな記録が出てくれば、私たちがおぼろげに抱いている事故像が、まったく

違ったものとして見えてくる可能性がある。そうなれば、福島第一原発の事故を教訓に作っている日本や世界の原発の安全対策を変える必要が出てくるかもしれない。

"人間は核を制御できるのか"
この問いに即して言えば、2号機の最終局面では、人間は、核を制御できていない。2号機のどこから、どのような原因で、大量の放射性物質が漏れ出たのか。そして、なぜ、格納容器が破壊されるという最悪の事態が避けられたのか。少なくともこうした謎に答えを出さない限り、事故は解明されたとは言えない。

さらに、事故を検証するうえでの記録も資料も、十分発掘され尽くしたとは言えない。
核のエネルギーは制御し得るのか。原発のリスクとは、どのようなものなのか。こうした問いに真摯に向き合うためには、福島第一原発の事故の検証は不可欠である。その意味で、事故の検証は、まだまったくの途上にある。
人間が核のエネルギーに真っ向から向き合った未曾有の事故の最前線で、いったい何が起きていたのか。その真相に迫るため、私たち取材班は、今後も検証を続ける所存である。

本書は、2011年12月18日放送のNHKスペシャル『メルトダウン I～福島第一原発あのとき何が～』、2012年7月

おわりに

2013年3月10日放送のNHKスペシャル『メルトダウンⅡ 連鎖の真相』、21日放送のNHKスペシャル『メルトダウンⅢ 原子炉"冷却"の死角』で取材した関係者の証言や記録をもとに、書籍として新たに書き下ろしたものである。

執筆は、取材班の報道局・科学文化部の根元良弘デスク、山崎淑行記者（現・静岡放送局デスク）、横川浩士記者、岡本賢一郎記者、大型企画開発センターの鈴木章雄ディレクター、番組制作局・科学環境番組部の中井暁彦ディレクター、それに報道局・科学文化部専任部長の近堂靖洋が分担する形で執筆した。

執筆にあたっては、番組で取材した400人をこえる当事者や関係者、それに専門家などのインタビューおこしや取材メモをはじめ、取材班がさまざまな形で入手した記録や資料をもとに、政府、国会、民間、及び東京電力の各事故調査委員会が公表した報告書と資料、それにINPO（アメリカの原子力発電運転協会）の「福島第一原子力発電所における原子力発電事故から得られた教訓」、さらに、公開された東京電力のテレビ会議の映像と音声の記録を参考にした。

刊行にあたって、取材に協力して頂いた方々に、心から感謝を申し上げたい。本書も番組も、取材への協力がなければ生まれなかった。実名で応じてくれた方、理由があって匿名を条件に応じてくれた方、当事者、関係者、専門家などさまざまな立場で協力を頂いたが、その一つ一つの証言、記録が、どれもかけがえのないものであり、お礼を申し上げたい。

また、本書を企画し、執筆をさまざまな面から支え、励ましてくれた講談社学術図書第二出版部の髙月順一さんにも、改めてお礼を申し上げたい。

最後に、本書が、今回のような事故を二度と起こさないために、さまざまな人の参考の一助になることを心から願ってやまない。

2013年5月
NHK報道局・科学文化部専任部長　近堂　靖洋

著者

NHKスペシャル 『メルトダウン』取材班

2011年12月放送のNHKスペシャル『メルトダウンⅠ ～福島第一原発あのとき何が～』、2012年7月放送の『メルトダウンⅡ 連鎖の真相』、2013年3月放送の『メルトダウンⅢ 原子炉〝冷却〟の死角』の取材チーム。近堂靖洋、根元良弘、山崎淑行、鈴木章雄、中井暁彦、横川浩士、岡本賢一郎

N.D.C.543.5 295p 27cm

メルトダウン 連鎖（れんさ）の真相（しんそう）

発行日 ——— 2013年6月14日 第1刷発行

定価はカバーに表示してあります。

著 者 ———	ＮＨＫ（エヌエイチケイ）スペシャル 『メルトダウン』取材班（しゅざいはん）
発行者 ———	鈴木 哲
発行所 ———	株式会社講談社
	〒112-8001 東京都文京区音羽2-12-21
	電話 出版部 03-5395-3560
	販売部 03-5395-3622
	業務部 03-5395-3615
印刷所 ———	株式会社平河工業社
製本所 ———	株式会社若林製本工場

本書のコピー、スキャン、デジタル化等の無断複製は著作権法上での例外を除き禁じられています。本書を代行業者等の第三者に依頼してスキャンやデジタル化することは、たとえ個人や家庭内の利用でも著作権法違反です。
Ⓡ〈日本複製権センター委託出版物〉複写を希望される場合は、日本複製権センター（電話03-3401-2382）の許諾を得てください。

落丁本・乱丁本は購入書店名を明記のうえ、小社業務部あてにお送りください。送料小社負担にてお取り替えいたします。なお、この本についてのお問い合わせは、学術図書第二出版部あてにお願いいたします。

Ⓒ NHK Special Meltdown TV crews 2013, Printed in Japan

ISBN978-4-06-218420-5